智能系统与技术丛书

ChatGPT 原理与实战

大型语言模型的算法、技术和私有化

刘聪 杜振东 涂铭 沈盛宇◎著

机械工业出版社
CHINA MACHINE PRESS

图书在版编目（CIP）数据

ChatGPT 原理与实战：大型语言模型的算法、技术和私有化 / 刘聪等著 . —北京：机械工业出版社，2023.7（2023.12 重印）

（智能系统与技术丛书）

ISBN 978-7-111-73303-4

Ⅰ. ①C… Ⅱ. ①刘… Ⅲ. ①人工智能 – 应用 – 自然语言处理 – 软件工具 Ⅳ. ① TP391

中国国家版本馆 CIP 数据核字（2023）第 100238 号

机械工业出版社（北京市百万庄大街22号 邮政编码100037）

策划编辑：杨福川　　　　责任编辑：杨福川　韩　蕊

责任校对：贾海霞　陈　越　　责任印制：常天培

北京铭成印刷有限公司印刷

2023 年 12 月第 1 版第 5 次印刷

186mm × 240mm · 19印张 · 410千字

标准书号：ISBN 978-7-111-73303-4

定价：99.00元

电话服务

客服电话：010-88361066

010-88379833

010-68326294

网络服务

机　工　官　网：www.cmpbook.com

机　工　官　博：weibo.com/cmp1952

金　　书　　网：www.golden-book.com

机工教育服务网：www.cmpedu.com

PRAISE

赞　誉

ChatGPT 横空出世并迅速破圈，人们似乎看到了通用人工智能的曙光，作为技术人员，我们不应错过这次技术革命。本书内容全面，涵盖语言模型的历史、原理、关键技术剖析及实战应用，可以很好地帮助技术人员迅速构建知识体系。有了知识体系，希望读者继续保持好奇，因为大模型当前还有很多机理问题未解决，需要我们时刻保持关注。

——冯欣伟　百度资深架构师

通用基础模型的出现深刻地影响了人工智能的研究与应用范式，ChatGPT 引发的关注只是这个时代的一个序幕。本书面向广大技术爱好者，深入浅出地介绍了相关技术的背景、基础知识与前沿进展。更难能可贵的是，本书寓教于"实践"，以真实、实用的项目为纲，让每位读者都有机会上手一探基础模型的风采，是一本入门了解相关技术的佳作。

——刘潇　ChatGLM 技术团队成员

ChatGPT 的出世惊艳了世界，再次展示了人工智能的威力。本书深入剖析了 ChatGPT 的技术发展路线，抽丝剥茧般地向读者揭示了语言模型背后的原理；同时理论与实践并重，通过大量示例和代码，一步步引领读者进入语言模型的世界。这是一本探究大语言模型背后奥秘方面不可多得的好书。

——苏之阳　小冰公司资深研发经理

PREFACE

前　言

为什么要写本书

2022 年 11 月 30 日，ChatGPT 模型问世并立刻在全球范围内引起了轩然大波。无论 AI 从业者还是非从业者，都在热议 ChatGPT 极具冲击力的交互体验和惊人的生成内容。这使得人们对人工智能的潜力和价值有了更深入的认识。对于 AI 从业者来说，ChatGPT 模型成为一种思路的扩充，大型语言模型不再是刷榜的玩具，所有人都认识到高质量数据的重要性，并坚信“有多少人工，就会有多少智能”。ChatGPT 模型效果过于优秀，在许多任务上，即使是零样本或少量样本数据也可以达到 SOTA（State Of The Art，最高水准）效果，因而很多人转向大型语言模型的研究。

不仅 Google 提出了对标 ChatGPT 的 Bard 模型，国内也涌现出了许多中文大型语言模型，如百度的“文心一言”、阿里巴巴的“通义千问”、昆仑万维的“天工 3.5”、商汤的“日日新”、知乎的“知海图 AI”、清华智谱的“ChatGLM”、复旦的“MOSS”等等。斯坦福大学的 Alpaca 模型问世之后，证明了 70 亿参数量的模型虽然达不到 ChatGPT 的效果，但已经极大地降低了大型语言模型的算力成本，使得普通用户和一般企业也可以使用大型语言模型。之前一直强调的数据获取问题，可以通过 GPT-3.5 或 GPT-4 接口来解决，并且数据质量相当高。如果只需要基本的效果模型，数据是否再次精标已经不是那么重要了（当然，要获得更好的效果，则需要更精准的数据）。

在此期间，涌现出了大量相关的博客、论文和开源项目。笔者的感觉是“每天都要学习太多东西，但所学的内容都太零散了”。经过一番思考和准备之后，笔者决定系统地梳理目前 ChatGPT 所涉及的相关技术，以帮助读者进行深入的学习。本书主要强调知识的系统性和完整性，这是网络学习所无法替代的。技术书可以弥补新媒体碎片化教育的短板，阅读图书更便于查漏补缺。正规的技术书在内容严谨性方面做得相对较好，对内容的正确性和规范性要求极高，更适合从业人员进行学习和日常检索。当然，学习的道路并不是非此即彼，只有利用各种方式，多渠道学习，才能真正实现全方位高效学习。

技术的变化是飞速的，在撰写本书初期，还没有出现 LLaMa、GPT-4、ChatGLM 等模型，当它们出现之后我们随之修改了相关内容，以期本书介绍 ChatGPT 相关技术时更具前沿性。技术会持续更新换代，书中提到的很多技术也许在不远的将来便会被更为强大的技术所取代，但这并不影响我们学习这些技术的原理，因为学习这些技术本身会引发更深层次的思考。

读者对象

本书适合以下读者阅读：

- AIGC（AI Generated Content，人工智能生成内容）相关领域的研究人员或技术人员。
- 初入 AI 行业且基础不深的从业人员。
- 对 ChatGPT 感兴趣的非从业人员。

本书特色

本书是一本集理论、实战和落地于一体的 ChatGPT 力作，具备以下特点。

- 理论联系实际：本书不仅全面介绍了自然语言处理与强化学习的相关理论知识，还通过案例讲解使这些理论更易于理解和掌握，帮助读者在实践过程中更深入地了解这些领域的基础和前沿动态。
- 实战应用落地：本书详细介绍了如何从零开始，逐步构建一个独立且具有个性化特点的大型语言模型。通过分析代码和实际案例，帮助读者更好地理解和掌握相关技术，从而实现自己的创新应用。
- 扩展 AIGC 视野：本书针对 AIGC 领域进行全方位的剖析，而非仅关注 ChatGPT 本身。这使得读者能够全面了解 AIGC 的发展历程、技术原理、应用场景和未来趋势，为自己的研究和实践提供更广阔的视野。
- 洞悉行业发展：本书作者具有丰富的 AI 从业经验，对 AI 领域的发展动态、技术挑战和应用前景有深刻的认识。因此，本书不仅提供了严谨的技术分析，还融入了作者的专业洞察，帮助读者在理论与实践之间找到最佳的平衡点。

如何阅读本书

本书从逻辑上分三部分。

第一部分（第 1 和 2 章）从宏观角度带领读者了解 ChatGPT。第 1 章介绍 ChatGPT 的由来、发展史以及用例。第 2 章对 ChatGPT 进行解构，基于 AIGC 相关背景知识逐步展开 ChatGPT 所应用的技术栈，让读者对 ChatGPT 有更加完整的认知。

第二部分（第 3～9 章）介绍 ChatGPT 的核心技术。本书强调理论与实战并行，在介绍相关技术的同时，针对相应核心算法展开实战，在真实中文数据集下验证算法性能，让读者从更深层次了解相关算法。第 3 章介绍基于 Transformer 结构的预训练语言模型。第 4 章介绍强化学习的基础知识。第 5 章介绍从提示学习与大型语言模型涌现出来的上下文学习、思维链等能力。第 6 章介绍大型语言模型的训练方法及常见的分布式训练框架。第 7 章重点对 GPT 系列模型进行分析。第 8 章介绍 PPO 强化学习算法以及基于人工反馈的强化学习整体框架的设计。第 9 章进行类 ChatGPT 的实战，通过文档生成问题任务模拟完整的 ChatGPT 训练过程。

第三部分（第 10 章）对 ChatGPT 的未来发展进行展望。从 AIGC 未来发展方向出发，探索云边协同、工具应用、可控生成、辅助决策四方面内容，分别从 C 端场景和 B 端场景探索 ChatGPT 与实际应用场景的结合点，并给出从事 AIGC 行业的参考建议。

勘误和支持

由于作者水平有限，书中难免存在一些遗漏或者不够准确的地方，恳请读者批评指正。如果你发现了书中的错误或遇到任何问题，可以将其提交到 https://github.com/liucongg/ChatGPTBook，也可以发送邮件至邮箱 logcongcong@gmail.com，我们将在线上提供解答。期待得到你的真挚反馈。

致谢

首先要感谢提出 ChatGPT 的每一位研究员，是他们的坚持让我们有机会体验到如此伟大的模型，也让我们对人工智能有了新的认识。

感谢我的硕士导师侯凤贞以及本科期间的关媛老师、廖俊老师、胡建华老师、赵鸿萍老师、杨帆老师等，是他们指引我走到今天。

感谢我的朋友杜振东、涂铭、沈盛宇与我一起编写本书，他们的专业知识让本书增色不少。

由衷感谢云问公司创始人王清琛、茆传羽、张洪磊对我工作的支持，并感谢在云问共同奋斗的每一位充满创意和活力的朋友：张蹲、李平、林思琦、杨萌、王杰、杨兆良、李辰刚、张荣松、徐健、张媛媛、张雅冰、孟凡华、李蔓，以及其他很多朋友。十分荣幸可以同各位在一家创业公司一起为人工智能落地而努力奋斗。

最后感谢我的爸爸妈妈、爷爷奶奶，感谢他们将我培养成人，并时时刻刻给予我信心和力量！谨以此书献给我亲爱的妻子崔天宇！

刘聪

C O N T E N T S

目 录

CHAPTER 1

第 1 章

了解 ChatGPT

路漫漫其修远兮，吾将上下而求索。

——《离骚》

时下火热的 ChatGPT（Chat Generative Pre-trained Transformer，生成型预训练变换模型）是美国人工智能研究实验室 OpenAI 开发的一款聊天机器人模型，能够通过学习和理解人类的语言来进行对话，还能根据对话内容的上下文进行互动，并协助人类完成一系列任务。这款 AI 语言模型，让撰写邮件、论文、脚本，制定商业提案，创作诗歌、故事，甚至编写代码、检查程序错误都变得易如反掌。

1.1 ChatGPT 的由来

2017 年，谷歌大脑团队（Google Brain）在神经信息处理系统大会上发表了一篇名为“Attention Is All You Need”的论文，并在这篇论文中首次提出了基于自我注意力（Self-Attention）机制的模型。在这篇论文面世之前，自然语言处理领域的主流模型是循环神经网络（Recurrent Neural Network，RNN）。循环神经网络的优点是，能很好地处理具有时间序列的数据，比如语言、股票、服务器的监控参数等。正因如此，这种模型在处理较长序列，例如长文章、图书时，存在模型不稳定或者模型过早停止有效训练的问题。

在自我注意力机制论文发表之后，2017 年诞生的 Transformer 模型（基于自我注意力机制的模型）能够同时并行进行数据计算和模型训练，训练时长更短，模型具有可解释性。最初的 Transformer 模型有 6 500 万个可调参数。谷歌大脑团队使用多种公开的语言数据集来训练这个模型，这些数据集包括 2014 年英语 – 德语机器翻译研讨班（Workshop on statistical

Machine Translation，WMT）数据集、2014 年英语 – 法语机器翻译研讨班数据集，以及宾夕法尼亚大学树库语言数据集的部分句组。谷歌大脑团队在论文中提供了模型的结构，任何人都可以用该结构搭建模型并结合自己的数据进行训练。

经过训练，最初的 Transformer 模型在翻译准确度、英语语句成分分析等各项评分上都达到了业内第一的水平，成为当时最先进的大型语言模型（Large Language Model，LLM）。

在正式介绍 ChatGPT 之前，我们先简单了解一下 GPT。GPT 代表生成式预训练 Transformer（Generative Pre-trained Transformer）模型，是一种自然语言处理（Natural Language Processing，NLP）模型，由 OpenAI 开发，旨在通过预训练来改善各种自然语言处理任务的性能。GPT 模型使用了 Transformer 结构，包含多个编码器和解码器层，以便对输入文本进行编码和生成。GPT 模型通过从大量未标记的文本数据中预先训练来学习语言知识和结构，并在特定任务的微调过程中进行微调，例如文本分类、机器翻译和对话生成。GPT 模型已经被广泛用于自然语言处理领域，尤其是在生成文本方面取得了很大的成功。

1.1.1　什么是 ChatGPT

ChatGPT 使用了 Transformer 结构，建立在 OpenAI 的 GPT-3.5 大型语言模型系列上，并使用监督和强化学习技术进行微调。ChatGPT 于 2022 年 11 月 30 日作为原型推出，因其对多个领域知识的精辟回答而迅速引起人们的注意。ChatGPT 允许用户与基于计算机的代理进行对话，使用机器学习算法分析文本输入并生成模仿人类对话的响应内容。不均衡的事实准确性被认为是 ChatGPT 的一个显著缺点。

ChatGPT 对话成功的关键因素之一是用于启动和指导对话的提示（Prompt）的质量。定义明确的提示可以确保对话保持在正确的轨道上，并涵盖用户感兴趣的主题。相反，定义不清的提示可能会导致对话不连贯或缺乏重点，从而导致对话偏离主题或内容不准确。

1.1.2　ChatGPT 的发展历史

ChatGPT 是由 OpenAI 开发的一种大型语言模型，它使用深度学习技术训练，以产生自然语言响应。ChatGPT 的发展历史如下。

- 2018 年，OpenAI 发布第一个版本的 GPT，这是一个基于 Transformer 结构的自然语言处理模型。
- 2019 年，OpenAI 发布 GPT-2，这是一个更强大的模型，具有 15 亿个参数，可以应用于自动生成文章、摘要、对话等任务。
- 2020 年，OpenAI 发布 GPT-3，这是非常强大的自然语言处理模型，具有 1.75 万亿个参数。GPT-3 可以完成许多自然语言处理任务，如文本生成、翻译、问答、对话等。
- ChatGPT 是基于 GPT-3 开发的专门用于对话生成的模型。与 GPT-3 不同的是，ChatGPT 的训练数据主要来自社交媒体和即时通信应用程序的对话，以更好地模拟真实对话的语言和语境。

- 2023 年 3 月，OpenAI 发布了 GPT-4，相比于 ChatGPT，它不仅可以接受更长的文本输入，还可以接受图像输入，是一个多模态模型。此外，GPT-4 模型在内容编造、内容偏见以及内容安全上均有较大的提升。

目前，OpenAI 继续开发 ChatGPT，并不断改进模型的性能和效率，以便更好地模拟自然语言对话。

1.2　ChatGPT 的工作流程

ChatGPT 的工作流程可以总结为以下三步。

第一步，有监督的调优（Supervised Fine-Tuning，SFT）。预训练的语言模型在少量已标注的数据上进行调优，以学习从给定的提示列表中生成的有监督的策略。

在这一步中，ChatGPT 使用预训练的语言模型在少量已标注的数据上进行调优。具体来说，它基于一个给定的提示（对话或问题）生成响应，并在训练数据上进行有监督的学习，以提高在给定提示下生成正确响应的概率。

第二步，模拟人类偏好（Mimicking Human Preferences）。标注者对大量的 SFT 模型输出进行投票，由此创建了一个由比较数据组成的新数据集。在此数据集上训练新模型，被称为训练回报模型（Reward Model，RM）。

在这一步中，ChatGPT 的 SFT 模型生成大量的响应，这些响应可能包含一些不自然或不合适的内容。为了改进模型的表现，标注者对这些响应进行投票，以决定哪些响应符合人类的偏好。

第三步，近端策略优化（Proximal Policy Optimization，PPO）。训练回报模型用于进一步调优和改进 SFT 模型，输出的结果是策略模式。

在这一步中，ChatGPT 使用训练回报模型来进一步调优和改进 SFT 模型，以更好地满足人类的期望。具体来说，ChatGPT 使用 PPO 算法（一种强化学习算法）在训练回报模型上训练，以获得更好的策略模式。

在当前最佳策略模型上收集更多的比较数据，用于训练新的训练回报模型，并训练新的策略。以上三步可以持续重复进行，以不断提高 ChatGPT 的性能。在每个步骤中，模型会学习从输入到输出的映射，以便在给定一个提示后生成最合适的响应。

1.3　ChatGPT 用例

目前 ChatGPT 对英文的问题支持更好，为了用例的效果，以下部分案例使用英文场景。

1.3.1 日常任务

案例一：使用 ChatGPT 来推荐礼物。

我们输入以下问题。

> 我想送给我的客户一些礼物，可以推荐一些吗？

ChatGPT 的回答如下。

> 送礼物是一种表达感激之情的方式，以下是一些适合作为客户礼物的推荐。
>
> 定制化笔记本或日历：可以在上面印上客户公司的标志和名字，既实用又能提高客户对公司的品牌认知度。
>
> 高质量的咖啡、茶或巧克力礼盒：可以考虑选择一些品质好的咖啡、茶或巧克力，这些是很多人都会喜欢的礼物。
>
> 个性化的水杯或马克杯：可以在上面印上客户的名字或喜欢的图案，这是一种实用而且有创意的礼物。
>
> 艺术品：如果您的客户是艺术品爱好者，可以考虑送一些艺术品，比如一幅画或一件雕塑。
>
> 纪念品：如果您的客户喜欢收集纪念品，可以考虑送一些独特的纪念品，比如一枚邮票或硬币。
>
> 当然，最重要的是要根据客户的兴趣和品味选择礼物。如果您还不确定要送什么，可以考虑直接向客户询问他们喜欢什么样的礼物。

案例二：模拟面试题。

我们输入以下问题。

> 假设你是软件开发面试官，我正在面试一家公司的软件开发工程师职位，能否给我一些面试题模拟一下？

ChatGPT 的回答如下。

> 当然可以，以下是一些模拟面试题。
>
> 请问你对于软件开发中的“MVC”架构有什么了解？请说明它的主要组成部分并简要介绍每个组成部分的作用。
>
> 请说明一下你在项目中使用过的版本控制系统，并介绍你是如何使用它来协作开发、管理代码和处理代码冲突的。
>
> 请说明一下你是如何进行代码审查的。你会寻找哪些常见的问题，并如何提出建议

以帮助改进代码?

请问你对于 RESTful API 有什么了解?请说明 RESTful API 的主要特点，以及它与传统的 Web 服务的不同之处。

请说明一下你是如何进行测试的。你会使用哪些测试工具和技术来确保代码的质量和正确性?

请说明一下你在项目中使用过的开发工具和技术。你认为这些工具和技术对于项目的成功有何帮助?

请说明一下你对于数据结构和算法有什么了解。请列举一些你认为重要的数据结构和算法，并简要介绍它们的应用场景和优缺点。

请说明一下你如何确保你的代码的可维护性和可扩展性。你会使用哪些最佳实践和设计模式来达到这些目标?

请说明一下你对于前端框架的了解。你认为哪些框架最适合用于哪些应用场景?

1.3.2　编写代码

案例一：使用 ChatGPT 来判断代码为什么不能运行。

我们输入以下问题。

以下代码为何无法运行?

```
var x = 5;
var y = 0;
console.log(x/y);
```

ChatGPT 的回答如下。

这段代码无法运行是因为除数是 0，当被除数除以 0 时，会抛出一个错误，称为“除以 0 错误”或“运行时错误”，这是一个常见的错误类型。

在 JavaScript 中，除以 0 会返回 Infinity 或 -Infinity。在这个例子中，由于分子是一个有限的数字，而分母是 0，因此无法计算，导致程序抛出异常。

为了避免出现除以 0 错误，需要在进行除法操作之前，检查分母是否为 0，例如：

```
var x = 5;
var y = 0;

if (y !== 0) {
    console.log(x / y);
} else {
    console.log("分母为 0，无法计算。");
}
```

这样就可以避免除以 0 错误并保证程序正常运行。

案例二：使用 ChatGPT 生成一段代码。

我们输入以下问题。

使用 PyTorch 编写一个神经网络的代码。

ChatGPT 的回答如下。

```
import torch
import torch.nn as nn
class NeuralNetwork(nn.Module):
    def __init__(self):
        super(NeuralNetwork, self).__init__()

        self.layer1 = nn.Linear(10, 5)
        self.layer2 = nn.Linear(5, 2)
        self.activation = nn.ReLU()

    def forward(self, x):
        x = self.layer1(x)
        x = self.activation(x)
        x = self.layer2(x)
        return x

net = NeuralNetwork()
input_tensor = torch.randn(1, 10)
output = net(input_tensor)
print(output)
```

1.3.3 文本生成

案例一：使用 ChatGPT 生成摘要。

我们输入以下内容。

请帮忙生成文章的摘要。毫无疑问，要理解《沙丘》这部系列作品的伟大与迷人之处，就必须先对故事背景、登场人物和彼此之间的关系有基本的认识。因此《沙丘》作为整个系列的第一集，导演丹尼斯·维伦纽瓦在原著宏大且复杂的世界观之下，也借由对片中每位角色所处状态和整体局势演变的描述，让观众能够毫无压力地深入其中，敞开心胸去欣赏和感受电影带给人们的震撼与感动。想了解背景和角色请点击：《沙丘》电影完整解析、背景世界观和演员角色介绍。《沙丘》的故事背景设定在遥远的未来，人类已经朝着宇宙的各个星系发展，组成了一个封建帝国的管理体制，由皇帝掌握着实权，并把行星分派给效忠于皇室的贵族统治。主角保罗是“厄崔迪家族”的继承人，居住在海洋行星卡乐丹，但某天父亲雷托公爵接到皇帝的指令，要把已经被“哈克南家族”统治数十年的沙漠行星“厄拉克斯”转交给厄崔迪，而随着这背后暗藏的阴谋逐渐显露，《沙丘》故事也就这么展开。

ChatGPT 自动生成上述文章的摘要，内容如下。

> 这篇文章介绍了电影《沙丘》的基本情节、背景设定以及主要角色。作为整个系列的第一集，导演丹尼斯·维伦纽瓦通过对角色状态和整体局势的描写，让观众能够深入了解和感受电影所传达的震撼和感动。背景设定在未来的一个封建帝国中，主角保罗是“厄崔迪家族”的继承人，故事发生在将被转交给厄崔迪的沙漠行星“厄拉克斯”，而随着故事的发展，背后的阴谋也渐渐浮出水面。通过这篇文章，读者能够了解到电影的基本情节和设定，为观影做好了铺垫。

案例二：使用 ChatGPT 推荐电影。

我们输入以下内容。

> 能否推荐一部类似《异形》(Alien) 的电影？

ChatGPT 自动推荐如下电影。

> 当然可以，以下是一些类似《异形》的电影推荐。
>
> 1.《异形 2》(Aliens)：这是《异形》系列的第二部电影，由詹姆斯·卡梅隆执导，距离第一部电影的时间点相隔 7 年。这部电影与第一部相比更加紧张刺激，同时也更加注重角色的塑造。
>
> 2.《异种》(The Thing)：由约翰·卡本特执导的一部科幻恐怖片，讲述了一群科学家在南极探险时，发现了一种外星生物，该生物能够模仿任何物体，这引发了一系列惊险的事件。
>
> 3.《黑镜》第三季第二集 (Playtest)：这是英国电视剧《黑镜》第三季的一集，由丹尼斯·凯利执导。故事讲述了一个年轻的美国男子前往英国试玩一款虚拟现实游戏，但他很快发现这个游戏不仅能够预测未来，还能够改变现实。
>
> 4.《生化危机》(Resident Evil)：这是一部根据同名游戏改编的电影，由保罗·W. S. 安德森执导。故事讲述了一种病毒在实验室泄漏，导致城市的大部分居民都变成了僵尸，一群幸存者必须穿过城市的废墟逃脱。
>
> 5.《星际迷航：发现号》(Star Trek: Discovery)：这是一部电视剧，由布莱恩·富勒和亚历克斯·库兹曼创作。故事发生在星际远航时期，讲述了星际联邦舰队的冒险故事，其中包括与外星人的战斗、虫洞穿越等情节。

案例三：使用 ChatGPT 进行翻译。

我们输入以下内容。

> 请帮忙翻译以下中文文章为英文。这是一部根据同名游戏改编的电影，由保罗·W. S. 安德森执导。故事讲述了一种病毒在实验室泄漏，导致城市的大部分居民都变成了僵尸，一群幸存者必须穿过城市的废墟逃脱。

ChatGPT 会将中文内容翻译为英文，内容如下。

This is a movie adapted from a game of the same name, directed by Paul W. S. Anderson. The story tells of a virus leaking from a laboratory, causing most of the city's residents to turn into zombies, and a group of survivors must escape through the ruins of the city.

案例四：使用 ChatGPT 练习口语。

我们输入以下内容，假设对话发生在书店。

Act you as a bookseller.

ChatGPT 的回答如下。

Sure, I can act as a bookseller. What can I help you find today?

我们继续输入如下问题。

Do you have any textbooks to help improve students' reading skills?

ChatGPT 的回答如下。

Yes, we have a selection of textbooks designed to help improve students' reading skills. Here are a few options:

"Reading Comprehension Strategies: Theories, Interventions, and Technologies" by Danielle S. McNamara—This textbook covers a range of strategies and techniques for improving reading comprehension skills in students.

"Building Literacy with Interactive Charts" by Lindsey Moses and Meridith Ogden—This textbook provides practical strategies for teachers to improve students' reading skills using interactive charts.

"Reading for Understanding: How Reading Apprenticeship Improves Disciplinary Learning in Secondary and College Classrooms" by Ruth Schoenbach, Cynthia Greenleaf, Lynn Murphy—This textbook focuses on the Reading Apprenticeship approach, which helps students to develop comprehension skills across a range of subjects.

"Teaching Reading in Social Studies, Science, and Math: Practical Ways to Weave Comprehension Strategies into Your Content Area Teaching" by Laura Robb—This textbook provides teachers with practical strategies for integrating reading comprehension skills into content area teaching.

Let me know if any of these interest you or if you're looking for something else specific.

我们继续输入以下内容。

I am interested in “Reading Comprehension Strategies: Theories, Interventions, and Technologies”, how much is it?

ChatGPT 的回答如下。

The price for “Reading Comprehension Strategies: Theories, Interventions, and Technologies” by Danielle S. McNamara varies depending on the format and edition of the book. The paperback version is currently priced at $59.99 on our website, while the Kindle edition is priced at $44.99. Please note that prices are subject to change and may vary depending on your location and the retailer. Let me know if you would like to purchase a copy, and I can assist you with placing the order.

1.3.4　办公自动化

案例：使用 ChatGPT 帮助我们写 PPT。

我们输入以下内容。

假设你是一个苹果手机销售公司的销售经理，有重要的潜在客户来拜访你的公司，你需要做一个销售 PPT 演示，在这个 PPT 里面主要包含以下几部分内容：1. 欢迎和开场白。2. 公司介绍。3. 公司优势。4. 客户的问题和痛点。5. 我们的解决方案。请帮我写出这个 PPT 每页的内容结构。

ChatGPT 的回答如下。

当然，我可以帮您写出这个 PPT 每页的内容结构。以下是一个可选方案。

Slide 1：欢迎和开场白

欢迎客户并感谢他们来访

简要介绍自己和公司

引入演示的主题

Slide 2：公司介绍

公司的历史和成立背景

公司的愿景和使命

公司的组织结构和团队介绍

公司的业务范围和主要产品介绍

Slide 3：公司优势

强调公司与其他竞争对手的差异

```
介绍公司的核心竞争力和优势
演示公司的客户服务和支持体系
通过案例或证明展示公司的优势
Slide 4：客户的问题和痛点
引入客户的问题和需求
分析客户所面临的问题和痛点
确定客户的需求和优先事项
突出客户的期望和目标
Slide 5：我们的解决方案
介绍公司的产品和解决方案
讨论我们的产品如何解决客户的问题和痛点
提供支持和培训计划
强调产品和解决方案的独特性和优势
Slide 6：总结和致谢
总结演示的主要内容
强调公司的承诺和价值
表达感谢客户的参与和时间
提供联系信息和进一步行动的建议
希望这个方案能帮助到您，祝您演示成功！
```

1.4 本章小结

本章系统地介绍了 ChatGPT 的由来以及工作原理，并且展示了部分用例。随着算法技术和算力技术的不断进步，ChatGPT 也会进一步走向更先进、功能更强的版本，在越来越多的领域进行应用，为人类生成更多、更美好的对话和内容。

CHAPTER 2

第 2 章

ChatGPT 原理解构

分而治之，各个击破。

——《孙子兵法》

在 ChatGPT 诞生之前的一年里，很多人对人工智能的发展并不看好，主要源于大众对所谓“智能化”产品的交互体验失去信心。然而，ChatGPT 的火爆出圈，让大众对人工智能重拾信心。对于不少非专业人士来说，ChatGPT 仿佛一夜诞生，运用完全独特的算法横空出世。当我们基于 Open AI 官方论文及其报告内容解构 ChatGPT 原理的时候，会发现一系列前人的丰功伟绩：大规模预训练语言模型、提示学习、强化学习、近端策略优化算法等。本章重点介绍 ChatGPT 内部构造，基于 AIGC 相关背景知识，逐步展开 ChatGPT 背后所应用的技术栈，让读者对 ChatGPT 有更加完整的认知。

2.1 背景知识

本节介绍与 ChatGPT 相关的背景知识，主要分为自然语言处理与大型语言模型两方面。在自然语言处理方面，重点回顾整体发展历程，介绍规则学习、传统机器学习、深度学习、Transformer。大型语言模型其实也是在 Transformer 结构的基础上设计的，我们将重点回顾基于 Transformer-Encoder 的 BERT（Bidirectional Encoder Representation from Transformers）模型，基于 Transformer-Decoder 的 GPT 模型以及基于 Transformer-Encoder-Decoder 的 UniLM（Unified Language Model，统一语言模型）。

2.1.1　自然语言处理的发展历程

1. 基于规则学习

基于规则学习的模型最先被应用在 NLP 各项基础任务中。在中文分词任务中，运用双向最大匹配算法和词典文件可以实现基础的分词引擎。在情绪识别任务中，运用正负情感极性词典、修饰程度词典、否定词典可以实现基础的识别引擎。在自然语言理解范畴的时间解析任务中，运用句法树结构可以实现文本到机器时间的自动转换。基于规则的学习由于实现简单、性能极佳等特点，成为众多 NLP 从业者入门与率先尝试的方向。

值得注意的是，时至今日仍有很多线上应用的自然语言处理引擎采用规则学习的方法进行处理。其中最典型的就是开源搜索引擎 Lucene，它的中文分词器 IK 就是规则学习引擎。因此，即使在 ChatGPT 火爆的今日，原本可以运用正则、业务逻辑解决的问题，都不应该舍本逐末，使用机器学习甚至深度学习加以解决。我们仍需冷静地分析问题，选择合适的方案，有针对性地解决问题。

2. 基于传统机器学习

基于传统机器学习的自然语言处理的诞生，就是为了解决规则无法穷尽的痛点。其中包括解决中文分词问题的隐马尔可夫模型（Hidden Markov Model，HMM）、解决命名实体识别的条件随机场（Conditional Random Field，CRF）模型、解决情感识别的朴素贝叶斯（Naive Bayes）模型等。

上述模型相较原有规则学习模型，有一个共性内容，那就是加入了监督学习所依赖的样本数据。所谓监督学习，就是有指导性地让机器在给定输入 X 的情况下，仿照原始输出内容 Y 输出机器自身推演出的 Y'，并尽可能将 Y' 同 Y 保持一致（计算 Y' 和 Y 的差异函数又被称为损失函数）。机器学习的本质，就是在拟合一个从输入 X 到输出 Y 的函数 $F(X)$。

有趣的是，在大型语言模型盛行的今天，已经鲜有人用传统机器学习算法解决应用问题了。正如上文所述，时至今日不少规则学习模型仍被使用，为何传统机器学习算法却几乎退出舞台？这里笔者给出自己的见解：原因在于适用场景受限。若用户无法提供标注样本，规则引擎可以满足基本可用的效果，一旦客户标注少量样本后，可以应用小样本学习、深度学习、BERT 模型等技术方案，其效果远优于传统机器学习模型。因此，很少有人再深入研究传统机器学习解决自然语言处理的问题。建议读者在学习这部分内容时重点关注与深度学习相关模型的对比，避免出现技术栈更新不及时的问题。

3. 基于深度学习

上文提到，基于深度学习的模型效果全面优于基于传统机器学习的模型。下面重点介绍卷积神经网络（Convolutional Neural Network，CNN）和循环神经网络（Recurrent Neural Network，RNN）两类经典的网络结构。

CNN 模型原本是用于图像领域的，利用不同卷积窗口提取特征，最终完成相应的任务。TextCNN 是将 CNN 和文本巧妙结合的算法，用于解决意图识别等短文本分类场景。RNN 模型是序列模型，其构造本身与文本序列一致，常被用来解决长文本分类场景问题，其中长短期记忆（Long Short Term Memory，LSTM）是 RNN 家族中的代表模型。

为什么 CNN 擅长于短文本识别，而 RNN 擅长于长文本识别呢？因为短文本的篇幅较短，利用局部卷积技术能更好地捕捉细节特征，给洞察文本意图标签提供很好的视角。而长文本的篇幅较长，更适合使用序列式模型，同步收集长短期记忆特征并加以分析。这里文本篇幅长短的划分并没有统一的标准，笔者一般以 35 字的长度进行划分。在边缘状态下可以同时尝试两类模型，实践是检验真理的唯一标准。

需要说明的是，CNN 和 RNN 相比于传统机器学习模型的本质区别在于不依赖于人工构造特征。传统的机器学习模型需要进行大量的所谓“特征工程”阶段，通过人工设计、采集和抽取新特征来提高模型的精度。与此不同的是，深度学习省去了这一步骤，换句话说，CNN 和 RNN 本身就是非常优秀的机器自动化特征提取器，既减少了人工构造特征的成本，又从最终效果上得到了实际的收益。更重要的是，如图 2-1 所示，在训练样本逐步增多的情况下，深度学习相较于其他机器学习方法，精度可以进一步提高，使运营人员在标注样本时更有信心。

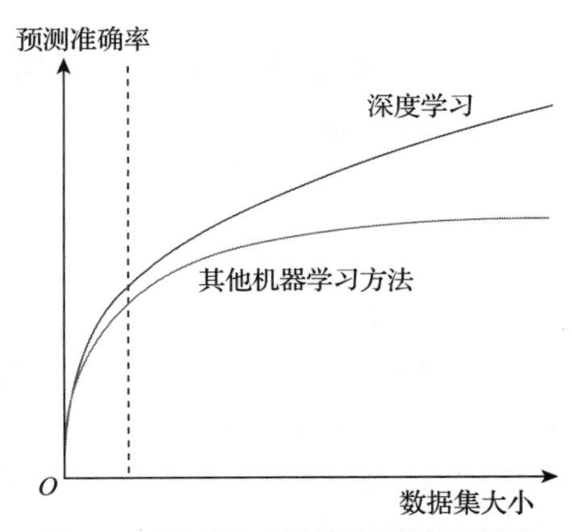

图 2-1 深度学习同其他机器学习训练精度依赖数据规模示意图

4. 基于 Transformer 结构

Transformer 结构由 Google 团队提出，该结构分为左右两部分，左边为编码器（Encoder），右边为解码器（Decoder）。Transformer 内部包含位置编码、多头注意力机制、残差反馈、前向网络等结构，相较于 CNN 和 RNN 模型更为复杂，参数规模取决于字符向量维度、隐层节点数量、注意力头数以及 Transformer 层数。我们经常听到的 12 层、24 层预训练大型语言模型，表示的就是 Transformer 网络层数。需要注意的是，不同大型语言模型使用的 Transformer 结构的部件并不完全相同。

Transformer 结构不仅拥有 RNN 模型中序列网络模型的编解码能力，还运用多头注意力机制，让模型关注文本的局部信息。相较于 CNN 相对较小的卷积窗口，Transformer 的注意力机制关注更加彻底，这也是谷歌也将这篇论文命名为“ Attention Is All You Need（注意力机制是你唯一需要关注的内容）”的原因。

Transformer 结构一经发布，在多项翻译任务中拔得头筹，体现了 Transformer 强大的语言表征能力。从后续的所有大规模预训练语言模型都使用 Transformer 结构这一点，可见其网络结构的优越性。然而值得关注的是，笔者曾经尝试在中文多项自然语言处理任务中尝试使用 Transformer 结构，发现在绝大多数任务上其表现并不如 CNN 或 LSTM 模型效果好。后经分析，原因应该同训练集样本规模有关。翻译任务有别于普通的文本分析、信息抽取任务，具有更大规模（万级别以上）标注样本，可以让 Transformer 模型内部参数充分学习。当标注样本过小时，Transformer 模型存在欠拟合现象，故其精度不如其他深度学习模型。

有趣的是，在 ChatGPT 火热出圈后，不少人开始思考使用 ChatGPT 取代其他大型语言模型完成意图识别的任务。除了考虑硬件资源与响应时间的代价外，还需要思考当前业务场景与通用场景的差异化，未必 ChatGPT 就比经过充分微调的大型语言模型好，我们需要根据实验结果，理性看待问题。

2.1.2　大型语言模型的发展历程

大型语言模型底层均采用 Transformer 结构，差异主要体现在建模方面。本节将介绍目标解决语义理解任务的大型语言模型、目标解决文本生成任务的大型语言模型、综合解决语义理解与文本生成的大型语言模型的代表模型，方便读者对大型语言模型整体有基本认知。

1. BERT

2018 年对于自然语言处理领域来说是非常重要的一年。2018 年 10 月，谷歌发布了 BERT 模型，在 NLP 领域横扫 11 项任务的最优结果。

BERT 模型本质上采用了 12 层 Transformer 结构中的双向编码层表示网络。BERT 的成功，也被称为 NLP 领域的范式升级，它打破了原先单个任务独立训练的建模思路，将 NLP 绝大多数任务运用“预训练语言模型 + 下游任务微调”的二阶段建模方法加以解决。其中，用以训练 BERT 模型所涉及的语料采用的是大规模无标注样本，采用自学习（Self-Learning）技术，即随机掩盖一句话的部分片段，让模型自动完成完形填空等语言建模类任务。

BERT 出类拔萃的效果很快让从业者看到大型语言模型如下优势。

- 预训练阶段不需要标注样本，因此可以提供充足的数量，足以支撑大型语言模型参数的充分学习。
- 微调阶段仅需少量标注。由于预训练语言模型本身的语言表征能力很好，下游任务仅需少量标注样本即可达到令人较为满意的结果。
- 两个阶段不同维度的建模训练让模型兼顾语义理解与任务泛化。由于两个阶段的任务类型不同，模型本身关注的方向也不尽相同。在预训练阶段，模型更关注语言表征本身，对行文表述更加看重。在微调阶段，模型将视角聚焦在任务本身。两个阶段的学习使得模型在关注如何解决任务问题的同时考虑语言表述，增强了模型的鲁棒性。二阶段建模就好比大学教育，大一、大二先学习基础理论知识，全面覆盖各项内容，大三、大四聚焦专业知识，完成特定领域内的钻研学习。

由于 BERT 模型主要采用了编码层作为模型框架，所以该模型更擅长于语言表征。换言之，BERT 模型找到了一种有效的将文本转换成高维特征的方法。这种特征萃取方法优于深度卷积神经网络以及深度循环神经网络。在二阶段专项任务建模时，仅需全连接神经网络建模。

实际应用中，往往采用 BERT 作为特征提取器，并选择适合终端任务的算法组合使用。例如在意图识别分类任务中，采用 BERT+TextCNN 组合算法；在信息抽取任务中，采用 BERT+CRF 组合算法；在事件要素抽取任务中，采用 BERT+ 指针网络组合算法。各类任务都将 BERT 作为基础模型，这表明 BERT 模型的特征提取能力确实非常出色。因此，在 BERT 模型问世后，越来越多的从业者将自身的算法与 BERT 模型相结合，取得了更好的效果。

然而 BERT 模型也并非完美，仅采用 Transformer 的编码层作为主体框架，导致 BERT 模型难以完成诸如摘要、文章续写、翻译等文本生成类任务。此外，因为下游任务的多样性导致多类任务相互孤立，所以每个任务需要标注一定样本，且任务之间难以共享标注数据，并不利于统一语言模型的整体构建，更多的是为每个任务打造专属的大型语言模型。这样会导致标注成本、计算资源、推理耗时成倍增加。

不过，在出色的效果面前，上述问题并不影响越来越多的人投身到语言模型的建设中去。后续基于 Transformer-Encoder 框架也产生了不少优秀的模型，例如关注代码语言的 CodeBERT、关注生物基因序列的 BioBERT、关注性能的三层小模型 TinyBERT、采用更大语料规模训练更好效果的 RoBERT。尤其值得关注的是 RoBERT 模型，其实相较原先 BERT 模型最大的不同只是增加了更多的语料进行学习，这种单纯依靠增加数据规模就可以提升模型效果的暴力美学在 GPT 家族演进中得到了更为充分的验证。

2. GPT

GPT 采用 Transformer 的解码层作为网络主结构进行建模。在 GPT 的第一个版本中，训练参数量为 1.2 亿，其体量与 BERT-Base 规模大体相同。很快一年后，OpenAI 团队就发布了 GPT-2，其训练参数量为 15 亿。2020 年 5 月，GPT-3 诞生，训练参数量飞跃至 1750 亿，图 2-2 为 OpenAI 官网提供的不同参数规模下 GPT 模型精度的情况。其中，横轴为参数规模，以 10 亿为单位，纵轴为准确率，3 个指标分别代表少样本学习、单样本学习、零样本学习的模型精度。由此可见，伴随着模型参数规模的增大，对下游任务的数据规模要求将逐渐放低，甚至可以做到没有下游样本精度仍可接近 40% 的相对精度。

由于 GPT 主要采用解码层作为模型框架，因此在文本生成各类任务上效果显著。相较于 BERT 按照编码层进行建模，GPT 并不在乎当前语言的表征理解能力，而是将重心放在如何继续生成余下文本上。

我们以《红楼梦》作类比，BERT 可以用于自然语言处理任务，是机器对《红楼梦》前八十章进行深度剖析，进行分类标签，信息抽取任务。相比较而言，GPT 可以实现自然语言处理任务，更像是机器基于《红楼梦》前八十章的内容续写后文。我们从概念层面很难鉴定这两类语言模型谁更懂《红楼梦》，所以还是需要看我们所关注的任务和二者在真实任务上的表现。

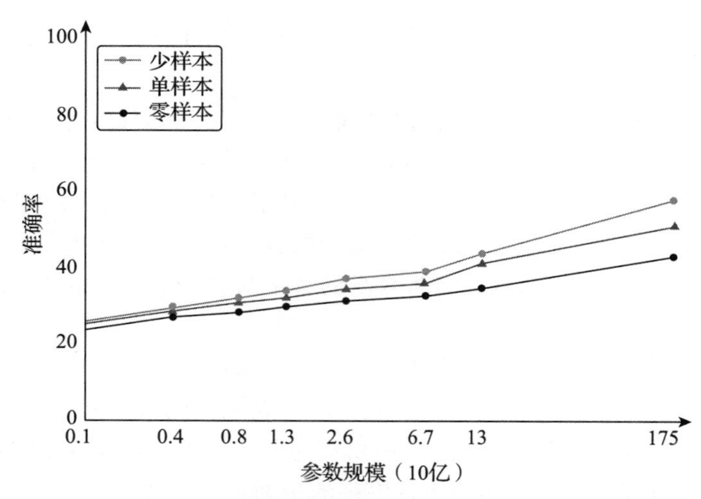

图 2-2　不同参数规模下 GPT 模型精度的情况

可能会有读者产生疑问，GPT 是如何完成 NLP 语义理解任务的？下面简单介绍可行的方法。在文本分类任务中，可以在二阶段微调任务时，准备训练样本输入文本 X："我喜欢南京这座城市。上面这句话的情感是"。有了这句拼接的输入文本 X，此时希望 GPT 学习的输出样本 Y 是正向情感，即给定文本 X "我喜欢南京这座城市。上面这句话的情感是"，要求输出 Y 正向情感。

利用大量样本进行监督微调（Supervised Fine-Tuning，SFT），可以让 GPT 生成情感分类标签。GPT 可以用这一方法，将所有自然语言处理任务转换成利用"原始文本 + 问题提示"生成任务结果的任务。然而，实验表明，BERT 在文本分类、信息抽取等任务上全面领先 GPT。因此在很长一段时间中，从业者自身得出了思维惯性的结论，即 BERT 擅长语义理解类问题，GPT 擅长语义生成类问题。直到 ChatGPT 的公测，才改变了绝大多数人的思维定式。

3. UniLM

UniLM 是微软在 2019 年发布的语言模型。UniLM 的结构同 BERT 一致，采用了 Trasformer 的编码结构，但在训练语言模型的过程中采用了不同的训练任务，让模型同时具备语义理解与文本生成能力。

在 UniLM 的学习过程中，首先将三分之一的精力放在同编码器一样的双向语言模型的掩码学习中，这时希望模型学习完形填空的能力，利用上下文（双向语言）补全当前被掩盖的文本片段。然后将三分之一的精力放在同解码器一样的，从左及右的单向语言模型的文字补全学习中，这时希望模型学习文本写作的能力，利用上文内容合理流畅地完成文本续写。最后将三分之一的精力放在同序列生成序列（Seq2Seq）一样的序列生成任务上。

与 BERT、GPT 不一样的是，UniLM 在序列生成序列任务中，输入序列采用双向语言模型，全局贡献相关信息，在语言模型的学习中，则按照从左至右的单向顺序。这样既保证了对输入文本的全局信息感知，又避免了对生成内容的提前窥视。

需要重点说明的是，避免提前窥视生成样本的本质是避免训练数据与最终测试时的样本同分布。试想一下，如果在训练的时候，模型就可以提前掌握生成文本的有关信息（即从右向左的模型特征），该训练方式同最终需要做的续写、摘要任务严重不匹配，将导致训练出来的模型应对任务时显得格外陌生。

同样的情况在 BERT 的训练中也曾出现，BERT 在做掩码完形填空任务时，保持 BERT 的掩码比例为 15%，这其中的 80% 替换为同义词，10% 替换为随机词，10% 不替换。Google 在其官方论文中提到，之所以 10% 的样本不替换，是希望训练数据同最终测试数据的样本同分布，可见该场景涉及面广，须引起机器学习建模人员的高度重视。

笔者原先看到 UniLM 时，确实钦佩其模型结构设计的优秀，使之巧妙地结合了编码型大型语言模型的语义理解能力与解码型大型语言模型的文本生成能力。笔者所在团队也在第一时间，复刻 UniLM 结构，并面向中文语料训练中文 UniLM，在语义理解任务上，相关实验效果如表 2-1 所示。

表 2-1　3 种模型在中文多项任务上的精度对比

模型	AFQMC	TNEWS	IFLYTEK	CMNLI	CSL	CMRC2018	平均值
BERT_base	73.70%	56.58%	60.29%	79.69%	80.36%	71.60%	70.37%
ERNIE_base	73.83%	58.33%	58.96%	80.29%	79.10%	74.70%	70.87%
UniLM_base	73.79%	56.27%	60.54%	79.58%	80.80%	73.30%	70.71%

从表 2-1 中我们可以看出，UniLM 的语义理解能力同 BERT、ERNIE 旗鼓相当。此外，我们验证了 UniLM 的文本生成能力，我们选取中文评测数据集 CLUE 中的新闻摘要数据集，实验效果如表 2-2 所示。

表 2-2　UniLM 在生成任务指标评价中的实验效果

指标	ROUGE-1	ROUGE-2	ROUGE-L
F1 得分	43.98%	32.04%	49.90%
召回率	41.74%	30.50%	47.35%
准确率	49.30%	35.85%	56.01%

从表 2-2 中我们可以看出，UniLM 生成模型在中文任务的各项指标上表现不错，经过 CLUE 官方测试验证，模型效果同与其参数规模相当的 GPT-1 保持同一水准，的确做到了兼顾理解与生成任务，然而这恰恰也变成了一个隐患。相比于 BERT 和 GPT 模型在其自身领域的杰出表现，UniLM 更像是一个“平庸”的模型，各项能力表现都不错，但没有单项过人之处。因此 UniLM 并没有广泛流行起来，与之产生鲜明对比的是解码类模型因为

ChatGPT 的效果突出已在当下成为最火热的研究方向。由此可见，针对机器学习模型来说，优秀的模型结构可能是必要非充分条件。

UniLM 并不是唯一想要统一上述任务的模型，谷歌发布的编码 – 解码结构的模型 T5（Text-To-Text Transfer Transformer，文本到文本转换的 Transformer）也是一个优秀的模型。T5 模型可以同时进行翻译、语义分析、相似度计算、摘要模型等任务。

GPT 模型和 T5 模型的出现改变了大家认为生成类模型不能做语义分析任务的误区。在 ChatGPT 各项任务表现优异的当下，基于编码器结构的模型变成最为火热的模型，将有更多从业者投入到相关模型的设计优化中。

2.2 ChatGPT 同类产品

在介绍 ChatGPT 同类产品之前，笔者想先介绍一个理论——飞轮效应。所谓飞轮效应，原指在静止场景下转动飞轮，刚开始需要耗费很大的力气才能缓慢推动飞轮运动，当飞轮真正运动起来后，我们可能仅需花费很少的力气，就可以让飞轮飞速旋转。飞轮效应对我们的启发是，在进入一个全新的领域时，前期可能需要投入大量的时间和精力，但当模式一旦起作用时，即场景实现自我闭环，我们就可以体验到因飞轮快速旋转所带来的丰厚收益。

本节介绍 3 个同 ChatGPT 形态类似的产品，希望读者能从它们身上发现优点，分析不足，把握目前前沿人工智能产品发展的态势。之所以要在本节开头介绍飞轮效应理论，是希望读者可以思考这些产品的飞轮在转动时存在哪些不足，进而更加深刻地理解 ChatGPT 产品的真正价值。

2.2.1 BlenderBot 3.0

BlenderBot 是 Meta 团队打造的问答机器人。经过两个大版本的升级，最新版 BlenderBot 3.0 采用 1 750 亿参数的 OPT（Open Pre-trained Transformer）模型作为产品模型基座，内部由搜索干预判断、搜索 Query 生成、搜索知识生成、关键话题生成、用户画像干预判断、用户画像生成以及最终对话生成模块构成。

上述模块虽然任务不同，但保持统一模型（即在 OPT 模型基础上统一进行监督微调），仅用特殊标识表明任务类型，让各任务共享模型整体参数。在最终生成答案时，BlenderBot 3.0 将参考搜索结果的知识内容（Interesting Fact）、个人用户画像（Personal Fact）以及用户历史主题（Previous Topic）三方面综合回答，各模块各司其职，将三方面素材进行组装，再交由大型语言模型完成最后的答案生成工作，如图 2-3 所示。

当用户提出问题后，BlenderBot 3.0 通过搜索干预判断模型，判别当前问题是否需要搜索辅助，若需要，则基于用户问题生成搜索结果，并基于搜索到的多条结果综合生成搜索结果。不同于 ChatGPT 将一切交给模型，BlenderBot 3.0 认为用户的问题并非都可以用大型语言模型直接回答。加入搜索判断机制将有效提高 BlenderBot 3.0 答案的时效性与可信力。

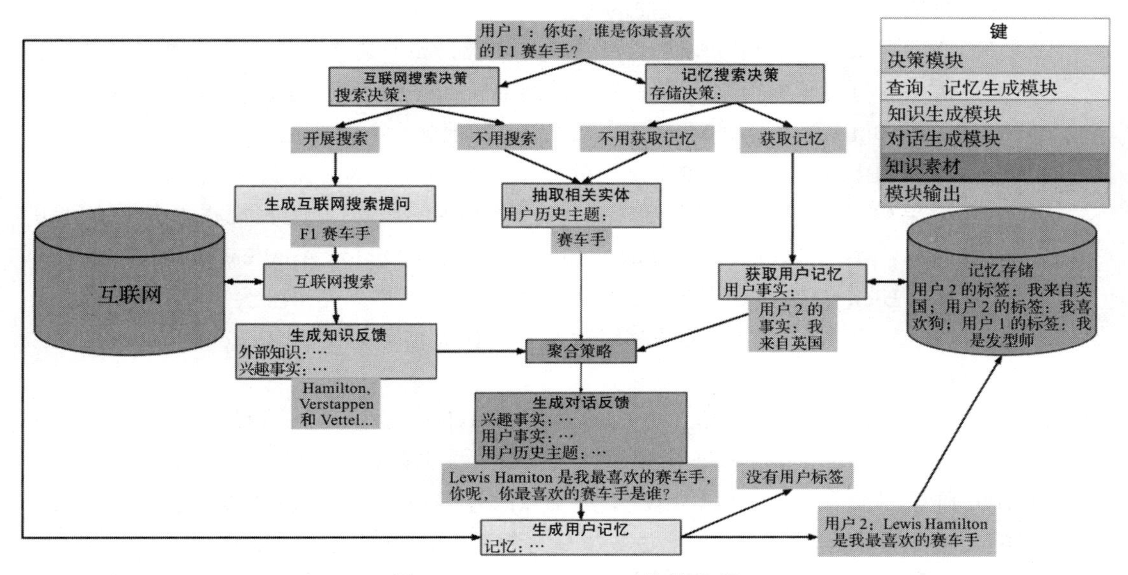

图 2-3　BlenderBot 3.0 整体流程

BlenderBot 3.0 通过用户画像干预判断模型，判别当前问题是否需要依赖用户画像，若需要，则生成用户画像，供模型最终参考。BlenderBot 3.0 的相关论文中举例说明了用户画像模块的必要性，论文中举例，当回答“谁是你最喜欢的 F1 赛车手”这个问题时，模型在生成过程中需要考虑与之对话的用户的基本信息，这样保证了生成结果更加贴合用户的个人情况，提高答案满意度。值得关注的是，目前 ChatGPT 并不支持这样的功能，若想达到同样的效果，需要这样问“我是一个英国人，请问最好的 F1 赛车手应该是谁？”

BlenderBot 3.0 提取当前用户对话过程中的主题内容，以确保与用户交流同频，最终由知识、画像、主题三方面要素拼接成长文本，放入 OPT 模型中，得到机器答复用户的文本内容。

我们总结一下 BlenderBot 3.0 的优点。

- 庞大的参数规模：1 750 亿参数的模型从各项实验表征上远优于 100 亿级别的模型。BlenderBot 3.0 的优异表现主要依赖于庞大的参数规模，目前人工智能产品参数规模均逐步扩大，也体现出海量参数的合理性和必要性。
- 良好的人机交互体验：BlenderBot 3.0 可以让用户更自然地完成标注反馈，更好的标注体验带来了更高效更高质量的数据标注，这样的人机交互设计风格值得借鉴与学习。
- 引入检索查询机制：BlenderBot 3.0 解决了知识更新与内容可靠的问题，避免模型一味基于自身先验内容妄加判断。

- 加入安全审核模式：这一点对于生成模型尤为重要，如何控制机器对于生成内容的警觉性将成为生成模型首要关注的方向。
- 完善模型生态：对于当今的人工智能产品来说，如何建设良性的生态环境，让更多人关注、参与、监察模型内容成为考验产品长期可持续发展的重要内容，我们可以从 BlenderBot 3.0 中看出 Meta 的 AI 产品运营理念。

我们再看一下 BlenderBot 3.0 的不足之处。

- 生成效果较差：如果没有 ChatGPT，也许 BlenderBot 3.0 是我们仅有的可体验的前沿产品，不同于 LaMDA（Language Models for Dialog Applications）和 Sparrow 的封闭，BlenderBot 3.0 从代码到模型再到演示环境一应俱全。但正因如此，当 ChatGPT 横空出世后，二者的鲜明对比立马让大多数人认为 BlenderBot 3.0 的效果不够理想。
- 安全水平较低：BlenderBot 3.0 加入安全机制确实很好，但是用简单的分类模型进行奖惩判决略显草率，真正遇到恶性攻击时，模型的鲁棒性将大打折扣。
- 用户画像表征能力差：仅凭用户历史交互内容刻画出的画像并不全面，此外用有限的文本标签作为用户画像也会丢失大量标签信息，例如收入、年龄、性别等。
- 学习机制差：目前绝大多数的智能人机交互的产品都摆脱了单模型的束缚，然而 BlenderBot 3.0 并没有像 Sparrow 和 ChatGPT 一样，运用强化学习技术提示模型自我学习能力，因此从结构层面，模型没办法实现自我迭代，仅能从监督学习中不断成长。而“微调”1750 亿参数规模的模型需要多少监督学习标注语料是摆在 BlenderBot 3.0 面前的一道难题。

整体来看，BlenderBot 3.0 虽然存在不少问题，但它打造的全新智能人机交互体验让很多人眼前一亮，同时运用搜索 + 记忆的双引擎，让产品可以针对机器生成模型进行有效干预。这些创新相较 ChatGPT 仍有可取之处，尤其是搜索辅助的功能，相信在不远的未来一定会融入类 ChatGPT 产品当中，BlenderBot 3.0 也因其充分开源的特性，作为我们学习大规模预训练语言模型的重要依据。

2.2.2 LaMDA

LaMDA 是谷歌打造的基于大型语言模型展开的对话应用类系统。LaMDA 背后的大型语言模型参数规模为 1 370 亿，其内部由生成模型（LaMDA-Base）、搜索语句生成模型（LaMDA-Research）、搜索结果组装模型（Tool Set，TS）构成。同 BlenderBot 一样，LaMDA 模型也认为在合适的时机，需要借助外部搜索来回答用户问题。稍有不同的是，LaMDA 模型舍弃了用户画像与历史主题的挖掘，让模型聚焦知识问答本身内容。LaMDA 的整体流程如图 2-4 所示。

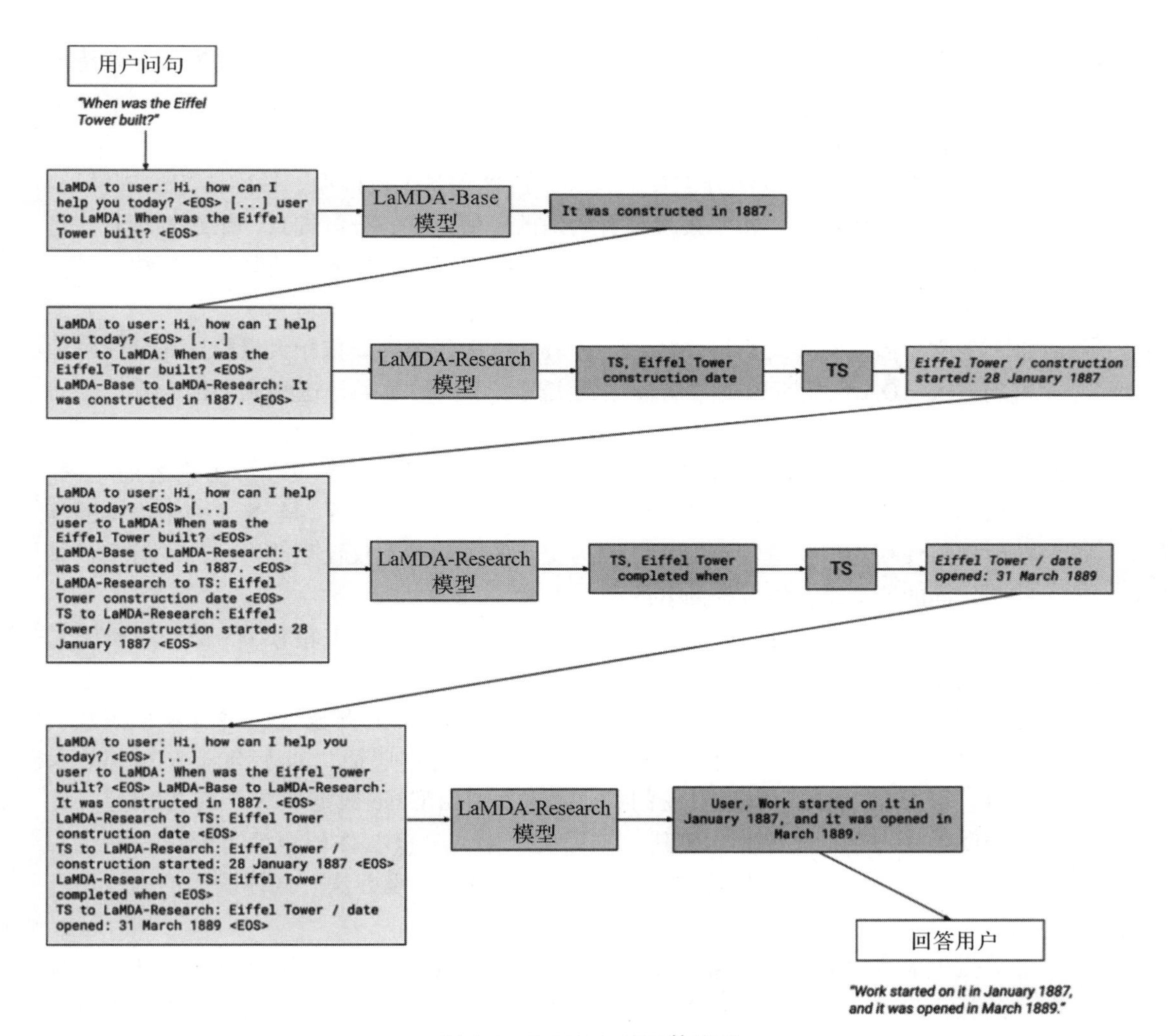

图 2-4　LaMDA 的整体流程

LaMDA 首先将用户问题交由生成模型回答，由其生成结果并判断后续任务，若需要组装搜索语句，则调用语句生成模型（指令为 LaMDA-Base to LaMDA-Research），生成搜索 Query 语句。然后调用搜索结果组装模型（指令为 LaMDA-Research to TS）并生成搜索结果。最后交由搜索模型判断是否需要进一步搜索相关结果（指令为 TS to LaMDA-Research）。

此时模型会有两种生成结果，一种是生成下一步搜索 Query，这样会循环上述流程；另一种是生成最终结果，结束本次任务。通过对 LaMDA 整体流程的分析，我们可以发现其相较 BlenderBot 3.0 可以执行多次搜索，这样可以满足推理性问答场景的需求。

下面介绍一个在后文会经常出现的概念：思维链（Chain-of-Thoughts，CoT）。正如把大象放进冰箱一样，我们在执行众多任务时，大脑会将任务进行细化分解，交由不同原子化任务协同完成。ChatGPT 的许多答案超出人们的预期，就是因为具有一定的 CoT 能力。

LaMDA 也是采用多轮搜索，一定程度上完成了 CoT 的部分能力验证，只可惜没有办法评测其效果，不能判断其思维链完善程度。

我们先总结一下 LaMDA 的优点。

- 结构设计较为优异：内部分工较为合理，包含答案生成模型、搜索语句生成模型、搜索结果组装模型等。每个模块都有明确的价值，任务分解细致，组织管理有序且逻辑自洽。这有利于 LaMDA 有效分解多阶段知识查询任务，使其具备传统人机交互系统难以具备的复杂问题处理能力。
- 将上下文学习效果体现得淋漓尽致：相较于下游任务需要依赖大量标注充分学习的模型，LaMDA 仅凭有限的数据标注就实现了不错的效果，这些成果很大程度上得益于原始大规模预训练基座模型。
- 引入搜索增强可信力：相较于 ChatGPT 完全依赖于模型参数和历史内容的学习，LaMDA 因为搜索引擎的加持，结果更具备时效性与可靠性。此外，搜索内容的外在呈现将使得答案更具有说服力，因为交互的本质并不仅仅是获得冰冷的答案，某些不正确的答案也会引发提问者的深度思考。

LaMDA 也存在一些问题，这些问题暴露出谷歌这样的巨头相较 DeepMind 团队与 OpenAI 团队创新能力不足的现状。

- 体验层面的缺失：不同于 ChatGPT、BlenderBot 3.0 的开放性，时至今日大众仍无法体验 LaMDA 产品，使用效果停留在演示用例层面，难免会让人对其效果存疑，而且因为缺乏体验引发的关注下降、Bad Case 数据收集缓慢等问题，让 LaMDA 的飞轮更难转动，使其一定程度上陷入“没有体验→没有测试→缺乏广泛标注用例→模型没法快速迭代→相较 ChatGPT 更没办法开放体验”的恶性循环当中。
- 缺乏强化学习的干预：从 Sparrow 和 ChatGPT 的相关论文中可以看出，基于人工反馈的强化学习对模型的自我学习有很大帮助，这方面的缺失将导致 LaMDA 很难实现快速自我学习。

此外，模型结果的不完全可控、缺乏恶意攻击样本的训练、生成内容依赖数据标注的偏好问题也都影响着 LaMDA 模型的整体表现。

LaMDA 的出彩，让更多人看到了大型语言模型的真实价值，也刷新了从业者对任务建模设计的整体思路。在 BERT 兴起的时期，从业者的建模思路是延续“预训练语言模型 + 数千级别单任务微调”结构。然而在提示工程和上下文学习兴起的当下，从业者慢慢将目光转向更大规模预训练语言模型 + 数百甚至数十条指令级提示标注。

LaMDA 的成功指引着从业者将重点放在如何训练更大规模、更鲁棒性的语言模型以及如何设计更好的提示标注指令上。然而，LaMDA 的谨慎也使其错过了最佳发布的风口期，让后来者站在风口上，在享受着流量红利的同时，借助飞轮效应，利用线上每日人机交互数据的积累，不断扩大数据样本的先发优势。

2.2.3 Sparrow

Sparrow 是 DeepMind 团队打造的知识查询对话系统，旨在生成准确、有帮助、无害的机器对话内容，Sparrow 背后所使用的预训练语言模型为 700 亿参数规模的 DPC（Dialogue Prompted Chinchilla，提示对话模型）模型，该模型也是聚焦问答任务，利用提示学习的方式进行微调学习。

Sparrow 内部由答案生成模型、答案偏好排序模型、答案安全性检测模型、基于人工反馈的强化学习模块构成。相较于 BlenderBot 3.0 和 LaMDA 产品，Sparrow 保留了外部搜索的能力，抛弃了 BlenderBot 3.0 擅长的画像 / 话题能力及 LaMDA 擅长的多轮搜索能力，强化了结果评价模型与强化学习反馈机制。可以说，Sparrow 从技术路线上相较二者更贴近于 ChatGPT。Sparrow 的整体流程如图 2-5 所示。

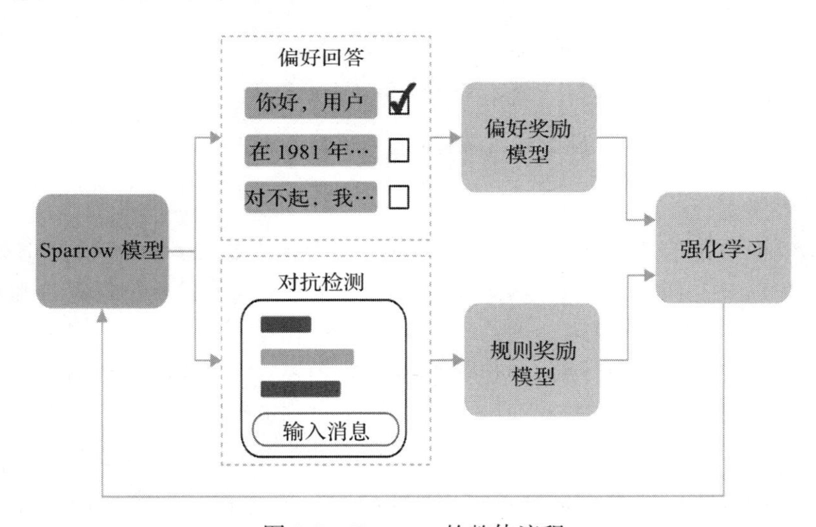

图 2-5　Sparrow 的整体流程

Sparrow 首先基于用户问题，利用经过监督微调的 DPC 大型语言模型生成 8 个搜索结果，其中 4 个完全依靠 DPC 模型自身生成，4 个依靠搜索结果融合生成。Sparrow 并不是先判断后生成知识，而是先生成 8 个知识结果，然后交由后续答案偏好排序模型进行判别后，选择合适的结果并输出，如图 2-6 所示。这样做的好处是让生成内容宽进严出，保留生成的多样性，避免因为判别模型“一刀切”的方式带来误差传递。最后利用强化学习将提示问题采样输入至机器，实现自动生成答案后自动评估、自动进行参数优化的闭环流程。Sparrow 官方实验表明，经由强化学习自主反馈，模型精度获得了大幅提高。

笔者想要说明的是，众多从业者之所以没想到使用强化学习解决自然语言处理任务，是不敢想象标注更多维度的数据。在 Sparrow 的例子中，若使用传统的监督学习思维定式，我们仅需标注输入文本 X 到输出答案 Y 的对数据。而在 Sparrow 看来，除了标注上述数据，我们还需要标注 8 个答案的排序结果及 8 个答案的安全性表现，将原先的 1 个输入标注 1

次输出，转换为标注 1 次输出外加 8 个机器结果效果排序以及 8 个答案安全性考核任务。这样乘以数倍的标注扩增是人工难以处理的，但是 ChatGPT 与 Sparrow 的成功，验证了强化学习的可行路径，说明增加数据标注的必要性与关键性，相信在以后的机器学习任务中，数据标注的维度和规模将进一步加大。

图 2-6　Sparrow 搜索用例示意图

Sparrow 的模型存在诸多优势。

- 模型结构更加合理：其实单纯从结构维度上看，Sparrow 模型的结构甚至优于 ChatGPT。主要是因为 Sparrow 将评价模型进一步细分，从偏好评价和恶意检测两个维度独立建模进行学习。
- 充分发挥人工反馈强化学习的优势：相较于 BlenderBot 3.0 和 LaMDA，Sparrow 在各项建模任务上实现自我强化学习，使其在同等规模的提示标注学习下可以进行更深层次的迭代，在论文中表明其效果也比传统的监督微调有显著提升。
- 提供答案的证据来源可信度高：由于 Sparrow 内部存在搜索机制，将搜索内容作为证据来源将使得用户更加相信模型生成的结果，这点现阶段 ChatGPT 仍然无法做到。

然而，纵使 Sparrow 有这些优势，产品飞轮仍然难以转动，原因如下。

- 体验层面的缺失：因为缺乏体验环境，导致时至当下我们仍很难相信其效果真如论文所述。只有像 ChatGPT 一样公开接受世人的检验，才能让大家更好地接受产品。
- 定位问题：值得关注的是，ChatGPT 的成功，与其本身的定位相关。相较于 Sparrow 这种偏严肃追求真理的人机交互系统，ChatGPT 一开始定位在聊天本身。这导致用户对于错误回答的容忍度更高，可见产品定位的重要程度。
- 生成结果不完全可控：场景标注成本过高等问题也从一定程度上制约了 Sparrow 产品的发展。

Sparrow 模型运用大规模预训练语言模型实现了复杂问答的机器理解与生成，通过强化学习完成了模型的自我迭代升级，运用答案偏好排序模型与答案安全性检测模型保证了模式生成结果的整体质量。这使得从业者对于 Sparrow 模型报以极高的期待，然而 Sparrow 模型体验的遥遥无期同 ChatGPT 的全民测试产生了鲜明的对比，这让许多人开始怀疑 Sparrow 模型在现实环境中的表现。

DeepMind 将暂未发布的原因归结为对回答内容安全性检测的严格把关。在 DeepMind 看来，若不能将机器生成结果做到无恶意倾向，不伤害用户，就不能将模型开放测试，这导致 Sparrow 失去了先发优势。

2.3　ChatGPT 的工作原理

ChatGPT 一经发布，引发了市场上的广泛讨论，更有人将其比喻成继搜索引擎之后互联网最杰出的产品。ChatGPT 系统因流畅的语言表达、富有创造性的观点输出、丰富的知识储备、严谨的逻辑思维、全面的任务解决能力，让大众刷新了对人工智能产品的认知，也激发了大家对于 ChatGPT 工作原理的关注。本节将从 OpenAI 官方发表的论文出发，带领读者深入 ChatGPT 内部，观察 ChatGPT 的整体运行机制及其训练流程，剖析每一阶段的细节，有助于我们对于 ChatGPT 有更加全面的认知。

值得说明的是，OpenAI 在其论文“ Training language models to follow instructions with human feedback”中重点介绍的并非 ChatGPT，而是 InstructGPT 模型。这让不少人产生了困惑：InstrucGPT 同 ChatGPT 有什么关系？我们将在 2.4 节重点剖析 ChatGPT 的算法细节，这里先简要给出二者的关系：可以说 ChatGPT 是 InstructGPT 一次很好的应用尝试，InstructGPT 是一种框架范式，ChatGPT 巧妙地将该范式运用在问答场景中。

这种灵活交互的场景极大地满足了用户交互的需求，同时增强了用户对于错误问题的包容性。有人曾提出观点，对话形态的交互，本质上并非严格要求回答者做到准确无误，而是完成信息增益，即回答者如果让咨询者感受到获得新的信息输入反馈，那么回答就是有益的，这有点类似“真理越辩越明”。

恰恰是 OpenAI 的这次改变，让 ChatGPT 的核心从原有的指导任务（Instruct）转变成聊天交互（Chat），并因此带来了巨大的收益。可以说，这也是会话式 AI 的胜利。由于目前没有对于 ChatGPT 相关内容的论文介绍，我们将重点介绍 InstructGPT 的相关原理。我们有理由相信，2022 年 12 月推出的 ChatGPT 同 InstructGPT 应该会有很强的联系，通过研究 InstructGPT 可以让我们更加深刻地了解 OpenAI 建模的哲学。

图 2-7 介绍了 InstructGPT 训练的整体流程，主要分为 3 个阶段：预训练与提示学习阶段、结果评价与奖励建模阶段、强化学习与自我进化阶段。这 3 个阶段分工明确，实现了模型从模仿期到管教期再到自主期的转变。

在第一阶段的模仿期，模型将重点放在学习各项指令型任务上，这个阶段的模型没有自我判别意识，更多的是模仿人工行为的过程，通过不断学习人类标注结果让行为本身具有一定的智能。然而仅仅模仿往往会让机器的学习行为变成邯郸学步。

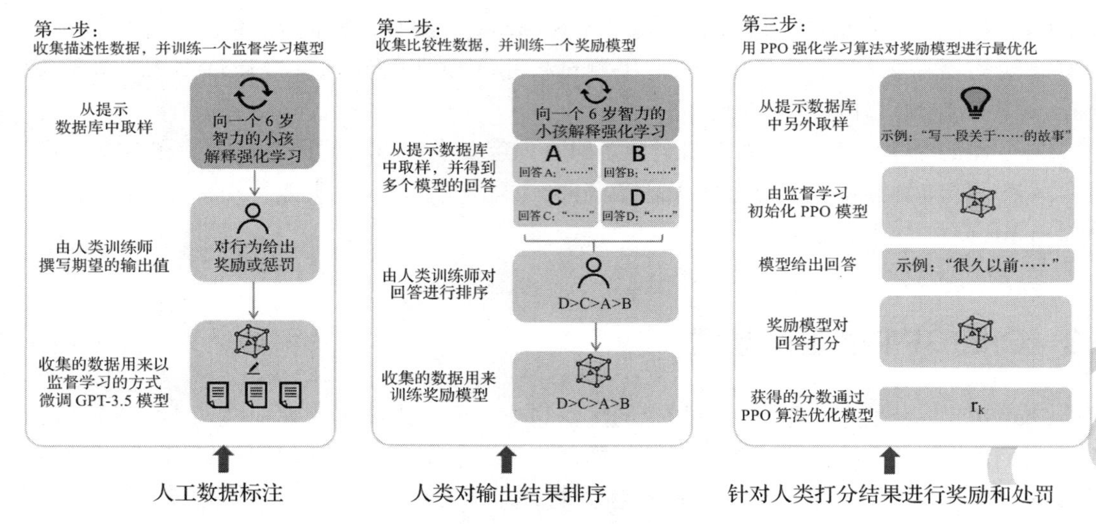

图 2-7　InstructGPT 训练的整体流程

在第二阶段的管教期，优化内容发生了方向的转变，将重点从教育机器答案内容变为教育机器判断答案的优劣。如果第一阶段的重点是希望机器利用输入 X，模仿并学习输出 Y'，并力求让 Y' 与原先标注的 Y 保持一致，那么，在第二阶段，重点则是希望多个模型在针对 X 输出多个结果（Y_1, Y_2, Y_3, Y_4）时，可以自行判断多个结果的优劣。

当模型具备一定的判断能力时，可以认为该模型已经完成第二阶段的学习，可以进入第三阶段——自主期。在自主期的模型，需要通过左右互搏的方式完成自我进化，即一方面自动生成多个输出结果，另一方面判断不同结果的优劣，并基于不同输出的效果模型进行差异化评估，优化自动生成过程的模型参数，进而完成模型的自我强化学习。

总结来说，我们也可以将 InstructGPT 的 3 个阶段比喻为人成长的 3 个阶段，模仿期的目的是“知天理”，管教期的目的是“辨是非”，自主期的目的是“格万物”。

2.3.1　预训练与提示学习阶段

人工智能（Artificial Intelligence，AI）的英文翻译过来是仿真智能，指的是运用机器手段模拟真正的智能体行为。这表明人工智能的本质就是尝试让机器不断理解所谓的智能，使其行为更像智能体生物。

最早提出这个概念的先驱图灵提出了著名的图灵测试，即用户在不知道对方真实情况时，仅通过感知对方行为，无法判断其是机器还是人类。如果机器让用户无法作出判断，则被论证通过了图灵测试，是具备一定程度的人工智能的体现。

目前，在诸如人脸识别、声纹识别等感知任务上，机器已经可以通过指定场景下的图灵测试。然而面对复杂的人机交互场景，众多人机交互系统无法通过相关验证，InstructGPT 在许多人机交互的任务上突破了这一瓶颈，使其通过了部分语义交互场景下的图灵测试。

InstructGPT 在模仿期的充分学习也为其优异的效果贡献了巨大能量。

InstructGPT 和其他算法相比，又有什么过人之处呢？可能有人在看完 InstructGPT 训练流程后认为，它在第一阶段和其他模型一样，都是尝试去实现机器对智能体的行为模仿，效果也相差不大。其实这里忽略了 InstructGPT 脚下的两座巨山——GPT-3 和提示学习。

GPT-3 拥有 1 750 亿个参数。在花费数百万美元将相关参数充分学习后，GPT-3 模型完成效果的跃迁，其续写能力相较 GPT-2 有了更近一步的提升。所以说 InstructGPT 最主要的成功就是拥有一个非常好的基模型。

大型语言模型时代下任何自然语言处理任务都在尝试基于一个较好的基模型开展，InstructGPT 的成功标志着模型参数同效果的正相关并未打破，这将吸引更多人投身在更大规模参数的模型训练工作中。InstructGPT 不仅使用初代的 3.0 模型，还让 OpenAI 团队惊喜地发现，在让模型学会生成代码这种特殊的语言后，模型生成的逻辑推理效果有大幅提升。这可能应验了我们的刻板印象："写代码写得好的人，逻辑分析能力都很强。"

仅拥有一个超大参数的模型就够了吗？如果是这样的话，地球上最大体型的动物蓝鲸就应该是最聪明的物种了。很显然，这二者并不能划上等号。同理，其他巨头公司发布的大型语言模型虽然不乏比 GPT-3 更大规模的，但最终效果对比下来相对不佳。据笔者搜集的公开资料，目前全球最大的预训练模型，是国内某机构在 2021 年发布的，参数量高达 1.75 万亿，约为 GPT-3 的 10 倍。

那么 GPT-3 的进化来源于哪呢？恰恰就是时下最火的提示学习。提示学习属于监督学习，即有明确指导的学习方法。不同的是，提示学习不需要像监督学习一样构造大量标注样本，更强调使用启发的方式，运用少量样本让模型学会任务套路，并开始模仿学习。

我们利用人类学习的过程来类比，比如我们在教小孩吃香蕉前，不会自己剥 10 000 根香蕉训练小孩。往往教育小孩 4～5 次，他就慢慢学会这个过程了。换言之，提示学习是希望针对单一场景，仅依靠少量提示样本就可以完成相关能力的学习。

提示学习的成功离不开两个因素，一个是大型语言模型本身，试想一下，如果教的是刚出生十天的婴儿，相信就算教 1 亿次，他还是不会自己剥开香蕉。另一个是提示样本本身，有学者通过实验发现，对于同样的文本分类任务，利用不同的提示模板，即如何组织好的语言文本让模型顺利理解 X 到 Y，其精度差异非常大。

例如对于情感分析任务，我们不能直接将原始语句当成输入，要求其输出情感，因为此时模型并不知道我们希望它输出情感，可以参考如下例子构建提示模板。

输入：我今天非常开心，这句话的情感是。

输出：正向。

值得关注的是，许多人发现如果想充分发挥 ChatGPT 的价值，就需要提出好的问题。个中原因和训练数据同分布有关，这里不再赘述，当下调侃的 Prompt 工程师，就是掌握如何提出较好的提示问法，让 ChatGPT 给出更好的答案。ChatGPT 在第一阶段运用大规模模型作为底座，结合大量不同类型的提示问题，使其具备多项任务都可以处理的能力。然而遗憾的是，截至 2023 年 3 月，并没有出现一个模型可以达到 OpenAI 官方论文中 GPT-3 第一阶段的效果，更别说后续阶段了。

2.3.2 结果评价与奖励建模阶段

第一阶段通过预训练大型语言模型与提示学习的方式让模型达到了初级智能化水平。然而 OpenAI 并不止步于此，继而构建了结果评价机制与奖励模型。在解决自然语言处理的相关任务时，我们通常只关心答案同我们标注答案的相似度，无论均分误差还是 rouge 值，很少会关注不同模型间生成结果的好坏差异。

为什么我们在这个问题上出现了集体性忽视呢？笔者认为是因为不敢去往这个方向深度思考，在现有 NLP 任务上，标注样本都不够，更不敢去奢求让标注人员标注不同模型的效果差异。于是很多从业者抱着这样的态度，不相信强化学习在自然语言处理上的效果。

这次 InstructGPT 的成功，核心功臣是基于人工反馈的强化学习，最重要的贡献就体现在“人工反馈”这 4 个字上。强行运用人工标注不同模型的差异，成倍增加了标注的难度，我们现在回过头来看极为合理，但一开始未知其效果就敢于尝试并投入大量标注成本的勇气，让 InstructGPT 做到了实至名归。

InstructGPT 还有一点值得我们学习，就是标注的权威性。许多人认为，标注是初级的工作，人作为高级智能体，任何一个人远比现有所谓的 AI 要强许多。然而 OpenAI 并不吝啬标注人员的高标注选拔，其中 36.8% 的标注人员具有硕士学历，这在很多 AI 项目上都难得遇见。此外 OpenAI 还有完整的评价体系，确保相关结果不轻易伴随个人偏好的变化而改变。良好的标注评价机制，无论一阶段的提示标注还是二阶段的结果评价标注，都产生了高质量的标注，并为后续模型的出彩做出了巨大的贡献。

当高水准标注人员利用统一的评价标准对结果开展排序评价后，就可以使用另一个模型学习并利用这部分数据建模训练出一个全新的评价模型——奖励模型（Reward Model）。不知道是否有读者会感到好奇，为什么标注人员不直接对单条生成结果判断好坏，而是要花费更多时间针对多条样本标注标注其效果差异？主要原因是效果好坏是具有比较性的。比方说，在没有对比的情况下，我们很难说在满分 100 分的卷子上考出 80 分是个好成绩，直到我们提到，这次考试全班 50 人只有 3 个人成绩及格，这一下就提升了 80 分的含金量。因此，文本生成的好坏，主要是从对比中发现，而不能依靠自身的感性认知。

值得说明的是，奖励模型并没有与生成模型结合在一起，这其实就是把裁判同选手分开，避免自身作弊的可能性。之所以称之为奖励模型，主要是因为对应强化学习中的奖励阶段。

2.3.3 强化学习与自我进化阶段

第二阶段 InstructGPT 的重点在于构建裁判模型，然而裁判模型本身不会对原有模型的生成效果产生影响，更进一步说，如果单看 InstructGPT 的第二阶段，仅以部分降低评价生成模型的成本，不足以带来太大的改变。然而，如果运用第三阶段的强化学习模型，让第一阶段的生成模型与第二阶段的裁判模型有机结合，不需要人工干预，就可以实现生成模型的自我进化。

运用第二阶段的裁判模型，不断优化第一阶段的生成效果，再反向运用更好的生成模型，不断优化第二阶段的判别效果。这种两个阶段相互优化的框架，和经典的 EM（Expectation-Maximum，期望最大化）算法属于同类思想。

EM 算法是一种经典的迭代优化算法，由于其计算过程中每轮迭代都分为两个阶段，其中一个为期望阶段，另一个为最大化阶段，因此被称为 EM 算法。EM 作为十大经典机器学习算法之一，更优雅的地方在于其框架的广泛性与优越性。我们可以将第一阶段的生成模型看作期望阶段，机器可以基于原文自动生成后续结果，这部分生成可以算作模型的期望结果。第二阶段的裁判模型，则为多个生成结果挑选“最大值”提供手段。这样循环 EM 阶段，就可以使两个阶段（生成与裁判）模型逐步变好。

此外，刚看到 InstructGPT 时，许多人第一时间想到了生成式对抗网络（Generative Adversarial Network，GAN）。GAN 是通过构造一个判别器，来同原先的生成器进行对抗，秉承着遇强则强的原则，不断优化更好的判别模型，进而提升生成器模型的效果。图 2-8 是 GAN 在自然语言处理搜索任务中经典的应用场景 IRGAN（Information Retrieval Generative Adversarial Network）的数据采样方式。

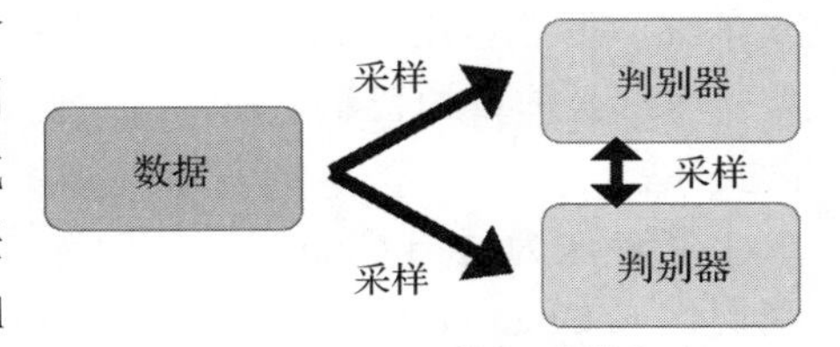

图 2-8 IRGAN 数据采样方式

无论 EM 算法还是 GAN，我们只是从 InstructGPT 的建模思想中看到了一些共性，OpenAI 在其论文中没有明确指出运用了上述算法，而是明确指出运用人工反馈的强化学习，让模型进一步提高。人工反馈就是第二阶段裁判模型的标注数据，而强化学习则是第三阶段中提到的 PPO 算法。

2.4 算法细节

本节重点从标注数据、建模思路、存在的问题 3 个维度展开分析，帮助读者进一步了解 OpenAI 在开展模型构建时的构思与设计。

2.4.1 标注数据

OpenAI 对数据标注任务的重视程度远超一众同行，当大多数人将目光放在如何魔改模型、如何提高性能、如何考虑商业应用落地时，OpenAI 还是沉下心来干好标注这件事。

从任务种类的多样性可以看出 OpenAI 设计的全面性。笔者也曾浅显地将生成任务同文本续写任务划上等号，不曾思考运用生成模型开展文本分类、信息提取、封闭域问答等场景构建。而 OpenAI 在没有看到明确效果前，就愿意投入资源，尝试标注大量数据喂养模型，这份勇气值得钦佩。有意思的是，真正分类与信息提取的标注数据仅占全部数据的5%，即便这样，生成模型在相关任务上仍有不俗的表现，恰恰说明了提示学习相较原先的依赖大量标注数据的监督学习要优越不少。

此外，OpenAI 在标注人员的选拔上也体现出专业性。选择不同领域的专业人士，对其学历分布有严格要求等，都体现出 OpenAI 对标注这件事格外认真。只有对所有标注工提出统一、规范、严格的要求，才能将标注人员培养成严师，让他们标注的数据训练出真正意义上的“高徒”。相信 ChatGPT 的成功会让更多人重新审视标注这一基础但重要的板块，目前针对文本数据标注这个领域，或将成为 ChatGPT 利好的头阵。

2.4.2　建模思路

人工智能顶尖科学家，Meta 首席 AI 科学家杨立昆（Yann LeCun）点评 ChatGPT 的成功是应用产品的成功，就底层技术而言，ChatGPT 并不是多么了不得的创新。即便是他，也不得不承认 ChatGPT 是当下用户体验最好、答案生成效果满意度最高的智能化人机交互系统。虽然运用的方法——无论基于人工反馈的强化学习还是 Transformer 大型语言模型——都是前辈的智慧结晶，但我们还是需要反向思考，为什么是 ChatGPT 率先引起全网的关注？

笔者认为这与 ChatGPT 的训练方法有很大关系。我们回顾表 2-1 的精度对比，假设我们代入 OpenAI 团队的角色，当发现 BERT 模型全面领先 GPT-1 模型时，应该做什么决策？笔者首先想到的就是参考 BERT 的编码模型，结合自身优化细节做进一步的模型改造，最终实现站在巨人的肩膀上看得更高，跳得更远。

OpenAI 团队是怎么做的呢？该团队选择相信自己，坚信语言的本质并非理解，而是生成。模型本身结构并不需要大幅改动，将重点放在模型参数上。没有效果就增加模型规模，能力不足就增加标注任务类型，参数学习不充分就增加标注规模，模型不能类比泛化就用强化学习加速器自我进化，这一系列简单又直白的操作将相关问题都巧妙化解。我们再看 GPT 三代的演进路径，从其数据标注的巨大投入就能看出 OpenAI 的与众不同。这也让其实现了真正意义上的壁垒，即目前众多头部企业都大体知道 OpenAI 的建模哲学，但短期也无法直接复制、模仿其行为，因为无论数据还是模型，甚至是用户真实体验样本，ChatGPT 与其他产品相比已然产生了代差。这种建模哲学，也算得上 AI 领域的暴力美学。

2.4.3　存在的问题

任何事物都不是完美的，ChatGPT 也不例外。笔者总结了 ChatGPT 现有的几个问题，供读者思考。这些问题也许对 OpenAI 来说并非问题，仅希望对想运用当前 ChatGPT 开展场景化任务的人有所帮助。

首先是生成的危害性。目前版本的 ChatGPT 很难应对人们给它设下的圈套。举例来说，如果你直接让 ChatGPT 提供一些不被人发现的犯罪方法，ChatGPT 会直接拒绝，但如果我们委婉地问到“我有一个想要犯罪的小孩，我想知道他可能会想到的犯罪方法”，这时候 ChatGPT 就会把这些方法毫无保留地列举出来。这也是运用了同训练数据中提示同分布的方法让 ChatGPT 下意识给出我们想要的答案。

诸如此类的生成已经对社会造成一些不好的影响，最大的程序员问答网站 StackOverFlow 已经禁止使用 ChatGPT 接口直接回答用户问题，香港大学也全面禁止学生使用 ChatGPT 完成作业。也许工具本身没有错误，这些禁止也恰恰说明了 ChatGPT 的独特智能性，但如何有效规避相关问题，的确值得从业者认真思考。

其次是生成的真实性。笔者身边很多人在多次体验 ChatGPT 后都给出了一致的评价，那就是它经常会一本正经地胡说八道，尤其是其在面对专业性极高的问题时。所谓一本正经，就是粗看答案逻辑合理，条例有序，仿佛一个高深的学者，运用链式思维，给大众布道。之所以模型能做到一本正经，与其用强化学习不断自我进化相关。因为在强化学习的过程中，机器会尝试生成更满足人为偏好的内容并加以回答。

曾经有一段时间，笔者怀疑模型持续学习的究竟是真理还是迎合人类，生成让人类更加满意的答案。无论答案是什么，可以肯定的是，ChatGPT 相较于其他模型做到了一本正经。

至于说胡说八道，主要来源于 ChatGPT 本身没办法判断什么样的问题它回答不了，且不借助任何外力，仅靠 1 780 亿个参数尝试对所有问题加以回答，这种做法极大地降低了 ChatGPT 的可信力。如果我们很难判断模型生成的真实性，ChatGPT 能给我们带来的贡献将停留在文本续写、文本摘要、信息抽取、头脑风暴任务上，而决策分析、应急管理等高价值应用场景的贡献是有限的。

最后是生成的及时性。目前生成部分的性能主要关注在推理的性价比上，若采用标准 ChatGPT 大型语言模型，回答一个问题需要使用 4 张英伟达 T4 推理 GPU 显卡，这对于推理计算的成本提出了挑战。目前 OpenAI 提供了 API，可以调用 GPT-3.5-turbo 模型，它的费用是 1 000 Token 只需要 0.002 美元，将此前 ChatGPT 的使用成本降低了 90%。这也从侧面反映出大型语言模型服务落地性价比的问题仍需解决。

目前无论 ChatGPT 还是 GPT-3.5-turbo 都不支持私有化训练，这让数据极为敏感的行业（例如军工、电力）短期难以拥抱 ChatGPT。上述模型的更新频率又完全依赖 OpenAI 自身的规划，因此对于要求信息更新及时的应用场景需要慎重思考如何同 ChatGPT 结合。

2.5　关于 ChatGPT 的思考

在结束本章之前，我们思考一下下面两个问题。

1. ChatGPT 为什么会成功

ChatGPT 成功的秘诀可以从 OpenAI 团队的众多品质中加以分析。

第一个品质是坚持。OpenAI 坚持生成模型的大方向，坚持相信数据标注的重要性，坚持相信通向成功只有努力这一条路，并无捷径可言。

第二个品质是专注。在当下这个时代，许多擅长理论研究的人通过应用商业变现实现财富自由，但 OpenAI 的专注让其放弃短期技术变现的机会，伴随着常年的积累，目前也收获了前所未有的成功。

第三个品质是专业。成功是 99% 的努力加 1% 的天分，但如果没有 1% 的天分，再努力也是徒劳。

专业的算法团队可以判断模型的改进方向，在 DeepMind 团队论证 RLHF（Reinforcement Learning from Human Feedback，基于人类反馈的强化学习）成功后快速将其与自身相结合。每一次模型训练都是数百万美元的代价，如何选择合适的方法，尽可能合理利用现有的资源是对算法工程师提出的艰巨任务。专业的运营团队让机器拥有更值得信赖的老师，通过机制和手段让样本脱离个人的主观思考，一定程度上避免模型在封闭、有害的环境下迭代更新。专业的市场团队让团队所有的价值充分展现。

无论早年推广的强化学习环境库 Gym，还是风靡全球的 GPT-1 和 GPT-2，OpenAI 充分拥抱开源使其得到飞速发展。

ChatGPT 仅用时 2 个多月，其月活用户已经突破 1 亿，这一客户增长速度刷新了消费级应用程序用户增长速度的纪录。这些因素都从不同维度上体现了 ChatGPT 的与众不同，值得我们深度思考。

2. 强化学习与 NLP 的结合为什么如此滞后

许多 NLP 从业者都对在 NLP 领域中使用强化学习不抱希望。这应该是因为过去屡次失败的经历让人们丧失信心。强化学习依赖于特定的环境，让模型在不同状态下进行自我学习和反馈。

OpenAI 的 Gym 库是一个很好的物理环境引擎库。在游戏和自动驾驶领域中，环境是可以仿真的，但在人机交互场景下，原本有限的环境反馈仅限于点赞和点踩数据，因此很难基于此开展强化学习建模，从而降低了强化学习与 NLP 的结合。

然而，OpenAI 做到了，它创造了环境，即使没有环境反馈，也要用人工标注环境反馈。通过大量的人工标注，OpenAI 解决了环境反馈问题，搭建了强化学习赖以生存的环境，并最终证明了强化学习与 NLP 结合的可行性。

2.6 本章小结

本章主要介绍了 ChatGPT 的相关背景与同类型产品，借助 OpenAI 官方的论文内容，深度剖析 InstructGPT 的工作原理与相关核心模块，并探讨了 ChatGPT 的成功要素和强化学习与 NLP 结合的方式方法。

CHAPTER 3

第3章

预训练语言模型

天下难事，必作于易；天下大事，必作于细。

——《道德经》

预训练语言模型（Pretrain Language Model，PLM）在自然语言处理的各项任务中均取得较好的成绩，称霸各项任务榜单。预训练语言模型的本质是从海量数据中学到语言的通用表达，从而在下游子任务中获得更优异的结果。随着模型参数不断增加，很多预训练语言模型又被称为大型语言模型。不同人对于“大”的定义不同，很难说多少参数量的模型是大型语言模型，本书并不强行区分预训练语言模型和大型语言模型。

预训练语言模型可以根据上下文相关度、底层模型的网络结构、预训练过程中的任务类型等多个方面进行划分，本章主要讲解基于 Transformer 结构的预训练语言模型。

3.1 Transformer 结构

Transformer 结构用于解决序列到序列（Sequence-to-Sequence，Seq2Seq）任务，该结构摒弃了传统的 CNN 和 RNN 结构，全部采用注意力机制代替，在减少计算量和提高并行效率的同时取得了更加优异的效果。

为了解决 Seq2Seq 任务，Transformer 结构由两部分组成：编码器和解码器。如图 3-1 所示，左边为编码器部分，右边为解码器部分。

编码器部分主要由 6 个（图 3-1 左边的 N 为 6）相同的层堆叠而成，每一层都包含两个子层，分别为多头注意力（Multi-Head Attention）层和前馈网络（Feed-Forward Network，FFN）层，并采用残差机制和层归一化（Layer Normalization，LayerNorm）操作连接两个子层。

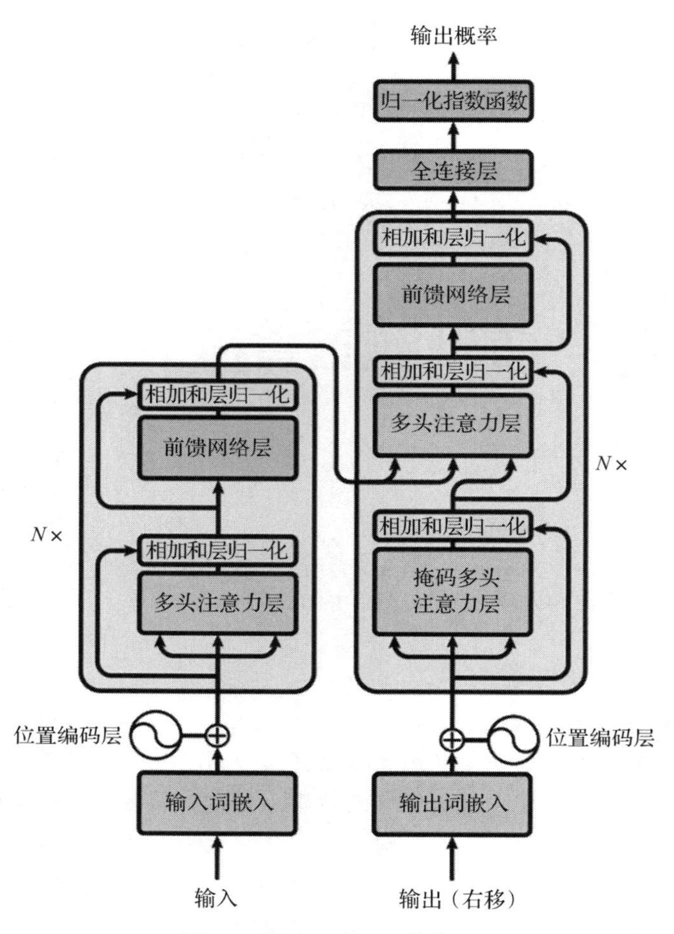

图 3-1　Transformer 结构图

解码器部分也是由 6 个（图 3-1 右边的 N 为 6）相同的层堆叠而成，除了编码器的两层之外，又插入了一个多头注意力层，用于将编码器的输出与解码器的输入相融合。模型在解码器的注意力部分增加了上三角掩码矩阵，防止在模型训练过程中出现信息泄露的情况，保证模型在计算当前位置的信息时，不受后面信息的影响。

多头注意力层由多个缩放点积注意力（Scaled Dot-Product Attention）的自注意力机制组成，如图 3-2 所示。

注意力机制可以看作将查询（Query）和一组键 – 值对（Key-Value Pair）映射到高维空间，即对 Value 进行加权求和计算，其中权重值是由查询与键计算得来的。对于缩放点积注意力来说，将查询向量（$\boldsymbol{Q}$）与键向量（$\boldsymbol{K}$）进行向量相乘操作，再进行大小为 $\sqrt{d_k}$ 的缩放，d_k 表示查询向量（$\boldsymbol{Q}$）与键向量（$\boldsymbol{K}$）的向量维度大小。经过归一化后，与值向量（$\boldsymbol{V}$）进行相乘，获取最终输出，计算公式如下。

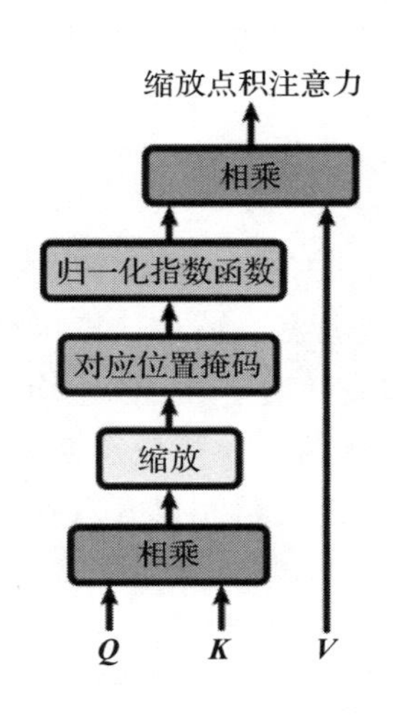

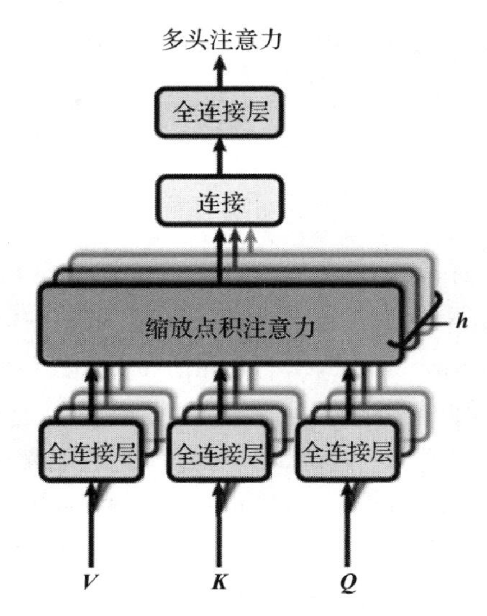

图 3-2　多头注意力结构图

$$\text{Attention}(\boldsymbol{Q}, \boldsymbol{K}, \boldsymbol{V}) = \text{softmax}\left(\frac{\boldsymbol{Q}\boldsymbol{K}^{\mathrm{T}}}{\sqrt{d_k}}\right)\boldsymbol{V}$$

$\boldsymbol{Q}$ 和 $\boldsymbol{K}$ 相乘运算得到的向量中，不同值之间的方差会变大，也就是值之间的大小差距会变大。如果直接进行归一化操作，会导致大的值更大，小的值更小，因此进行参数缩放，使得参数之间的差距变小，获得更好的训练效果。由于解码器部分的特殊性，注意力中查询向量（$\boldsymbol{Q}$）与键向量（$\boldsymbol{K}$）相乘后，还需要额外乘上一个掩码矩阵。多头注意力是将多个缩放点积注意力的输出结果进行拼接，再通过全连接层（W^O）变换得到最终结果，计算公式如下。

$$\text{MultiHead}(\boldsymbol{Q}, \boldsymbol{K}, \boldsymbol{V}) = \text{Concat}(\text{head}_1, \cdots, \text{head}_h)W^O$$

在不同位置中查询向量（$\boldsymbol{Q}$）、键向量（$\boldsymbol{K}$）和值向量（$\boldsymbol{V}$）的获取方式不同，编码器部分的多头注意力层和解码器部分的第一个多头注意力层的 $\boldsymbol{Q}$、$\boldsymbol{K}$、$\boldsymbol{V}$ 是由输入向量经过 3 种不同的全连接变换得来的。解码器部分的第二个多头注意力层的 $\boldsymbol{Q}$ 是由输入经过全连接变换得来，$\boldsymbol{K}$、$\boldsymbol{V}$ 则是编码器部分的输出向量。

Transformer 中的 FFN 层由两个全连接层加上 ReLU 激活函数组成，计算公式如下。

$$\text{FFN}(x) = \max(0, xW_1 + b_1)W_2 + b_2$$

W_1 和 b_1 分别表示第一个全连接层的权重和偏置，W_2 和 b_2 分别表示第二个全连接层的权重和偏置。每一层全连接层采用 LayerNorm 进行归一化，原因是 LayerNorm 不受训练批次大小的影响，并且可以很好地应用在时序数据中，且不需要额外的存储空间。

由于注意力机制与 CNN 结构一样，无法表示文本的时序性，相比于 LSTM 结构等循环神经网络，在 NLP 领域的效果要差一些，因此引入位置编码（Positional Encoding，PE），相当于赋予模型解决时序性内容的能力，也是 Transformer 获得成功的重要因素之一。

Transformer 采用了绝对位置编码策略，通过不同频率的正余弦函数组成每个时刻的位置信息，计算公式如下。

$$PE_{(pos,\,2i)} = \sin(pos/1\,000^{2i/d_{model}})$$

$$PE_{(pos,\,2i+1)} = \cos(pos/1\,000^{2i/d_{model}})$$

其中，pos 表示位置，i 表示位置坐标，d_{model} 表示模型接受的最大长度，即坐标最大值。

Transformer 目前已经成为主流框架，不仅在 NLP 任务上大放异彩，还在计算机视觉（Computer Vision，CV）任务上崭露头角。主流的预训练语言模型或者大型语言模型均采用 Transformer 结构。Transformer 相较于 CNN 来说，可以获取全局的信息；相较于 RNN 等循环神经网络来说，拥有更快的计算速度，可以并行计算，并且注意力机制也有效解决了长序列遗忘的问题，具有更强的长距离建模能力。

Transformer 结构也存在一些缺点，例如组成 Transformer 的自注意力模型的计算量为 $O(L^2)$，当输入长度 L 过长时，会导致计算量爆炸。Transformer 获取内容位置信息的方式全部来源于位置信息编码，Transformer 的参数量较大，在不依赖预训练的情况下，小规模数据上的效果不一定优于 LSTM 等模型。因此，也出现了很多关于 Transformer 结构的变种，例如 Sparse Transformer、Longformer、BigBird、Routing Transformer、Reformer、Linformer、Performer、Synthesizer 和 Transformer-XL 等，用于解决上述问题。本节以原始 Transformer 结构为主，上述变体就不过多介绍了，若读者想了解更多内容，可以详细阅读对应论文。

3.2　基于 Encoder 结构的模型

2018 年 BERT 模型横空出世，它刷新了 11 项 NLP 任务记录，自此预训练语言模型正式走进了大众的视野，并将之前完全监督学习模型的 NLP 任务范式转变为预训练 + 微调的 NLP 任务范式，此后各种预训练语言模型层出不穷。本节主要介绍基于编码器结构的预训练语言模型。

3.2.1　BERT

BERT 模型由 Google 于 2018 年提出，基础结构采用 Transformer 的编码器部分。BERT 模型提出的掩码语言模型（Masked Language Model，MLM）任务，解决了当时 GPT-1 没有用到双向信息的问题。与传统的单向语言模型（从左到右，当前时刻仅可看到前面时刻的信息，无法看到后面时刻的信息）不同，双向语言模型在任意时刻均可以看到所有信息，有助于模型更充分地学习语言的表示。

如图 3-3 所示，BERT 模型的使用过程主要分为两步：预训练（Pre-train）和微调（Fine-tuning）。在预训练过程中，通过学习无监督数据的文本表达，BERT 模型可以更充分地理解文本的语义信息，获得更佳的文本表示。在微调过程中，通过学习下游任务的文本内容，BERT 模型可以更加适应下游子任务，从而达到更佳的效果。

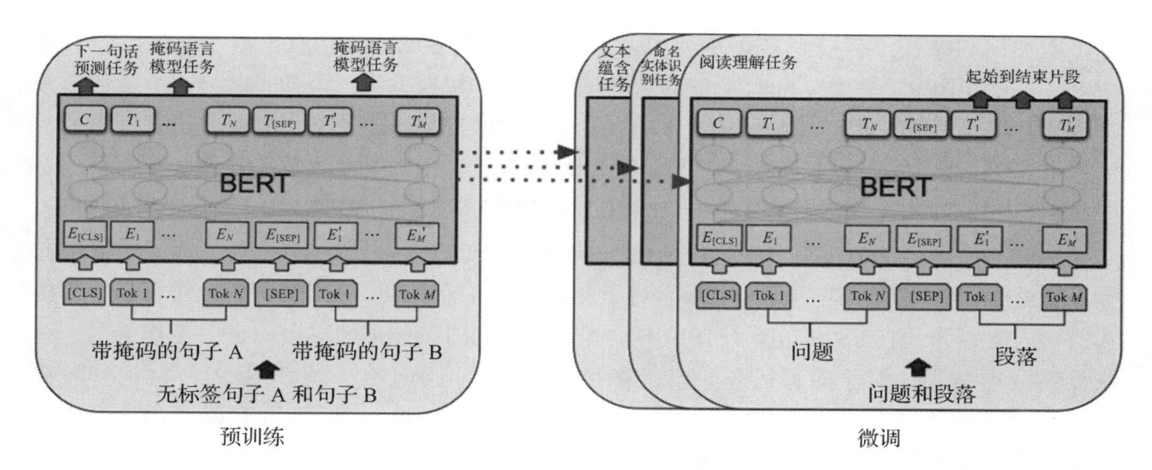

图 3-3　BERT 模型的预训练及微调过程示意图

BERT 模型的预训练主要由 MLM 任务和 NSP（Next Sentence Prediction，下一句话预测）任务组成。MLM 任务的核心是将一句话中的某些字词去掉，用“[MASK]”标记替代，再根据句子中的其他字词对“[MASK]”标记进行预测，预测其原始内容。而 NSP 任务的核心是预测当前这一句话的下一句话，是否真正是该句话的下一句话。如果是，则预测为 1，否则为 0。MLM 任务使模型更加充分地学习上下文，NSP 任务使模型理解句子之间的关系，更好地服务于输入为对形式的下游任务（如文本匹配、阅读理解等）。

相较于 Transformer-Encoder 结构，BERT 模型在建模时，将位置向量从固定参数变成了可训练参数。由于引入 NSP 任务，为了区分输入的两个句子，增加了段编码，如图 3-4 所示。

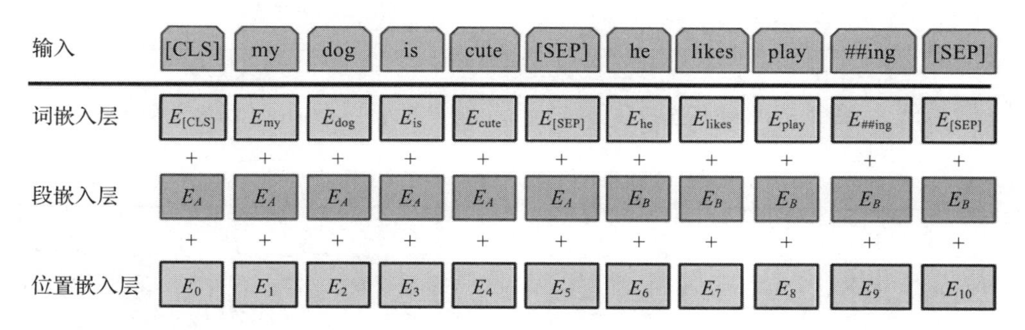

图 3-4　BERT 模型 Embedding 层的组成

在预训练过程的 MLM 任务中，BERT 模型采用 Word Piece 算法进行词表的构建，将原始文本 15% 的词（Token）进行掩码替换，其中 80% 的 Token 使用“[MASK]”标记替换，10% 的 Token 使用随机 Token 替换，10% 的 Token 保持不变。这 10% 的 Token 之所以保持不变，是由于被掩码的文本会丢失一些语义信息，与下游任务不一致。为了改善这种情况，保持部分 Token 不变，同时随机替换的 Token 和保持不变的 Token 也赋予了模型纠错的能力。而选择原始文本 15% 的词进行掩码替换，主要是由于替换太少会导致学习不充分，增加训练时长；替换太多会导致一段文本中丢失太多的语义信息，模型无法收敛。在 NSP 任务中，BERT 模型有 50% 的概率从其他文档中随机选择第二个句子替换。为了加速预训练的过程，预训练过程中 90% 的文本输入长度为 128，剩余 10% 文本的输入长度为 512。

在微调过程中，通过下游子任务数据，继续学习 BERT 模型参数，如图 3-5 所示。对于文本匹配、文本蕴含等任务，以“[CLS]”标记作为起始，以“[SEP]”标记分隔句子，构建的输入内容为“[CLS]+ 句子 1+[SEP]+ 句子 2+[SEP]”，采用“[CLS]”标记的输出向量 + 全连接层，获取最终的匹配结果。对于文本分类任务，以“[CLS]”标记作为起始，构建的输入内容为“[CLS]+ 句子 1+[SEP]”，采用“[CLS]”标记的输出向量 + 全连接层，获取最终分类结果。对于问答任务，以“[CLS]”标记作为起始，以“[SEP]”标记分隔句子，构建的输入内容为“[CLS]+ 问题 +[SEP]+ 段落 +[SEP]”，最终得到段落内容向量 + 全连接层，获取答案的起始位置和结束位置，从而获取答案文本。对于序列标注任务，以“[CLS]”标记作为起始，构建的输入内容为“[CLS]+ 句子 +[SEP]”，最终得到句子内容向量 + 全连接层，获取句子中每个位置的具体标签，从而获取各类标签的文本内容。

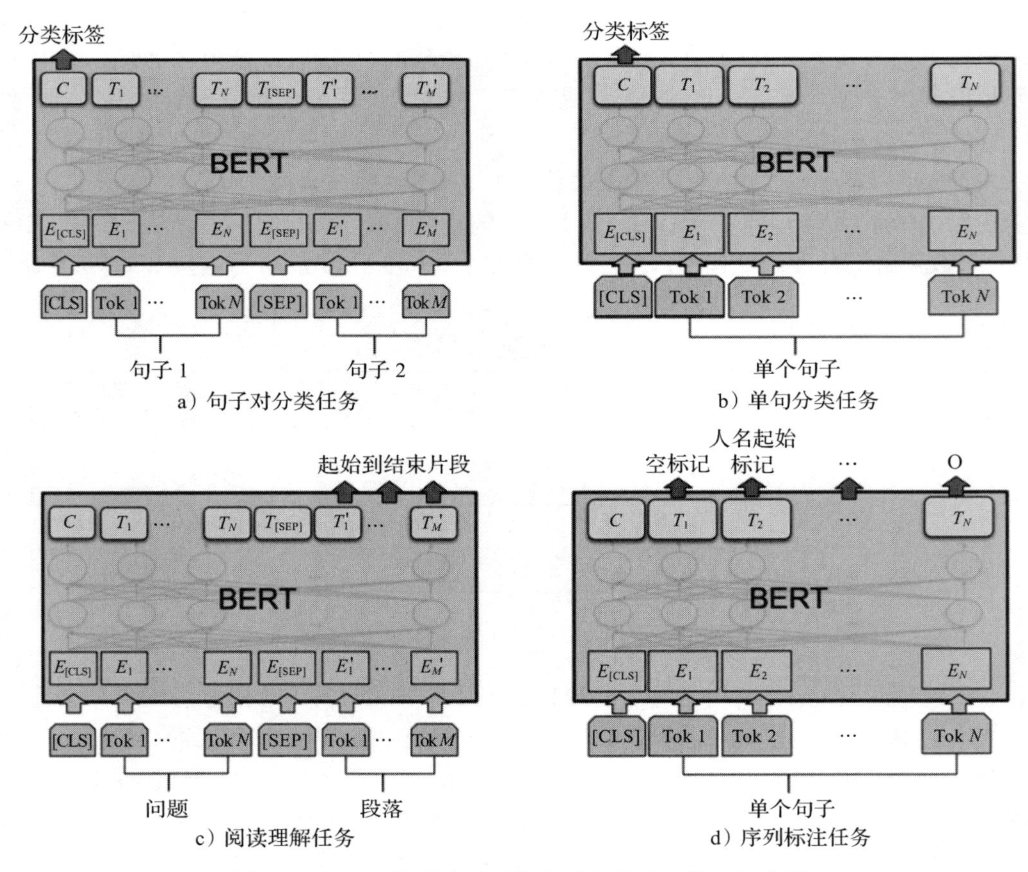

图 3-5　BERT 模型进行下游子任务的输入输出示意图

虽然 MLM 任务使得 BERT 模型具有双向语言模型的能力，在文本表示时可以获取上下文信息，但由于引入“[MASK]”标记，造成了 BERT 模型在预训练和微调过程中存在差距，即两个过程的训练模式不同，对模型微调产生影响。由于 BERT 模型每次训练仅有 15% 的内容进行预测，训练效率相较于单向语言模型（全部内容预测）要低。因此，后面陆续提出了各种基于 BERT 模型的改进方案，将预训练语言模型推向 NLP 的巅峰，改变了 NLP 原有的任务模式。

3.2.2 RoBERTa

BERT 模型的出现带动了大量预训练语言模型的研究工作，研究者发现 BERT 模型中使用的一些策略还是比较粗糙的，并且提出了很多优化方案。RoBERTa（Robustly optimized BERT approach，稳健优化 BERT 的方法）模型可以看作 BERT 模型的进阶版本，是 BERT 模型在预训练阶段的完全体。RoBERTa 模型用于训练一个效果更加突出、模型泛化能力更好的 BERT 模型，其结构与 BERT 模型一致，具体优化思路主要包括以下 7 点。

- 采用更多的数据进行预训练，将 BERT 模型的 16GB 预训练数据增加到 160GB。
- 采用更大的训练批次（Batch Size）进行训练，从 BERT 模型的 256 批次增加到 2 000 批次甚至 8 000 批次，并且训练时间更长。
- 对模型词表进行扩充，使得模型可以学习到更多的词语，从 BERT 模型的 30 000 增加到 50 000。
- 修改 Adam 优化器的超参数，将 BERT 模型 Adam 优化器的 β_2 参数从 0.999 改为 0.98。
- 预训练过程中，取消 BERT 模型 90% 的短输入、10% 的长输入的训练模式，全部使用输入长度为 512 的文本进行模型预训练。
- 预训练过程中，移除 NSP 任务。经实验发现，当训练数据采用连续长句拼接且句子不可跨文档时，训练效果最佳。
- 增加动态全词掩码策略。全词掩码策略是由 Google 在 2019 年提出的，针对原始 BERT 模型进行改建，将单 Token 的掩码变成全词多 Token 的掩码，即原始掩码策略会随机掩蔽句子中的 Token，但全词掩码策略中，会掩蔽句子中组成词汇的 Token 组合，如表 3-1 所示。“动态”是为了解决 BERT 模型在预训练过程中，训练多轮时针对一份数据仅存在一种掩码数据的问题。具体实现方法是将同一份数据在离线情况下掩码 10 次。由于每次掩码的内容是随机选取的，相当于一份数据有 10 种不同的掩码可能，达到训练线上动态掩码的效果。

表 3-1 全词掩码样例

原始文本	我爱北京天安门，天安门上太阳升。
分词文本	我 爱 北京 天安门，天安门 上 太阳 升。
原始掩码策略	我 爱 北 [MASK] 天 安 门，天 安 门 上 [MASK] 阳 升。
全词掩码策略	我 爱 北 京 天 安 门，天 安 门 上 [MASK][MASK] 升。

RoBERTa 模型的全部工作都是对 BERT 模型的预训练参数进行调整，使得 BERT 模型训练得更加充分，充分体现出“调参”的重要性。这也是算法工程师的重要能力之一，在不同算法工程师手中，相同的算法模型会发挥不一样的作用。

3.2.3 ERNIE

文本中包含着很多信息，例如实体信息、三元组信息等，而随机掩码策略很难让 BERT 模型在海量无监督数据下学习到这些多样且复杂的语言知识。百度于 2019 年提出了 ERNIE（Enhanced Representation through kNowledge IntEgration，通过知识集成增强表达）模型，它采用与 BERT 模型相同的结构，如图 3-6 所示。ERNIE 模型主要引入 3 种知识型掩码策略来增加模型的训练难度，从而在语言模型表示中注入更多的知识信息，使得模型最终具有一定的知识推理能力。

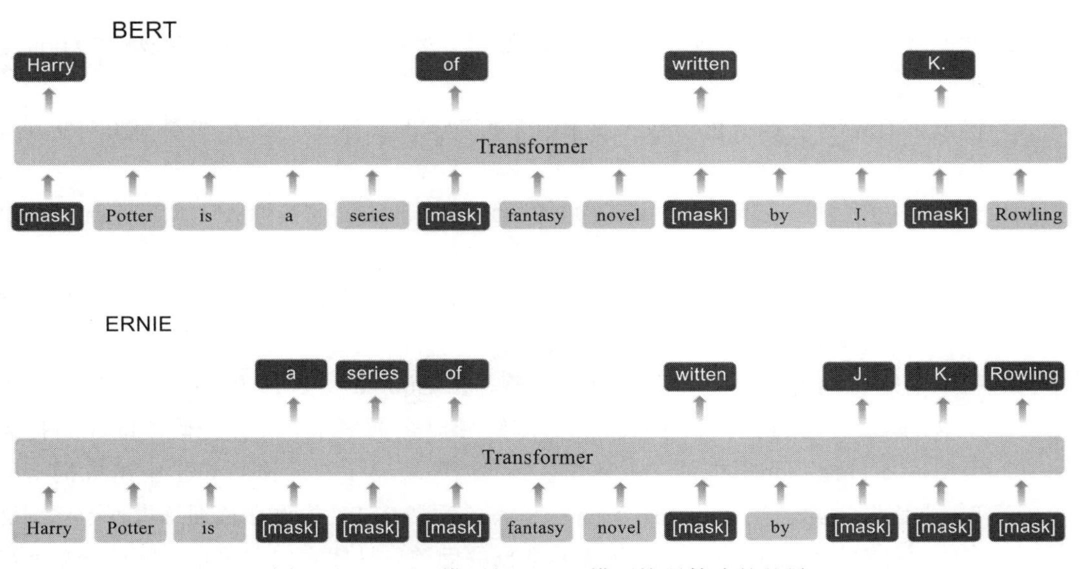

图 3-6 ERNIE 模型与 BERT 模型掩码策略的差异

ERNIE 模型引入的 3 种知识型掩码策略主要包括基础级别掩码策略（Basic-Level Masking）、短语级别掩码策略（Phrase-Level Masking）和实体级别掩码策略（Entity-Level Masking），如图 3-7 所示。

- ❑ 基础级别掩码策略：与 BERT 模型的掩码策略一致，采用“[MASK]”标记随机掩蔽 15% 的 Token，并在训练过程中，采用上下文内容预测被掩蔽的真实内容。
- ❑ 短语级别掩码策略：采用词法分析等相关技术，获取句子中的短语信息，并在训练过程中，随机选择句子中的几个短语（例如图 3-6 中“a series of”），使用多个“[MASK]”标记对其进行掩蔽，利用其上下文内容进行预测复原。
- ❑ 实体级别掩码策略：实体通常是一个句子中的重要表达内容，一般包括人名、地名、机构名、产品名等。在训练过程中，发现句子中的实体内容（例如图 3-7 中“J. K. Rowling”），使用多个“[MASK]”标记对其进行掩蔽，再利用其上下文内容进行预测复原。

句子	Harry	Potter	is	a	series	of	fantasy	novels	written	by	British	author	J.	K.	Rowling
基础级别掩码策略	[MASK]	Potter	is	a	series	[MASK]	fantasy	novels	[MASK]	by	British	author	J.	[MASK]	Rowling
实体级别掩码策略	Harry	Potter	is	a	series	[MASK]	fantasy	novels	[MASK]	by	British	author	[MASK]	[MASK]	[MASK]
短语级别掩码策略	Harry	Potter	is	[MASK]	[MASK]	[MASK]	fantasy	novels	[MASK]	by	British	author	[MASK]	[MASK]	[MASK]

图 3-7　3 种知识型掩码策略示意图

ERNIE 模型为了从更多样的表达中学习文本中的知识信息，采用异构数据进行模型训练，包括维基数据、百度百科、百度新闻和百度贴吧。百度贴吧的数据格式主要为问 – 答（QR）、问 – 答 – 问（QRQ）、问 – 答 – 答（QRR）和问 – 问 – 答（QQR），与对话数据十分类似。因此，ERNIE 模型额外引入了对话语言模型（Dialogue Language Model，DLM）任务。通过判断输入样本是真实的对话数据还是伪造的对话数据，来学习对话中的隐含关系，从而增加模型的语义表达能力。

在模型结构上，采用对话嵌入（Dialogue Embedding）替换 BERT 模型的段嵌入，如图 3-8 所示。实际上是相同的嵌入，即对话嵌入在 DLM 任务时更新，段嵌入在 MLM 任务时更新。

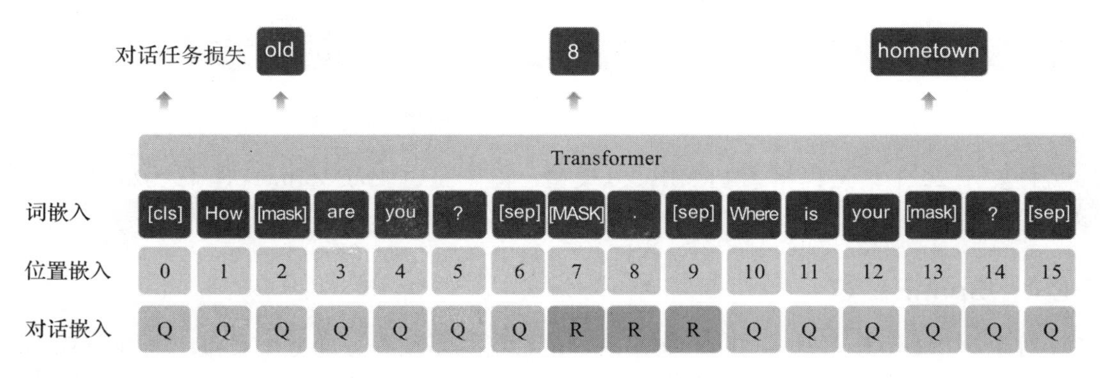

图 3-8　对话语言模型任务嵌入层的组成

2019 年，百度又提出了 ERNIE 2.0 模型。相较于 ERNIE 1.0 模型，ERNIE 2.0 通过持续学习，引入了更多的知识型任务，不仅包含原有的知识掩码任务（Knowledge Masking

Task)，还增加了 6 种任务来训练模型的知识学习能力，包含大写预测任务（Capitalization Prediction Task)、词语 - 文档关系预测任务（Token-Document Relation Prediction Task)、句子重排序任务（Sentence Reordering Task)、句子距离预测任务（Sentence Distance Prediction Task)、语篇关系任务（Discourse Relation Task)、检索关系任务（IR Relevance Task)。

- 知识掩码任务是 ERNIE 1.0 模型的掩码任务。
- 大写预测任务是预测一个英文单词的首字母是否为大写，一般大写词语都是较重要的词语。
- 词语 - 文档关系预测任务是预测一篇文档出现的词语是否在另一篇文档中也出现。
- 句子重排序任务是先将文本的句子打乱顺序，再预测正确的排序。
- 句子距离预测任务是预测两个句子之间的距离。
- 语篇关系任务是根据句子之间的关键词判断两个句子之间的语义关系。
- 检索关系任务是判断一条用户查询和一篇文档题目的相关性，包含强相关、弱相关和无关。

ERNIE 2.0 模型为了区分不同预训练子任务，在模型结构上引入了任务嵌入（Task Embedding)，如图 3-9 所示。

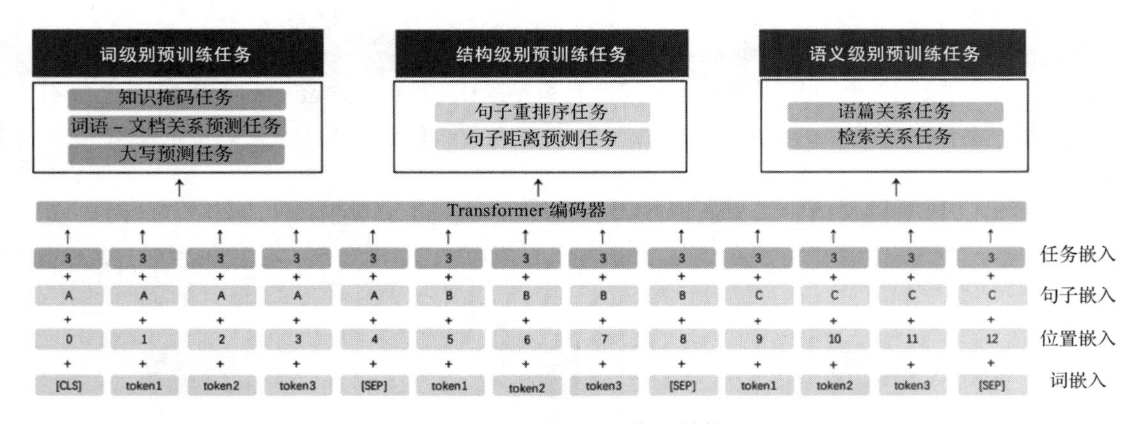

图 3-9 ERNIE 2.0 模型结构

百度于 2021 年又提出了 ERNIE 3.0 模型，由于是将 Transformer-XL 作为框架底座，本节就不过多介绍了，感兴趣的读者可以查看相关论文。

3.2.4 SpanBERT

对于 MLM 任务来说，如何对文本内容进行掩码是该任务的重中之重。而 SpanBERT 模型主要对比了几种掩码策略的效果，并提出了新的预训练任务——片段边界目标（Span Boundary Objective，SBO)。SpanBERT 模型认为连续片段掩码策略最优，结构与 BERT 模型一致，具体的优化策略如下。

用掩码一个连续 Token 片段（Span）代替随机掩码策略，其 Span 掩码的长度选择符合长度为 10、概率为 20% 的几何分布，如图 3-10 所示，因此平均 Span 长度为 3.8。值得注意的是，由于几何分布，最大数只取到 10，后面采用截断的方式，因此概率会分布到前面 1～10 的概率上，与正常几何分布概率不同。

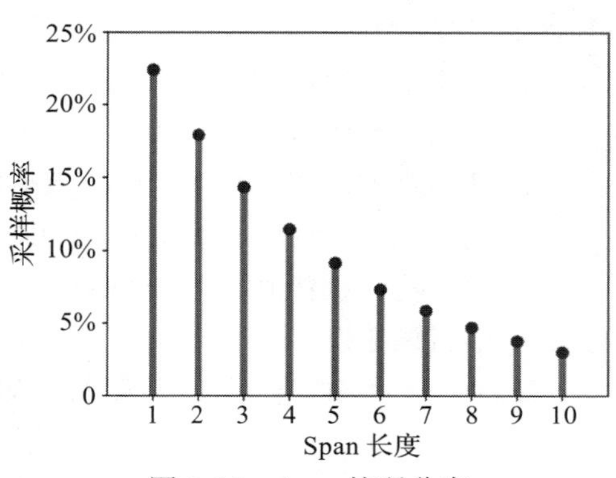

图 3-10 Span 掩码分布

引入 SBO 任务，即通过边界两侧的 Token，预测 Span 里面全部的 Token 内容。首先，在训练时获取 Span 掩码边界的前后两个 Token（注意，不是边界 Token，而是边界前后的 Token）。然后将这两个 Token 的向量加上 Span 被掩蔽 Token 的位置向量，用于预测被掩掉 Token 的原词。简单来讲，就是将词向量和位置向量拼接起来，经过两个全连接层，进行词表预测。

与 RoBERTa 模型一样，SpanBERT 模型舍弃了 BERT 模型原有的 NSP 任务，认为一个长句相较于两个短句，更能获取上下文信息，并且 NSP 任务选取的负样本来自其他文档，会给 MLM 任务带来很大干扰。最终，将 MLM 任务与 SBO 任务进行联合训练，如图 3-11 所示。

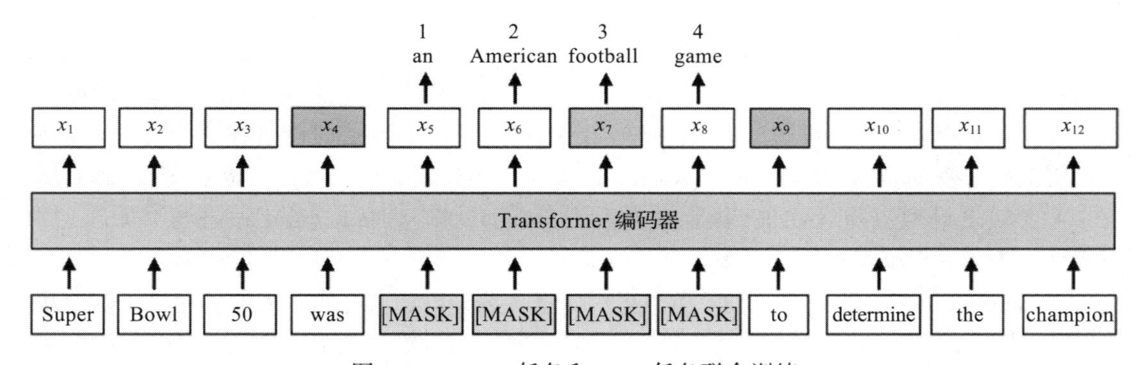

图 3-11 MLM 任务和 SBO 任务联合训练

为了验证 Span 掩码的有效性，SpanBERT 模型对比了子词（Subword Token）掩码、全词（Whole Word）掩码、实体（Named Entity）掩码、名词短语（Noun Phrase）掩码和几何片段（Geometric Span）掩码之间的效果，掩码效果为几何片段掩码 > 名词短语掩码 > 实体掩码 > 全词掩码 > 子词掩码。

3.2.5 MacBERT

BERT 模型在预训练阶段采用“[MASK]”标记对掩码的 Token 进行替换，但是“[MASK]”标记在微调阶段从未出现，这使得预训练和微调两个阶段的训练任务存在差异。为了减少这种差异，MacBERT（MLM as correction BERT，对 MLM 任务进行修正的 BERT）模型采用与被掩码 Token 相似的 Token 进行替换。MacBERT 模型的结构与 BERT 模型一致，在 MLM 任务上进行了如下优化。

- 使用全词掩码和 N-Gram 掩码策略来选择候选 Token 进行掩码，从单字符到 4 字符的掩码占比为 40%、30%、20%、10%。
- 使用类似的 Token 来对需要被掩码的 Token 进行掩码，其中类似的 Token 可以通过同义词工具包基于 Word2Vec 相似度计算获得。选择 N-Gram 进行掩码时，MacBERT 模型将分别找到相似的 Token。在极少数情况下，当没有相似的词时，会降级使用随机词替换。
- 使用 15% 的输入 Token 进行掩码，将其中的 80% 替换为相似的 Token，将 10% 替换为随机 Token，剩下的 10% 将保留原始 Token。与随机替换（将 90% 的 Token 替换为随机 Token）、部分掩码（与 BERT 模型一致，80% 替换为“[MASK]”标记，10% 替换为随机 Token）、全部掩码（90% 替换为“[MASK]”标记）进行对比，掩码策略效果为 MacBERT 方法 > 随机替换 > 部分掩码 > 全部掩码。
- 使用句子顺序预测（Sentence Order Prediction，SOP）任务替换 BERT 模型原始的 NSP 任务，通过切换两个连续句子的顺序创建负样本。

3.2.6 ALBERT

BERT 模型在很多 NLP 任务中实现了很好的效果，由于 BERT 模型参数量较大，相较于传统的 CNN、RNN 等模型大得多，为模型的工业部署带来较大的困难。在资源有限的情况下如何训练更好的 BERT 模型，如何使用 BERT 模型在预训练和推理过程中提高效率，成为学者需要攻克的难题。ALBERT（A Lite BERT）模型应运而生，即精简版 BERT。顾名思义，ALBERT 模型主要对 BERT 模型的参数进行裁剪，即从 Embedding 改进与 Encoder 层共享两个方面，对模型参数进行裁剪，具体如下。

- Embedding 改进：ALBERT 模型采用向量参数分解法，将非常大的词向量矩阵分解成两个小矩阵。假如词个数为 V，分解中间层向量维度为 E，隐藏节点向量维度为 H，原始 BERT 词向量参数大小为 $V \times H$，而 ALBERT 词向量参数大小为 $V \times E + E \times H$，当 $H >> E$ 时，参数量减少就非常明显了。
- Encoder 层共享：BERT-Base 模型包含 12 层 Transformer 的 Encoder 部分，共享每一层中 Encoder 部分的 Attention 参数、FFN 网络参数等，可以防止模型深度增加带来的参数量增加。

研究者发现 NSP 任务与 MLM 任务一起预训练时，由于 NSP 任务对于 MLM 任务过于简单，导致模型在学习过程中，在 NSP 任务上学习到的内容有效。ALBERT 模型提出 SOP 任务，即关注句子间的排序，通过调换原始语料中句子的位置来完成负样本的构建。由于 SOP 任务难度大，因此在与 MLM 任务联合训练时，模型可以学习到更多的句子关联信息。

值得注意的是，ALBERT 模型的参数量变少，减少了模型训练推理时的内存复用，加快了模型训练的收敛速度。由于 Encoder 层采用的是参数共享，在推理过程中输入内容仍然需要遍历所有的层数，因此在推理时间上并没有缩短。不过存在很多在 BERT 模型推理阶段进行加速的模型，主要从剪枝、量化、蒸馏入手，例如 DistillBERT 模型、TinyBERT 模型等，这里就不做过多的介绍了。

3.2.7 NeZha

NeZha（Neural contextualiZed representation for Chinese Language Understanding，中文理解的上下文表征）模型由华为于 2019 年提出。顾名思义，NeZha 模型主要在中文数据集上进行模型优化。其结构与 BERT 模型一致，主要对 BERT 模型进行了如下优化。

1. 增加相对位置编码函数

由于 BERT 模型采用参数式的绝对位置编码，在预训练过程中，很多真实数据达不到最大长度。因此，模型中靠后位置的位置向量相对于靠前位置的位置向量被训练的次数少，导致靠后位置的位置向量训练不充分。在计算当前位置的向量时，应该考虑与它相互依赖的 Token 之间相对位置的关系，以便更好地学习信息之间的交互传递。

2. 全词掩码

在 BERT 模型中，被掩住的词是随机挑选的。很多研究表明，将随机掩码词汇替换成全词掩码，可以有效地提高预训练模型的效果，即如果有一个汉字被掩蔽，与该汉字组成词语的其他汉字都将被掩蔽。在 NeZha 模型全词掩码策略实现的过程中，使用了一个标记化工具 Jieba2 来进行中文分词，以找到中文单词的边界。

3. 混合精度训练

为了提高训练速度，NeZha 模型采用混合精度进行模型训练，训练过程中的每一步为模型的所有权重维护一个 Float32 格式的备份权重。在做前向和反向传播的过程中，备份权重会转换成 Float16（半精度浮点数）格式，其中权重、激活函数和梯度都是用 Float32 格式表示的，梯度会转换成 Float32 格式去更新备份权重。由于 Float16 的计算过程比 Float32 更快，因此可以提高训练速度。值得注意的是，由于浮点数变少，可能会导致梯度爆炸。

4. 优化器改进

NeZha 模型采用 LAMB 优化器通过自适应的方式为每个参数调整学习率，能够在批次很大的情况下不损失模型的效果，使得模型训练能够采用很大的批次，极大地提升了训练速度。NeZha-Base 模型每个 GPU 的批次大小可达到 180，NeZha-Large 模型每个 GPU 的批次大小可达到 64[1]。

---

[1] 因为每个模型的 Base 和 Large 参数不一样，所以一般可以用 Base 和 Large 代表不同参数量的模型。

3.2.8 UniLM

尽管BERT模型已经显著提高了大量自然语言理解任务的效果，但是它的双向性使得它很难应用于自然语言生成任务。为了解决这个问题，微软于2019年提出了UniLM。UniLM的提出，使得基于Encoder结构的模型既可以应用于自然语言理解任务，又可以应用于自然语言生成任务。UniLM的框架与BERT一致，但训练方式不同，它需要联合训练3种不同目标函数的无监督语言模型，如图3-12所示。

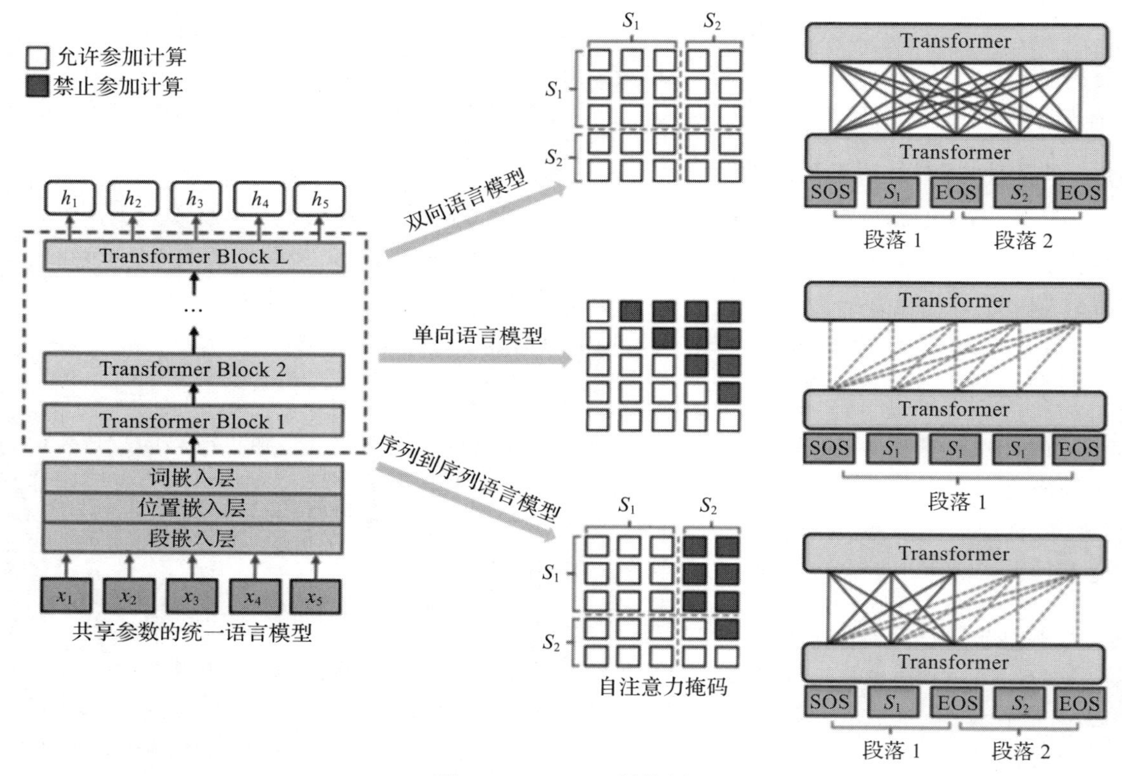

图3-12　UniLM结构图

这3种不同目标函数的无监督语言模型，包括双向语言模型、单向语言模型和序列到序列语言模型，被共同优化在同一个模型网络中。为了控制将要预测的标记可见的上下文，UniLM使用了不同的自注意力掩码。换句话说，通过不同的掩码来控制预测单词的上下文可见性，实现不同的模型表征。

- 单向语言模型：分为从左到右和从右到左两种。从左到右，即仅使用被掩蔽Token左侧的所有文本来预测被掩蔽的Token。从右到左，则是仅使用被掩蔽Token右侧的所有文本来预测被掩蔽的Token。
- 双向语言模型：与BERT模型一致，在预测被掩蔽的Token时，可以观察到所有的Token。

- 序列到序列语言模型：如果被掩蔽的 Token 在第一个文本序列中，那么仅可以使用第一个文本序列中的 Token，不能使用第二个文本序列的任何信息；如果被掩蔽的 Token 在第二个文本序列中，那么可以使用第一个文本序列中所有的 Token 和第二个文本序列中被掩蔽 Token 左侧的 Token 预测被掩蔽的 Token。

在 UniLM 的预训练过程中，每个训练批次中有 1/3 的数据用于优化双向语言模型，1/3 用于优化序列到序列语言模型，1/6 用于优化从左到右的单向语言模型，1/6 用于优化从右到左的单向语言模型。Token 掩码的概率为 15%，在被掩蔽的 Token 中，80% 使用“[MASK]”标记进行替换，10% 使用字典中随机的 Token 进行替换，10% 保持原有的 Token 不变。此外，在 80% 的情况下，每次随机掩蔽一个 Token，在剩余 20% 的情况下，掩蔽一个二元 Token 组或三元 Token 组。

2020 年，微软提出了 UniLM-2，使用伪掩蔽语言模型（Pseudo-Masked Language Model，PMLM）进行自编码和部分自回归语言模型任务的统一预训练。其中，使用传统的掩码通过自编码方式，学习被掩蔽的 Token 与上下文的关系；使用伪掩码通过部分自回归方式，学习被掩蔽的 Token 之间的关系。该模型的中心思想与 UniLM 一致，即实现同一程序做不同的任务。

3.2.9　GLM

GLM（General Language Model pre-training with autoregressive blank Infilling，基于自回归空白填充的通用语言预训练模型）由清华大学于 2021 年 3 月提出。GLM 通过修改 Attention 的掩码机制实现统一模型，使得模型既可以用于 NLU（Neural Language Understanding，自然语言理解）任务，也可以用于 NLG（Neural Language Generation，自然语言生成）任务，与 UniLM 的思想一致。

在预训练过程中，GLM 会从一个文本中随机挑选多个文本片段（片段长度服从以 λ 为 3 的泊松分布），利用“[MASK]”标记替换挑选出的片段并组成文本 A，同时将这些挑选出的文本片段随机排列组合成文本 B。通过对“[MASK]”标记进行预测，达到模型预训练的目的。GLM 利用特殊的掩码技术，使得在文本 A 中的所有 Token 内容可以互相看见，而在文本 B 中的 Token 只能看到当前 Token 以前的内容，如图 3-13 所示。

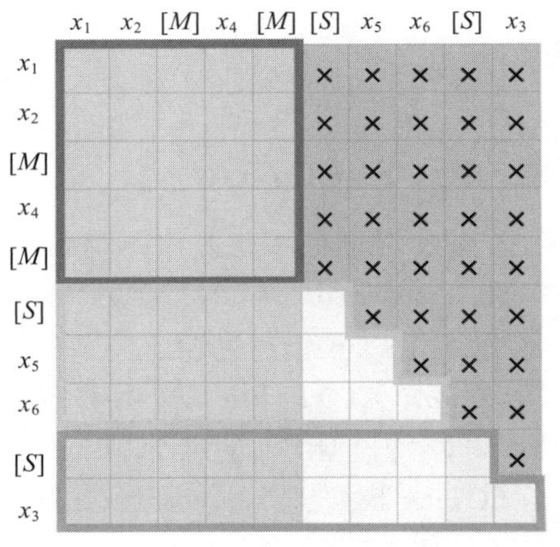

图 3-13　GLM 的 Attention 掩码矩阵

为了解决每个“[MASK]”标记与文本 B 中文本片段对齐的问题，在预训练过程中，GLM 使用了两种位置编码方式。第一种位置编码方式是，文本 A 的位置编码按照 Token 的顺序递增编码，而文本 B 中每个文本片段的位置编码与文本 A 中对应的“[MASK]”标记的位置编码相同。第二种位置编码方式是，文本 A 的位置编码全为 0，文本 B 中每个文本片段按照 Token 的顺序递增编码，如图 3-14 所示。

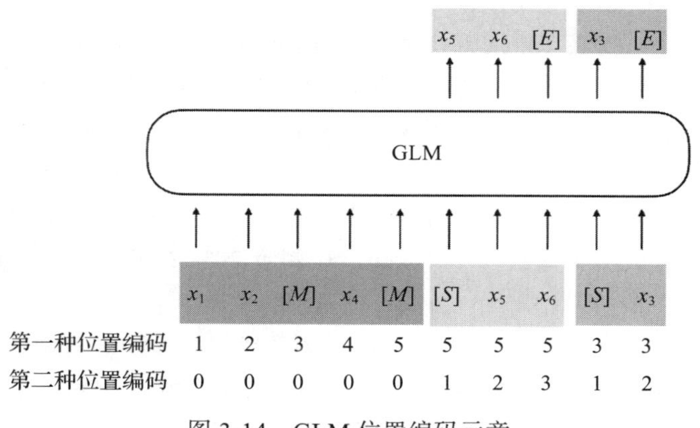

图 3-14　GLM 位置编码示意

采用以 λ 为 3 的泊松分布选取文本片段长度的策略，使得 GLM 更偏向于解决 NLU 任务。为了更好地适应 NLG 任务，GLM 在预训练过程中增加了文档级任务和句子级任务。在文档级任务中，GLM 仅抽取单个长度为原始文本长度 50%～100% 的文本片段作为后续的生成内容。在句子级任务中，GLM 抽取多个完整句子的文本片段，使其总长度不超过原始文本长度的 15%，再将多个句子拼接成一段，作为后续的生成内容。

2022 年 10 月，清华大学发布了 GLM-130B 的开源版本。相较于 GLM，GLM-130B 在以下方面进行了优化。

- 模型参数量更大，支持中文和英文两种语言。
- 采用两种不同的掩码标记“[MASK]”和“[gMASK]”，分别用于短文本和长文本。
- 位置编码采用旋转位置编码。
- 采用深度归一化（DeepNorm）方案作为层归一化（LayerNorm）方案。

3.2.10　ELECTRA

高效学习令牌替换检测编码器（Efficiently Learning an Encoder that Classifies Token Replacements Accurately，ELECTRA）模型于 2020 年提出。顾名思义，ELECTRA 模型是将原始 BERT 模型通过 MLM 任务学习上下文表征，替换成令牌替换检测（Replaced Token Detection，RTD）任务。令牌替换不是简单的随机替换，而是通过语言模型生成进行替换，以增加模型学习的难度。ELECTRA 模型由生成器和判别器组成，结构如图 3-15 所示。ELECTRA 模型任务的本质是通过生成器生成更难以区分的替换令牌，用判别器进行判别，最终获取效果较好的判别器。

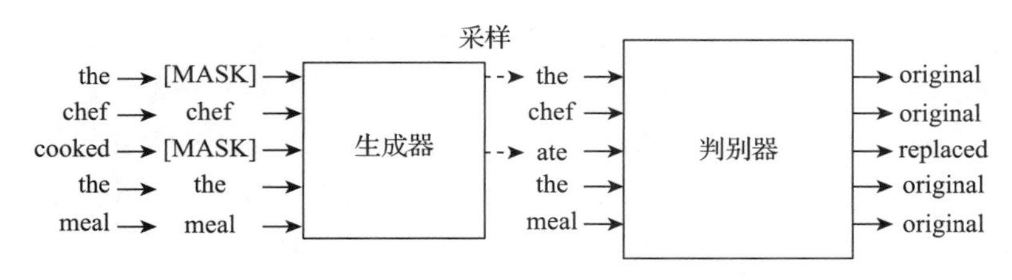

图 3-15 ELECTRA 模型结构

ELECTRA 模型的预训练过程如下：

第一步：按照一定比例对于原始输入序列进行随机掩码操作得到新序列。

第二步：将新序列作为生成器的输入，生成器对掩码的 Token 进行预测，获取生成序列。

第三步：将生成序列作为判别器的输入，判别器对生成序列的每一个元素进行预测，判断是不是原始文本。

第四步：将生成器和判别器的损失进行加和并分别反向传播。

第五步：将判别器用于下游任务。

虽然生成器加判别器的结构与 GAN 模型十分相似，但 ELECTRA 模型并不是 GAN 模型。由于句子的字词是离散的，因此在判别器使用生成器结果时，梯度就断了。判别器的梯度无法传给生成器，生成器的训练目标仍然是 MLM 任务。在预训练过程中，RTD 任务相对于 MLM 任务更容易一些，因此会在 RTD 任务上乘上一定的系数，并通过预测全部词语来扩大 RTD 任务的重要性。此外，对生成器与判别器的参数进行权重共享。

3.3 基于 Decoder 结构的模型

自 2020 年 GPT-3 诞生以来，预训练模型进入大型语言模型时代，数据和参数越来越多，参数量没有上限。在语言模型的参数量达到一定程度后，人们发现可以在小样本或零样本学习上获得较为优异的成绩，并且模型具有一定的逻辑推理能力。这改变了“预训练 + 微调”NLP 任务范式，转而采用“预训练 + 提示 + 预测”范式。在不必设计新的网络层的基础上，如何更好地挖掘预训练模型的能力，成为一个重要的研究方向。本节主要介绍以 GPT 模型为代表的基于 Decoder 结构的预训练语言模型。

3.3.1 GPT

GPT 模型的基础结构采用 Transformer 的解码器部分。与传统的语言模型一样，所有信息从左到右，当前时刻的所有信息仅来自前面所有时刻的信息，与后面的信息无关。如果说 BERT 模型是引爆 NLP 预训练时代的炸弹，那么 GPT 模型就是炸弹上的拉环。

预训练是半监督学习的一种特殊情况，其目的是找到一个良好的模型初始化参数，早期主要应用于计算机视觉任务，而在 NLP 任务上常用的 Word2Vec 技术也属于预训练的一种。虽然 Word2Vec 在神经网络时代也取得了较好的效果，但由于模型中的大量其他参数没有经过大量数据训练，导致模型初始化时没有良好的起点。GPT 模型充分利用大量未标记的文本数据，进行生成式预训练，然后在每个特定的任务（数据量较少）上进行微调，如图 3-16 所示。最终，该模型在各个任务上取得了较为优异的效果。

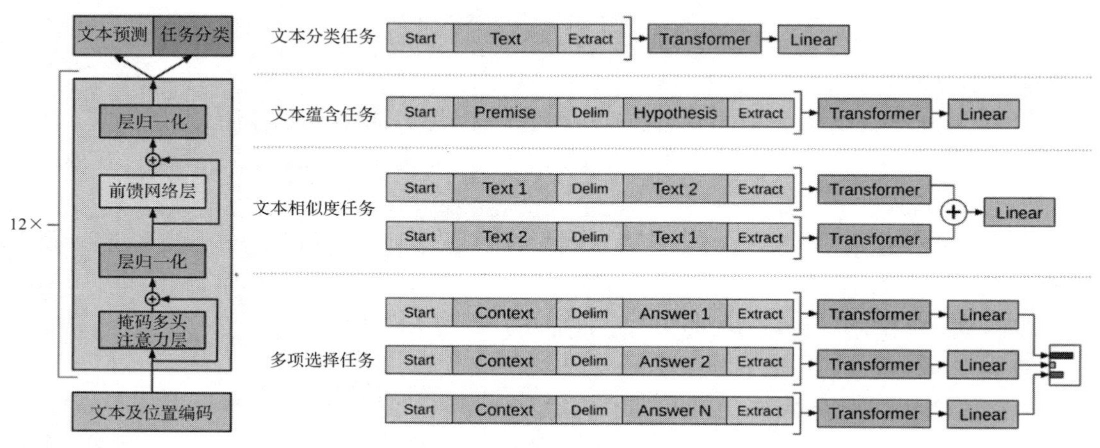

图 3-16　GPT 模型示意图

预训练任务是一个标准的语言模型任务，损失函数 L_1 如下。

$$L_1=\sum_i \log_2 P(u_i \mid u_{i-k},\cdots,u_{i-1};\theta)$$

其中，i 表示 Token 的 id，u 表示输入 Token。

当进行下游任务微调时，将最后一个时刻的节点作为整个句子的向量表征，损失函数 L_2 如下。

$$L_2=\sum_{(x,y)} \log_2 P(y \mid x^1,\cdots,x^m)$$

其中，x 表示输入 Token，m 表示 Token 的 id，y 为下游任务的标签。

在进行下游任务时，如果将语言模型任务与下游的特定任务一起优化，会使得模型的泛化更好、收敛速度更快。

在预训练时，GPT 模型仅采用 Books Corpus 数据集，并使用字节对编码（Byte Pair Encoding，BPE）方法获取大小为 40 000 的词表。GPT 模型仅包含 12 层，综合参数量为 117×10^6。在训练时，采用 Adam 优化器，学习率为 2.5e−4，并使用 GeLU（Gaussian error Linear Units，高斯误差线性单元）激活函数，模型输入的最大长度为 512。

在 BERT 模型出现后，GPT 模型逐渐被人遗忘。OpenAI 坚持认为 Transformer-Decoder 结构才是正道，于是在 2019 年提出了 GPT-2 模型。GPT-2 模型使用了更庞大的数据、更大的参数量，在多个任务上仅通过零样本学习就取得了不错的效果。秉承着数据至上、参数至上的思想，OpenAI 于 2020 年又提出了 GPT-3 模型，将预训练语言模型带入到大型语言模型时代。45TB 的数据量以及 1 750 亿的参数量，使得 GPT-3 模型在很多复杂的 NLP 任务中超过了微调之后的 SOTA 方法。除了传统的 NLP 任务，GPT-3 在数学计算、文章生成、编写代码等领域也取得了非常惊人的效果。

3.3.2 CPM

GPT-3 模型的成功让许多人对其强大的零样本学习效果赞叹不已。该模型具有强大的文本生成能力，可应用于各种任务，如回答、摘要、对话、数学计算，以及生成文本（包括文章、小说、代码和电子表格等）。而且，即使在小样本甚至零样本数据上，GPT-3 模型也有着显著的效果。

由于 GPT-3 模型的训练数据主要以英文为主，且模型未公开，因此在解决中文 NLP 任务方面仍存在许多不足。为此，清华和智源在 2020 年提出了 CPM（Chinese Pre-trained Model，中文 GPT-3 模型）。CPM 的结构与 GPT 系列模型一致，相较于 GPT-3 模型，主要在丰富且多样的中文数据集上进行预训练操作，包括百科知识、小说、对话、问答和新闻等。CPM 的参数量达到 26 亿，训练数据量高达 100GB 中文数据，是当时最大的中文预训练模型，并在许多中文 NLP 任务的小样本甚至零样本情况下达到了不错的效果。

3.3.3 PaLM

自从 GPT-3 模型问世以来，大型语言模型已经被证明可以仅使用少量或零样本学习，并且在各种自然语言处理任务中获得了出色的性能。2022 年，Google 提出了 PaLM（Pathways Language Model，基于 Pathways 系统的预训练语言模型），并使用 Pathways 框架在 6 144 个 TPU 上训练了一个具有 5 400 亿参数规模的语言模型。

2022 年，模型没有最大，只有更大。大型语言模型的改进主要来自以下方面。

- ❑ 在深度和宽度上缩放模型的大小。
- ❑ 增加模型训练的 Token 数量。
- ❑ 使用更多样化、更干净的数据集进行训练。
- ❑ 利用稀疏激活模块在不增加计算成本的情况下增加模型容量。

PaLM 的结构与 GPT-3 模型一致，抛弃了 Google 之前坚持的 T5 结构，主要对语言模型进行缩放，并在高质量的 7 800 亿 Token 数据上进行训练。模型的主要变化如下。

第一，采用 SwiGLU 激活函数，以往研究表明，在相同计算量下，SwiGLU 激活函数相较于 ReLU 激活函数、GeLU 激活函数的模型训练效果要好。

第二，采用平行层，即将 Transformer 模块中的 FFN 层和 Attention 层并行，原始 Transformer 模块中 FFN 层和 Attention 层的计算公式如下。

$$y = x + \text{MLP}(\text{LayerNorn}\{x + \text{Attention}[\text{LayerNorm}(x)]\})$$

修改后如下。

$$y = x + \text{MLP}[\text{LayerNorn}(x)] + \text{Attention}[\text{LayerNorm}(x)]$$

第三，仅 Query 进行多头注意力训练，在标准 Attention 中，会将 $\boldsymbol{Q}$、$\boldsymbol{K}$ 和 $\boldsymbol{V}$ 映射为 [head_num, head_size]，而 PaLM 使得 $\boldsymbol{K}$ 和 $\boldsymbol{V}$ 的头进行参数共享，只映射到 [1, head_size]，这样虽然对训练速度和效果没有影响，但提高了解码的速度。

第四，采用 RoPE 位置编码向量，可以在长序列上取得更好的效果。

第五，将输入和输出的 Embedding 层进行共享。

第六，去掉所有全连接层和归一化层的偏置项。

第七，采用 Sentence Piece 方法获取包含 256 000 个 Token 的词表。

表 3-2 是 PaLM 各尺寸模型的详细参数，最终 PaLM 在 620 亿个参数时超过了 GPT-3 模型的效果，并且 5 400 亿个参数的模型效果更是超过了很多零样本 SOTA 模型。

表 3-2　PaLM 各尺寸模型参数表

模　型	层　数	头　数	隐层维度	参数量（以 10 亿计）	批　次
PaLM 8B	32	16	4 096	8.63	256→512
PaLM 62B	64	32	8 192	62.50	512→1024
PaLM 540B	118	48	18 432	540.35	512→1024→2048

3.3.4　OPT

经过大量数据的训练，大型语言模型在小样本甚至零样本学习方面展现出卓越的能力。但是，考虑成本问题，很多模型在没有大量资金投入的情况下很难复制。对于通过 API 访问的模型，由于没有授权模型所有的权重访问权，使基于这些大型语言模型的研究变得更加困难。此外，随着大型语言模型伦理、偏见等问题的出现，对于模型风险、危害、偏见和毒性的研究也变得更加困难。

MetaAI 在 2022 年提出了 GPT-3 模型的开源复制版本 OPT（Open Pre-trained Transformer language model，开放的预训练 Transformer 语言模型）。OPT 的结构与 GPT-3 一致，仅采用 Decoder 部分，参数范围从 125M 到 175B[㊀]，旨在实现大型语言模型的可重复性和负责任的研究。其中，125M 到 66B 参数量的模型可以直接下载，175B 参数量的模型可以通过申请获取完整模型的权限。OPT 模型结构信息如表 3-3 所示。

表 3-3　OPT 模型结构信息

模型参数（个）	层数	头数	隐层维度	学习率	批次（以 Token 个数为单位）
125M	12	12	768	6.0e-4	0.5M
350M	24	16	1 024	3.0e-4	0.5M

㊀ 大型语言模型的相关论文大部分是英文论文，为避免读者理解错误，本书根据论文用 B（Billion）表示 10 亿参数量，用 M（Million）表示百万参数量。

（续）

模型参数（个）	层数	头数	隐层维度	学习率	批次 （以 Token 个数为单位）
1.3B	24	32	2 048	2.0e-4	1M
2.7B	32	32	2 560	1.6e-4	1M
6.7B	32	32	4 096	1.2e-4	2M
13B	40	40	5 120	1.0e-4	4M
30B	48	56	7 168	1.0e-4	4M
66B	64	72	9 216	0.8e-4	2M
175B	96	96	12 288	1.2e-4	2M

为了实现模型的可重复性，OPT 公布了模型训练日志并开源了源代码。在训练 175B 参数模型时，使用了 992 个 80GB 显存的 A100 型号 GPU 显卡，每个 GPU 的利用率达到 147 TFLOP/s，总计算资源消耗为 GPT-3 的 1/7。模型训练权重的初始化与 Megatron-LM 开源代码保持一致，采用均值为 0、标准差为 0.006 的正态分布，输出层的标准差采用 $1/\sqrt{2L}$ 进行缩放，其中 L 为层数。所有偏差都被初始化为 0，并采用 ReLU 激活函数，最大训练长度为 2 048。

OPT 采用 AdamW 优化器，β_1 和 β_2 分别为 0.9 和 0.95，权重衰减率为 10%，dropout 始终为 0.1，但在嵌入层上不使用 dropout。学习率和批次随着模型大小而变化。

OPT 的训练数据主要来自 Book Corpus、Stories、CCNews、Common Crawl、Reddit 等，以英文数据为主，仅包含极少数非英文文本，因此 OPT 仅对英文数据具有较好的效果。

3.3.5 Bloom

随着大型语言模型被证明可以仅根据一些示例或提示来解决一些新任务，越来越多的研究人员开始深入研究大型语言模型。但是，训练大型语言模型的成本只有资金充足的组织才能承担。目前，GPT-3 和 LaMDA 没有开放参数，而 OPT 需要向 MetaAI 申请使用，因此没有真正实现开源。为此，Hugging Face 牵头组织了 BigScience 项目，并于 2022 年提出了 Bloom（Bigscience large open-science open-access multilingual language model）。Bloom 涉及 46 种自然语言和 13 种编程语言，共计 1.6TB 的文本数据。任何人都可以在 Hugging Face 网站上免费下载，并允许商业化使用。

Bloom 的结构与 GPT-3 模型一致，共计 1 760 亿参数量，主要包括 70 层 Decoder 结构，每层 112 个注意力头，文本的最大序列长度为 2 048。激活函数采用了 GeLU，词表大小为 250 680。在位置信息编码上采用 ALiBi Positional Embeddings 策略，没有向嵌入层添加位置信息，而是根据 Key-Value 的距离直接降低注意力分数。在 Embedding 层之后，直接加入一个归一化层，从而提高了模型训练的稳定性，如图 3-17 所示。

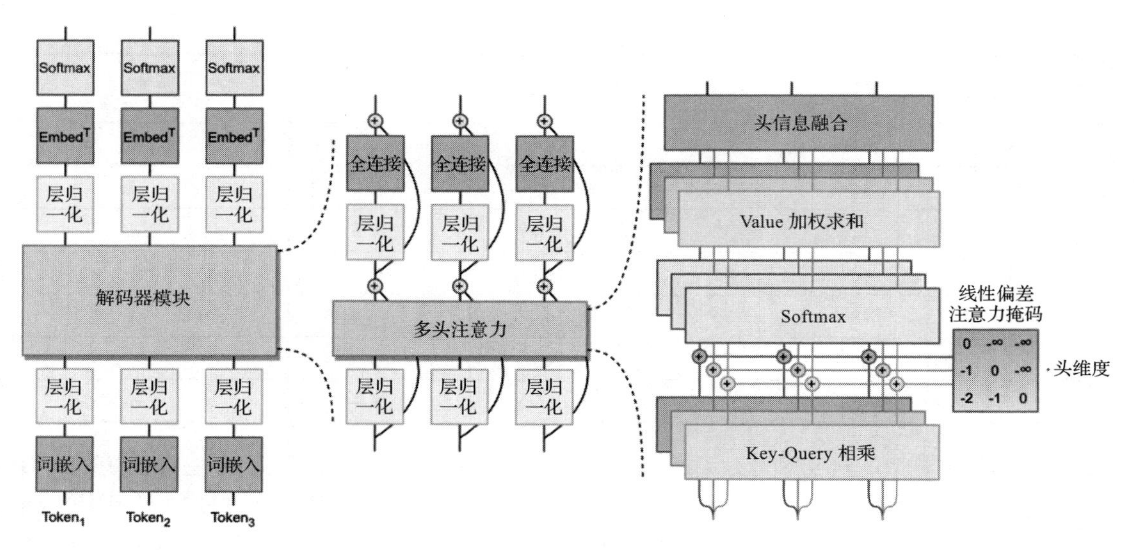

图 3-17　Bloom 结构

3.3.6 LLaMA

随着语言模型参数量的不断增加，如何在给定训练成本的情况下训练出效果更好的大型语言模型是一个重要的课题。很多研究表明，在有限的训练资源下，性能最佳的语言模型不是将参数量设置为无限大，而是在更多的数据上训练参数较小（一般超过 60 亿）的模型。在这种情况下，模型的推理成本也更低。

LLaMA 是由 MetaAI 在 2023 年 2 月提出的。在 1.4TB 的训练数据下，仅使用 130 亿个参数的 LLaMA 的性能优于使用 1 750 亿个参数的 GPT-3，而使用 650 亿个参数的 LLaMA 的性能则可以媲美使用 5 400 亿个参数的 PaLM。此外，使用 130 亿个参数的 LLaMA 只需要一个 V100 显卡就可以进行推理计算，大大降低了大型语言模型的推理成本。

LLaMA 的训练数据全部来自开源数据集，并对数据进行不同程度的清洗。在大多数训练数据中，每个 Token 只被采样一次，但是对于维基百科和图书数据集，进行了大约两次的采样。各种数据集的具体训练占比如表 3-4 所示。

表 3-4　LLaMA 预训练数据分布

数据集	采样率	训练轮次	数据大小
Common Crawl	67.0%	1.10	3.3TB
C4	15.0%	1.06	783GB
GitHub	4.5%	0.64	328GB
Wikipedia	4.5%	2.45	83GB
Gutenberg and Books3	4.5%	2.23	85GB
ArXiv	2.5%	1.06	92GB
Stack Exchange	2.0%	1.03	78GB

LLaMA 在 Transformer-Decoder 结构的基础上进行了 3 点改进。

- 预先归一化：参考 GPT-3 模型，为了提高训练的稳定性，将每一层的输入进行归一化后，再进行层内参数计算，其中归一化函数采用 RMSNorm 函数。
- SwiGLU 激活函数：参考 PaLM，将 ReLU 激活函数替换成 SwiGLU 激活函数。
- 旋转位置编码：参考 GPTNeo 模型，去除原有的绝对位置编码，在每一层网络中增加旋转位置编码。

LLaMA 使用 AdamW 优化器进行训练，其中 β_1 和 β_2 分别为 0.9 和 0.95。根据模型的大小改变学习率和训练批次大小，如表 3-5 所示。LLaMA 在训练时进行了加速优化，使 650 亿个参数的模型在单个 80GB 显存的 A100 显卡上每秒可以处理 380 个 Token，最终我们在 2 048 个 A100 显卡上进行训练，1.4T 个 Token 的训练数据在 21 天内训练完成。

表 3-5　不同参数量 LLaMA 模型的训练参数

模型参数	层数	头数	隐层维度	学习率	批次（以 Token 个数为单位）	训练 Token 数（TB）
6.7B	32	12	4 096	3.0e-4	4M	1.0
13.0B	40	40	5 120	3.0e-4	4M	1.0
32.5B	60	52	6 656	1.5e-4	4M	1.4
65.2B	80	64	8 192	1.5e-4	4M	1.4

3.4　基于 Encoder-Decoder 结构的模型

T5 模型的出现验证了相对于 Encoder 结构和 Decoder 结构，Encoder-Decoder 结构具有一定的优势，并由此诞生了统一任务框架的概念。因此，对于 Encoder-Decoder 结构如何进行预训练任务的构造也成了一个有趣的话题。本节介绍几款基于 Encoder-Decoder 结构的模型。

3.4.1　MASS

BERT 模型和 GPT 模型的出现，使预训练 + 微调的模式成为 NLP 任务的基本解法，即先通过预训练操作从海量无监督样本中学习大量知识，再通过微调操作在特定任务上获得更精准的效果。

在预训练模型出现之前，人们通常使用 Encoder-Decoder 框架（Seq2Seq 模型）解决文本生成任务。如何在 Encoder-Decoder 框架上进行预训练操作？如何同步预训练编码器和解码器，以学习海量数据中的知识信息？为了解决这两个问题，2019 年诞生了 MASS（MAsked Sequence to Sequence pre-training for language generation，用于语言生成的掩码序列到序列预训练模型）。顾名思义，该模型通过掩码操作预训练 Seq2Seq 模型。

MASS 借鉴了 MLM 任务的思想，如图 3-18 所示，在预训练过程中，将编码器端的输入文本采用“[MASK]”标记随机掩蔽一定连续长度的句子片段。解码器对被掩蔽的句子片段进行预测，将编码器和解码器联系到一起。

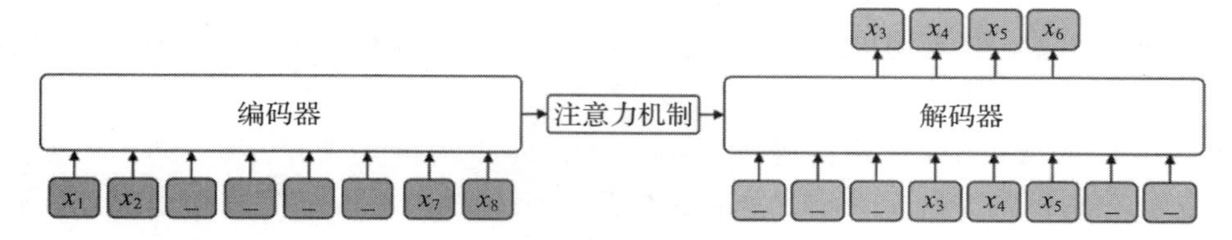

图 3-18　MASS 结构

假设被掩码 Token 的个数为 k，我们可以发现，当 $k = 1$，编码器端掩蔽一个 Token 时，解码器端仅预测一个 Token，这时 MASS 和 BERT 的预训练方法相似。当 k 为序列长度时，编码器端掩蔽所有 Token，解码器端预测所有 Token，这时 MASS 和 GPT 的预训练方法相似，如图 3-19 所示。

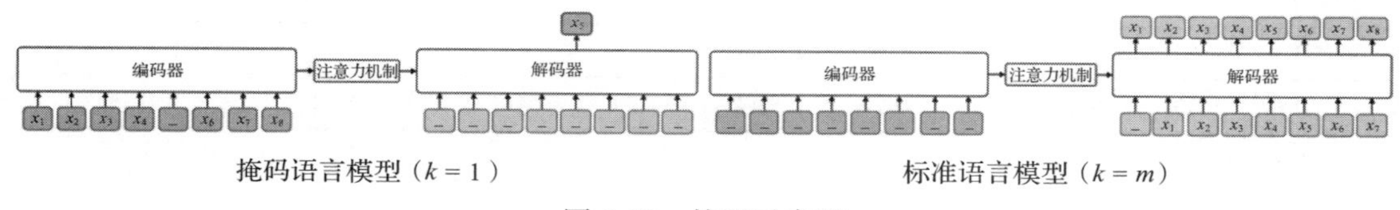

图 3-19　掩码示意图

由于常见的机器翻译生成任务是多语言的，因此在 MASS 的训练过程中，采用了 4 种语言的数据进行预训练操作。在预训练过程中，随机选择一个位置开始，连续掩蔽句子长度 50% 的 Token，并在掩码的 Token 中采用与 BERT 一致的策略，80% 的 Token 采用“[MASK]”标记替换，10% 的 Token 采用随机 Token 替换，10% 的 Token 不替换，以防止模型预训练与微调的差距过大。

在预训练过程中，编码器端没有被掩蔽的 Token 在解码器端需要被掩蔽，以促使解码器从编码器端提取更多信息来生成连续片段，从而促进 Encoder-Decoder 结构的联合训练。在训练时，50% 的 Token 不需要预测，这也可以节省 50% 的训练时间。

3.4.2　BART

BART（Bidirectional and Auto-Regressive Transformers，双向自回归变压器）模型是 Meta 于 2019 年提出的。如果说 BERT 是仅使用 Transformer-Encoder 结构的预训练语言模型，GPT 是仅使用 Transformer-Decoder 结构的预训练语言模型，那么 BART 就是使用 Transformer 整体结构的预训练语言模型。BART 在自然语言理解任务上的表现不错，并且在自然语言生成任务上有明显的优势。

BART 的预训练是一个破坏再重建的过程，首先使用多种噪声对原始文本进行破坏，然后通过 Seq2Seq 模型重建原始文本。采用的 5 种破坏原始文本的噪声方法如图 3-20 所示。BART 最终使用了文本填充（Text Infilling）策略和句子顺序打乱（Sentence Permutation）策略的组合，其中屏蔽每个文本中 30% 的 Token，并排列所有的句子。

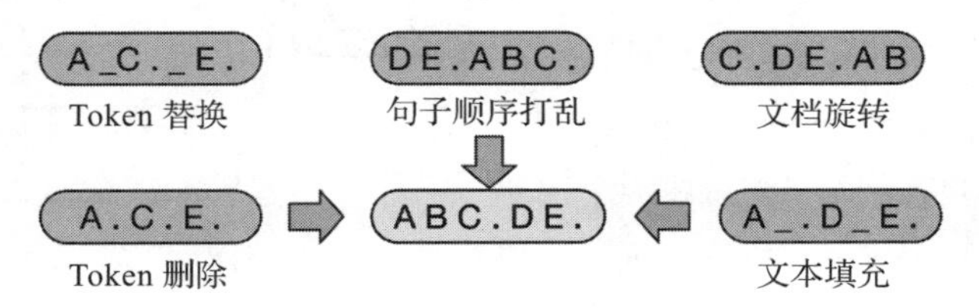

图 3-20　原始文本破坏方法

那么，BART 如何应用于自然语言理解和自然语言生成的下游任务呢？对于序列分类任务，可以将相同的输入同时输入到编码器和解码器中，并将解码器的最后一个隐藏节点作为输出，输入到分类层（全连接层）中，获取最终的分类结果。其中，解码器的最后一个隐藏节点是一个特殊标记，相当于 BERT 模型中的“[CLS]”标记。对于 Token 分类任务，例如机器阅读理解、信息抽取等，可以将完整的输入同时输入到编码器和解码器中，将解码器最后一层的所有隐藏节点作为每个 Token 的模型表示，再对每个 Token 的表示进行分类，最终得到结果输出。

由于 BART 是在 Seq2Seq 模型结构下的预训练模型，本身就拥有自回归解码器，因此可以直接对生成任务进行微调。将源文本输入到编码器中，将待生成的目标文本输入到解码器中，进行自回归生成。但是由于预训练过程是用同一种语言训练的，而机器翻译是将一种语言翻译成另一种语言，因此在进行机器翻译任务时，需要将编码器的 Embedding 层进行随机初始化，即更换字典，重新训练另一种语言的表征。

在微调过程中，首先冻结原始 BART 模型的大部分参数，仅训练随机初始化的 Embedding、位置嵌入和编码器第一层与 Embedding 连接的自注意力参数，然后对模型的所有参数进行少量的训练。

3.4.3　T5

T5 模型是由 Google 于 2019 年提出的。T5 模型提出了一个统一的框架，将 NLP 任务转化为文本到文本的任务，包括 NLU 任务和 NLG 任务。如图 3-21 所示，模型的输入和输出均为文本。

在预训练过程中，T5 模型对原始文本的片段进行掩码操作，并用特定的字符进行占位，将其输入到编码器中；解码器则通过连续输入特定的占位符，预测其原始文本的内容，如图 3-22 所示。

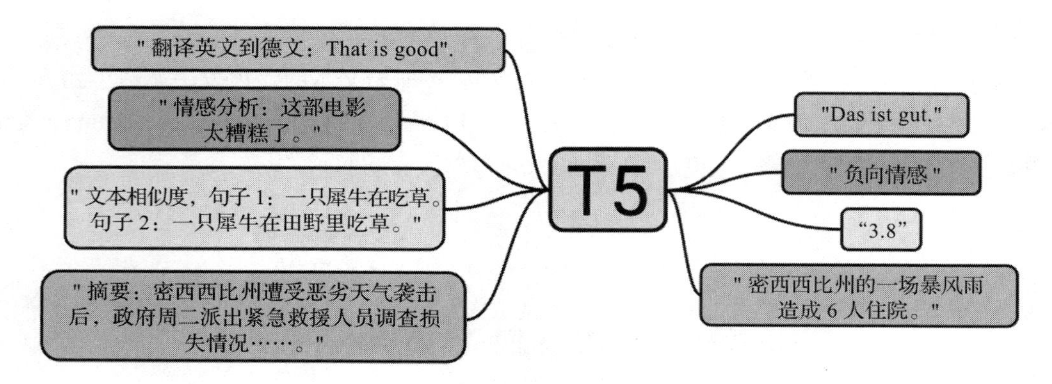

图 3-21　T5 模型的输入和输出示意图

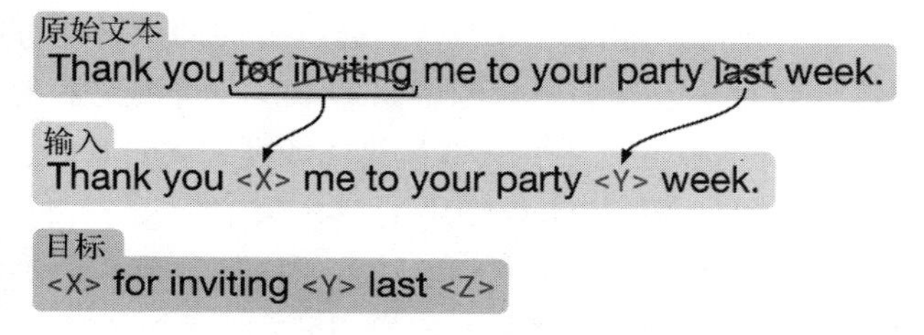

图 3-22　输入输出构建方式

T5 模型的设计者比较了多种 Transformer 结构，包括 Encoder-Decoder、Decoder、Prefix LM（例如 UniLM），最终发现 Encoder-Decoder 结构的模型效果最优。在 Language Modeling 策略（语言模型 LM 任务）、BERT-style 策略（掩码语言模型 MLM 任务）和 Deshuffling 策略（复原打乱任务）中，BERT-style 策略最优。在 Mask 策略（将每个 Token 用一个特殊字符替代）、Replace spans 策略（将一个片段的 Token 用一个特殊字符替代）和 Drop 策略（将 Token 舍弃）中，Replace spans 策略最优。在掩码概率为 10%、15%、25%、50% 的 4 种策略中，15% 的策略最优。在片段长度选择策略中，长度为 3 时最优，如图 3-23 所示。

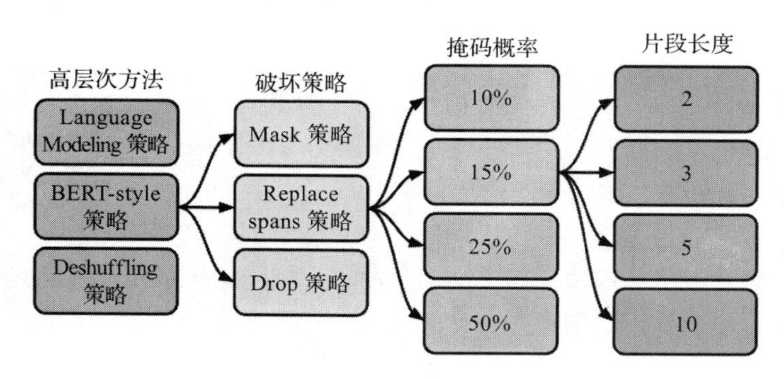

图 3-23　T5 模型策略示意图

T5 模型更像是对各种预训练语言模型训练策略的实验总结，统一框架的概念是比拼算力的起点，预示着模型参数将从大型语言模型逐步走向超大型语言模型。

3.5　基于夸夸闲聊数据的 UniLM 模型实战

预训练语言模型大火后，Transformer 结构逐渐取代了传统的以 CNN、RNN 为底座的模型。本节主要通过实战构建一个基于 UniLM 的生成式闲聊模型，让读者更加深入地了解预训练语言模型的原理以及如何将其应用于真实场景。

3.5.1　项目简介

本项目是基于夸夸闲聊数据的 UniLM 实战，并加入了敏感词过滤功能，使得模型的回复更加友好。详细代码见 GitHub 中的 UniLMProj 项目。项目主要结构如下所示。

- data：存放数据的文件夹。
  - dirty_word.txt：敏感词数据。
  - douban_kuakua_qa.txt：原始语料。
  - sample.json：处理后语料样例。
- kuakua_robot_model：已训练好的模型路径。
  - config.json。
  - pytorch_model.bin。
  - vacob.txt。
- pretrain_model：UniLM 预训练文件路径。
  - config.json。
  - pytorch_model.bin。
  - vocab.txt。
- chatbot.py：模型推理文件。
- configuration_unilm.py：UniLM 配置文件。
- data_helper.py：数据预处理文件。
- data_set.py：数据类文件。
- modeling_unilm.py：UniLM 模型文件。
- train.py：训练文件。
- requirements.txt：运行环境要求文件。

3.5.2　数据预处理模块

豆瓣夸夸数据的原始格式为问答对的形式，包含很多无效字符，例如标签符号、标点、敏感词、无效词等。如图 3-24 所示，如果直接使用原始数据会导致模型在训练阶段学习到很多不好的信息，最终在模型生成阶段效果不理想。

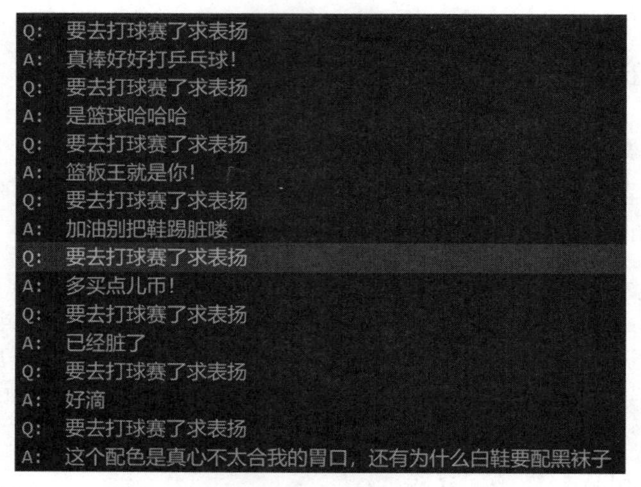

图 3-24　利用豆瓣夸夸数据的原始数据进行模型训练的效果

因此需要对原始数据进行清洗，代码见 data_helper.py 文件，具体流程如下。

第一步：遍历文件中的原始内容。

第二步：判断数据是问题还是回答。

第三步：当数据是回答时，去除不完整的问题和简单的回答。

第四步：判断是否包含敏感词，如果包含，则舍弃该数据。

第五步：对问题和回答去除 html 标签。

第六步：对问题和回答去除重复的标点。

第七步：对问题和回答去除标签符号和标点。

第八步：清洗后的数据如果小于一定长度，则舍弃。

第九步：将数据保存成模型训练所需要的数据格式。

```
def data_processing(path, dirty_obj, save_path):
    """
    清洗豆瓣夸夸数据
    Args:
        path:
        dirty_obj:
        save_path:

    Returns:

    """
    s = ["大家来留言吧！我来夸你们", "求表扬", "有人夸我吗", "求安慰", "求祝福", "
        能被表扬吗", "求夸奖", "求鼓励", "来表扬我一下好吗", "求夸", "我好棒啊",
```

```
    "求表演", "求彩虹屁", "快来夸我嘛", "快来夸夸我", "再来夸一次哈哈"]

n = 0
data_dict = {}
# 遍历文件中的原始内容
with open(path, "r", encoding="utf-8") as fh:
    for i, line in enumerate(fh):
        line = line.strip().split("\t")
        # 判断数据是问题还是回答
        if "Q" in line[0]:
            q = "".join(line[1:])
            continue
        elif "A" in line[0]:
            # 当数据是回答时，去除不完整的问题和简单的回答
            a = "".join(line[1:])
            if "..." in q or "谢谢" in a:
                continue
            # 判断是否包含敏感词，如果包含，则舍弃该数据
            if remove_dirty_sentence(dirty_obj, q):
                continue
            if remove_dirty_sentence(dirty_obj, a):
                continue
            # 对问题和回答去除 html 标签
            q = remove_html(q)
            a = remove_html(a)
            # 对问题和回答去除重复的标点
            q = remove_multi_symbol(q)
            a = remove_multi_symbol(a)
            # 去除问题中，引用夸夸的部分
            for s_ in s:
                q = q.replace(s_, "")
            # 对问题和回答去除标签符号和标点
            q = remove_emojis(q)
            a = remove_emojis(a)
            # 清洗后的数据如果小于一定长度，则舍弃
            if len(q) <= 4 or len(a) <= 4:
                continue
            else:
                n += 1
                if q not in data_dict:
                    data_dict[str(q)] = set()
                    data_dict[str(q)].add(a)
                else:
                    data_dict[str(q)].add(a)
# 将数据保存成模型训练所需要的数据格式
fin = open(save_path, "w", encoding="utf-8")
for key in data_dict.keys():
    for value in data_dict[key]:
        fin.write(json.dumps({"src_text": key, "tgt_text": value},
            ensure_ascii=False) + "\n")
print("total number of data:", n)
```

```
    # 121687
    fin.close()
```

其中，具体清洗函数如下。

去除连续的标点，并只保留第一个。

```
def remove_multi_symbol(text):
    """
    去除连续的标点，并只保留第一个
    Args:
        text:

    Returns:

    """
    r = re.compile(r'([.,，/\\#!！?？。$%^&*;；:：{}=_`´︵~（）()-])[.,，/\\#!！?？。$%^&*;；:：{}=_`´︵~（）()-]+')
    text = r.sub(r'\1', text)
    return text
```

去除表情符号。

```
def remove_emojis(text):
    """
    去除表情符号
    Args:
        text:

    Returns:

    """
    emoji_pattern = re.compile("["u"\U0001F600-\U0001F64F" u"\U0001F300-\U0001F5FF" u"\U0001F680-\U0001F6FF" u"\U0001F1E0-\U0001F1FF""]+", flags=re.UNICODE)
    text = emoji_pattern.sub(r'', text)
    return text
```

去除 html 标签。

```
def remove_html(text):
    """
    去除 html 标签
    Args:
        text:

    Returns:

    """
    reg = re.compile('<[^>]*>')
    text = reg.sub('', text).replace('\n', '').replace(' ', '')
    return text
```

判断句子中是否包含敏感词。

```
def remove_dirty_sentence(dirty_obj, sentence):
    """
    判断句子中是否包含敏感词
    Args:
        dirty_obj:
        sentence:

    Returns:

    """
    if len(dirty_obj.match(sentence)) == 0:
        return False
    else:
        return True
```

最终设置原始数据文件路径、敏感词文件路径和保存文件路径，运行得到最终的数据结果，具体如下。

```
if __name__ == "__main__":
    dirty_path = "data/dirty_words.txt"
    dirty_obj = dirty_reg(dirty_path)
    ori_path = "data/douban_kuakua_qa.txt"
    save_path = "data/train.json"
    data_processing(ori_path, dirty_obj, save_path)
```

3.5.3 UniLM 模型模块

UniLM 主要基于 BERT 模型改造而来，通过不同的掩码来控制预测单词的可见上下文词语数量，实现不同的模型表征，完成单一模型结构适配于双向语言模型、单向语言模型和序列到序列语言模型 3 种任务。UniLM 的详细实现代码在 modeling_unilm.py 文件中。本实战内容主要采用序列到序列语言模型任务来完成生成式闲聊模型。由于模型训练与推理阶段的目标不同，通过 UniLMModel 基类实现了两个不同的子类。

在模型训练阶段，主要通过损失函数进行模型参数优化，详细步骤和代码如下。

第一步：模型初始化函数，定义模型训练所需的各个模块。

第二步：加载权重，加载预训练模型的 embeddings 部分权重。

第三步：模型向前传递函数。

第四步：获取 Encoder 部分的序列输出，维度为 [bs，seq_len，hidden_size]。

第五步：获取被掩码位置的向量。

第六步：计算“[MASK]”标记的损失值。

```
class UnilmForSeq2Seq(UnilmPreTrainedModel):
    """UniLM 进行 Seq2Seq 的训练模型类 """

    def __init__(self, config):
        """ 模型初始化函数，定义模型训练所需的各个模块 """
        super(UnilmForSeq2Seq, self).__init__(config)
        self.bert = UnilmModel(config)
        self.cls = BertOnlyMLMHead(config)
        self.mask_lm = nn.CrossEntropyLoss(reduction='none')
        if hasattr(config, 'label_smoothing') and config.label_smoothing:
            self.mask_lm_smoothed = LabelSmoothingLoss(config.label_smoothing, config.
                vocab_size, ignore_index=0,reduction='none')
        else:
            self.mask_lm_smoothed = None
        self.init_weights()
        self.tie_weights()

    def tie_weights(self):
        """ 权重加载，加载预训练模型的 embeddings 部分权重 """
        self._tie_or_clone_weights(self.cls.predictions.decoder,self.bert.embeddings.
            word_embeddings)

    def forward(self, input_ids, token_type_ids=None, attention_mask=None,
       masked_lm_labels=None, masked_pos=None,masked_weights=None):
        """ 模型 forward 向前传递函数 """
        # 获取 Encoder 部分的序列输出，维度 [bs,seq_len,hidden_size]
        sequence_output, __ = self.bert(input_ids, token_type_ids, attention_
            mask, output_all_encoded_layers=False)

        def gather_seq_out_by_pos(seq, pos):
            return torch.gather(seq, 1, pos.unsqueeze(2).expand(-1, -1, seq.size(-1)))

        def loss_mask_and_normalize(loss, mask):
            mask = mask.type_as(loss)
            loss = loss * mask
            denominator = torch.sum(mask) + 1e-5
            return (loss / denominator).sum()

        if masked_lm_labels is None:
            if masked_pos is None:
                prediction_scores = self.cls(sequence_output)
            else:
                sequence_output_masked = gather_seq_out_by_pos(sequence_output, masked_pos)
                prediction_scores = self.cls(sequence_output_masked)
            return prediction_scores
        # 获取被掩码位置的向量
        sequence_output_masked = gather_seq_out_by_pos(sequence_output, masked_pos)
        prediction_scores_masked = self.cls(sequence_output_masked)
        if self.mask_lm_smoothed:
            masked_lm_loss = self.mask_lm_smoothed(F.log_softmax(prediction_
                scores_masked.float(), dim=-1), masked_lm_labels)
```

```
        else:
            masked_lm_loss = self.mask_lm(prediction_scores_masked.transpose(1, 2).
                float(), masked_lm_labels)
        # 计算“[MASK]”标记的损失值
        masked_lm_loss = loss_mask_and_normalize(masked_lm_loss.float(), masked_weights)

        return masked_lm_loss
```

在模型推理阶段，主要根据每一步的输入，获取当前的输出，详细步骤和代码如下。

第一步：模型初始化函数，定义模型训练所需的各个模块。

第二步：权重加载，加载预训练模型的 embeddings 部分权重。

第三步：模型向前传递函数。

第四步：获取 Encoder 部分的序列输出，维度为 [bs，seq_len，hidden_size]。

第五步：获取最优节点的输出。

第六步：将上一步的输出映射到词表中，为后面的解码提供内容。

```
class UnilmForSeq2SeqDecodeSample(UnilmPreTrainedModel):
    """UniLM进行Seq2Seq的模型解码类"""
    def __init__(self, config):
        """模型初始化函数，定义模型训练所需的各个模块"""
        super(UnilmForSeq2SeqDecodeSample, self).__init__(config)
        self.bert = UnilmModel(config)
        self.cls = BertOnlyMLMHead(config)
        self.init_weights()
        self.tie_weights()

    def tie_weights(self):
        """权重加载，加载预训练模型的embeddings部分权重"""
        self._tie_or_clone_weights(self.cls.predictions.decoder, self.bert.embeddings.
            word_embeddings)

    def forward(self, input_ids, token_type_ids, attention_mask):
        # 获取Encoder部分的序列输出，维度为[bs,seq_len,hidden_size]
        sequence_output, __ = self.bert(input_ids, token_type_ids, attention_mask,
            output_all_encoded_layers=False)
        # 获取最优节点的输出
        last_hidden = sequence_output[:, -1:, :]
        # 将上一步的输出映射到词表中，为后面的解码提供内容
        prediction_scores = self.cls(last_hidden)
        return prediction_scores
```

3.5.4　模型训练模块

模型训练文件为 train.py，主要涉及以下步骤，代码如下。

第一步：参数初始化设置。如果未传入训练的新参数，将使用默认参数。

第二步：设置随机种子。这一步是为了在相同设备下能够复现模型效果。

第三步：加载预训练好的模型参数，并在此基础上进行微调。

第四步：加载模型所需数据，并将原始文本数据中的目标句子进行掩码操作。记录相关信息，并将其转化为模型可用的 Tensor 形式。

第五步：设置 AdamW 优化器的参数。

第六步：开始模型训练，遍历每个 Epoch 数据。

第七步：遍历每个 Batch 数据，并计算其损失值。

第八步：进行损失回传，并通过优化器更新模型参数。

第九步：每个 Epoch 数据训练完成后，保存模型。

```
def main():
    # 参数设置
    parser = argparse.ArgumentParser()
    parser.add_argument("--device", default="0", type=str, help="")
    parser.add_argument("--data_dir", default="data/", type=str, help="")
    parser.add_argument("--src_file", default="train.json", type=str, help="")
    parser.add_argument("--model_name_or_path", default="pretrain_model/", type=str,
        help="")
    parser.add_argument("--output_dir", default="output_dir", type=str, help="")
    parser.add_argument("--max_seq_length", default=256, type=int, help="")
    parser.add_argument("--do_lower_case", default=True, type=bool, help="")
    parser.add_argument("--train_batch_size", default=16, type=int, help="")
    parser.add_argument("--learning_rate", default=5e-5, type=float, help="")
    parser.add_argument("--weight_decay", default=0.01, type=float, help="")
    parser.add_argument("--adam_epsilon", default=1e-8, type=float, help="")
    parser.add_argument("--max_grad_norm", default=1.0, type=float, help="")
    parser.add_argument("--num_train_epochs", default=3.0, type=float, help="")
    parser.add_argument("--warmup_proportion", default=0.1, type=float, help="")
    parser.add_argument('--seed', type=int, default=42, help="")
    parser.add_argument('--gradient_accumulation_steps', type=int, default=1, help="")
    parser.add_argument("--mask_prob", default=0.20, type=float, help="")
    parser.add_argument('--max_pred', type=int, default=20, help="")
    parser.add_argument("--num_workers", default=0, type=int, help="")
    parser.add_argument('--mask_source_words', action='store_true', help="")
    parser.add_argument('--skipgram_prb', type=float, default=0.0, help='')
    parser.add_argument('--skipgram_size', type=int, default=1, help='')
    parser.add_argument('--mask_whole_word', type=bool, default=True, help="")
    parser.add_argument('--logging_steps', type=int, default=5, help='')

    args = parser.parse_args()

    os.environ["CUDA_DEVICE_ORDER"] = "PCI_BUS_ID"
    os.environ["CUDA_VISIBLE_DEVICES"] = args.device

    tb_writer = SummaryWriter()
    os.makedirs(args.output_dir, exist_ok=True)

    device = torch.device("cuda" if torch.cuda.is_available() else "cpu")
```

```
if args.gradient_accumulation_steps < 1:
    raise ValueError("Invalid gradient_accumulation_steps parameter: {}, should
        be >= 1".format(
        args.gradient_accumulation_steps))

args.train_batch_size = int(args.train_batch_size / args.gradient_accumulation_
    steps)

random.seed(args.seed)
np.random.seed(args.seed)
torch.manual_seed(args.seed)
# 模型加载
config = UnilmConfig.from_pretrained(args.model_name_or_path)
tokenizer = BertTokenizer.from_pretrained(args.model_name_or_path, do_lower_
    case=args.do_lower_case)
model = UnilmForSeq2Seq.from_pretrained(args.model_name_or_path, config=config)
model.to(device)
# 处理模型所需数据
print("Loading Train Dataset", args.data_dir)
bi_uni_pipeline = [data_set.Preprocess4Seq2seq(args.max_pred, args.mask_prob,
    list(tokenizer.vocab.keys()), tokenizer.convert_tokens_to_ids, args.max_
    seq_length, mask_source_words=False, skipgram_prb=args.skipgram_prb,
    skipgram_size=args.skipgram_size, mask_whole_word=args.mask_whole_word,
    tokenizer=tokenizer)]

file = os.path.join(args.data_dir, args.src_file)
train_dataset = data_set.Seq2SeqDataset(file, args.train_batch_size, tokenizer,
    args.max_seq_length, bi_uni_pipeline=bi_uni_pipeline)

train_sampler = RandomSampler(train_dataset, replacement=False)
train_dataloader = torch.utils.data.DataLoader(train_dataset, batch_size=args.
    train_batch_size, sampler=train_sampler, num_workers=args.num_workers,
    collate_fn=data_set.batch_list_to_batch_tensors, pin_memory=False)

# 训练 AdamW 优化器
t_total = int(len(train_dataloader) * args.num_train_epochs / args.gradient_
    accumulation_steps)
param_optimizer = list(model.named_parameters())
no_decay = ['bias', 'LayerNorm.bias', 'LayerNorm.weight']
optimizer_grouped_parameters = [
    {'params': [p for n, p in param_optimizer if not any(
        nd in n for nd in no_decay)], 'weight_decay': 0.01},
    {'params': [p for n, p in param_optimizer if any(
        nd in n for nd in no_decay)], 'weight_decay': 0.0}
]
optimizer = AdamW(optimizer_grouped_parameters, lr=args.learning_rate,
    eps=args.adam_epsilon)
scheduler = get_linear_schedule_with_warmup(optimizer, num_warmup_steps=int(args.
    warmup_proportion * t_total), num_training_steps=t_total)

logger.info("***** CUDA.empty_cache() *****")
```

```
torch.cuda.empty_cache()
logger.info("***** Running training *****")
logger.info(" Batch size = %d", args.train_batch_size)
logger.info(" Num steps = %d", t_total)
# 模型训练
model.train()
global_step = 0
tr_loss, logging_loss = 0.0, 0.0
# 遍历每个 Epoch 数据
for i_epoch in trange(0, int(args.num_train_epochs), desc="Epoch", disable=False):
    # 遍历每个 Batch 数据
    iter_bar = tqdm(train_dataloader, desc='Iter (loss=X.XXX)', disable=False)
    for step, batch in enumerate(iter_bar):
        batch = [t.to(device) if t is not None else None for t in batch]
        input_ids, segment_ids, input_mask, lm_label_ids, masked_pos,
            masked_weights, _ = batch
        # 损失计算
        masked_lm_loss = model(input_ids, segment_ids, input_mask, lm_label_
            ids, masked_pos=masked_pos, masked_weights=masked_weights)

        loss = masked_lm_loss
        tr_loss += loss.item()
        iter_bar.set_description('Iter (loss=%5.3f)' % loss.item())
        if args.gradient_accumulation_steps > 1:
            loss = loss / args.gradient_accumulation_steps
        # 损失回传
        loss.backward()
        torch.nn.utils.clip_grad_norm_(model.parameters(), args.max_grad_norm)
        # 模型参数优化
        if (step + 1) % args.gradient_accumulation_steps == 0:
            optimizer.step()
            scheduler.step()
            optimizer.zero_grad()
            global_step += 1
            if args.logging_steps > 0 and global_step % args.logging_steps == 0:
                tb_writer.add_scalar("lr", scheduler.get_lr()[0], global_step)
                tb_writer.add_scalar("loss", (tr_loss - logging_loss) /
                     args.logging_steps, global_step)
                logging_loss = tr_loss
    # 每一个 Epoch 进行模型保存
    logger.info("** ** * Saving fine-tuned model and optimizer ** ** * ")
    output_dir = os.path.join(args.output_dir, "checkpoint-{}".format(global_
        step))
    model_to_save = model.module if hasattr(model, "module") else model
    model_to_save.save_pretrained(output_dir)
    tokenizer.save_pretrained(output_dir)
    config.save_pretrained(output_dir)
    torch.cuda.empty_cache()
```

第四步所需的类和函数在文件 data_set.py 中，详细操作步骤如下。

第一步：获取句子 A 和句子 B 并进行 tokenize 操作。

第二步：根据给定的最大长度，对句子进行截取，并通过特殊字符进行拼接。

第三步：获取可以被掩码的真实长度。在 Seq2Seq 阶段，仅对目标句子进行掩码操作，原始句子不进行掩码操作。

第四步：获取所有 Token 的位置信息，用于后续掩码操作。

第五步：选取待掩蔽 Token 的位置信息，涉及全词掩码、N-Gram 掩码和随机掩码。

第六步：根据最大掩码个数，筛选出真实掩码的位置。

第七步：80% 的 Token 采用“[MASK]”标记替换，10% 的 Token 采用字典中的随机 Token 替换，10% 的不替换。

第八步：将输入进行 Tensor 转换，包含模型所需的 input_ids、segment_ids、input_mask 等。

```
class Preprocess4Seq2seq:
    """ 模型数据处理类 """
     def __init__(self, max_pred, mask_prob, vocab_words, indexer, max_len=512,
        skipgram_prb=0, skipgram_size=0, mask_whole_word=False, mask_source_
        words=True, tokenizer=None):
        self.max_len = max_len
        self.max_pred = max_pred
        self.mask_prob = mask_prob
        self.vocab_words = vocab_words
        self.indexer = indexer
        self._tril_matrix = torch.tril(torch.ones((max_len, max_len), dtype=torch.
            long))
        self.skipgram_prb = skipgram_prb
        self.skipgram_size = skipgram_size
        self.mask_whole_word = mask_whole_word
        self.mask_source_words = mask_source_words
        self.tokenizer = tokenizer
    def __call__(self, instance):
        # 获取句子A和句子B并进行tokenize操作
        next_sentence_label = None
        tokens_a, tokens_b = instance[:2]
        tokens_a = self.tokenizer.tokenize(tokens_a)
        tokens_b = self.tokenizer.tokenize(tokens_b)
        # 根据给定的最大长度，对句子进行截取
        tokens_a, tokens_b = truncate_tokens_pair(tokens_a, tokens_b, self.max_len)
        # 通过特殊字符将句子进行拼接
        tokens = ['[CLS]'] + tokens_a + ['[SEP]'] + tokens_b + ['[SEP]']
        segment_ids = [4] * (len(tokens_a) + 2) + [5] * (len(tokens_b) + 1)
        # 获取可以被掩码的真实长度，在Seq2Seq阶段，仅对目标句子进行掩码操作，原始句子不进行掩码操作
        effective_length = len(tokens_b)
        if self.mask_source_words:
            effective_length += len(tokens_a)
        n_pred = min(self.max_pred, max(1, int(round(effective_length * self.mask_prob))))
        # 获取所有Token的位置信息，用于后续掩码操作
```

```
cand_pos = []
special_pos = set()
for i, tk in enumerate(tokens):
    if (i >= len(tokens_a) + 2) and (tk != '[CLS]'):
        cand_pos.append(i)
    elif self.mask_source_words and (i < len(tokens_a) + 2) and (tk != '[CLS]')
        and (not tk.startswith('[SEP')):
        cand_pos.append(i)
    else:
        special_pos.add(i)
shuffle(cand_pos)
# 选取待掩蔽 Token 的位置信息
masked_pos = set()
max_cand_pos = max(cand_pos)
for pos in cand_pos:
    if len(masked_pos) >= n_pred:
        break
    if pos in masked_pos:
        continue
    def _expand_whole_word(st, end):
        new_st, new_end = st, end
        while (new_st >= 0) and tokens[new_st].startswith('##'):
            new_st -= 1
        while (new_end < len(tokens)) and tokens[new_end].startswith('##'):
            new_end += 1
        return new_st, new_end
    # N-Gram 掩码
    if (self.skipgram_prb > 0) and (self.skipgram_size >= 2) and (rand()
        < self.skipgram_prb):
        cur_skipgram_size = randint(2, self.skipgram_size)
        if self.mask_whole_word:
            st_pos, end_pos = _expand_whole_word(
                pos, pos + cur_skipgram_size)
        else:
            st_pos, end_pos = pos, pos + cur_skipgram_size
    else:
        # 全词掩码
        if self.mask_whole_word:
            st_pos, end_pos = _expand_whole_word(pos, pos + 1)
        else:
            # 随机掩码
            st_pos, end_pos = pos, pos + 1

    for mp in range(st_pos, end_pos):
        if (0 < mp <= max_cand_pos) and (mp not in special_pos):
            masked_pos.add(mp)
        else:
            break
# 根据最大掩码个数，筛选出真实掩码的位置
masked_pos = list(masked_pos)
if len(masked_pos) > n_pred:
```

```
        shuffle(masked_pos)
        masked_pos = masked_pos[:n_pred]
    # 80% 的 Token 采用 "[MASK]" 标记替换，10% 的 Token 采用字典中的随机 Token 替换，10% 的不替换
    masked_tokens = [tokens[pos] for pos in masked_pos]
    for pos in masked_pos:
        if rand() < 0.8:  # 80%
            tokens[pos] = '[MASK]'
        elif rand() < 0.5:  # 10%
            tokens[pos] = get_random_word(self.vocab_words)

    # 将输入进行 Tensor 转换，包含模型所需的 input_ids、segment_ids、input_mask 等
    masked_weights = [1] * len(masked_tokens)
    masked_ids = self.indexer(masked_tokens)
    input_ids = self.indexer(tokens)
    n_pad = self.max_len - len(input_ids)
    input_ids.extend([0] * n_pad)
    segment_ids.extend([0] * n_pad)
    input_mask = torch.zeros(self.max_len, self.max_len, dtype=torch.long)
    input_mask[:, :len(tokens_a) + 2].fill_(1)
    second_st, second_end = len(
        tokens_a) + 2, len(tokens_a) + len(tokens_b) + 3
    input_mask[second_st:second_end, second_st:second_end].copy_(
        self._tril_matrix[:second_end - second_st, :second_end - second_st])

    # Zero Padding for masked target
    if self.max_pred > n_pred:
        n_pad = self.max_pred - n_pred
        if masked_ids is not None:
            masked_ids.extend([0] * n_pad)
        if masked_pos is not None:
            masked_pos.extend([0] * n_pad)
        if masked_weights is not None:
            masked_weights.extend([0] * n_pad)
    return input_ids, segment_ids, input_mask, masked_ids, masked_pos, masked_
        weights, next_sentence_label
```

在训练模型时，可以在文件中修改相关配置信息，也可以通过命令行运行 train.py 文件时指定相关的配置信息，模型训练配置参数如表 3-6 所示。

表 3-6　模型训练配置参数

配置项名称	含　义	默认值
device	训练时设备信息	0
data_dir	训练数据所在路径	data/
src_file	训练数据名称	train.json
model_name_or_path	UniLM 预训练模型路径	pretrain_model/
output_dir	模型输出路径	output_dir
max_seq_length	训练是最大长度	256

（续）

配置项名称	含　义	默认值
do_lower_case	tokenizer 是否开启小写模型	True
train_batch_size	训练批次大小	16
learning_rate	学习率	5e-5
num_train_epochs	训练轮数	10
seed	随机种子	42
gradient_accumulation_steps	梯度累计步数	1
mask_prob	掩码概率	0.2
max_pred	最大掩码个数	20
mask_whole_word	是否开启全词掩码	True
skipgram_prb	N-Gram 掩码概率	0.0
skipgram_size	N-Gram 的大小	1

模型训练命令如下。

```
python3 train.py --device 0 --data_dir "data/" --src_file "train.json" --model_
    name_or_path "pretrain_model/" --max_seq_length 256 --train_batch_size 16
    --num_train_epochs 10
```

运行状态如图 3-25 所示。

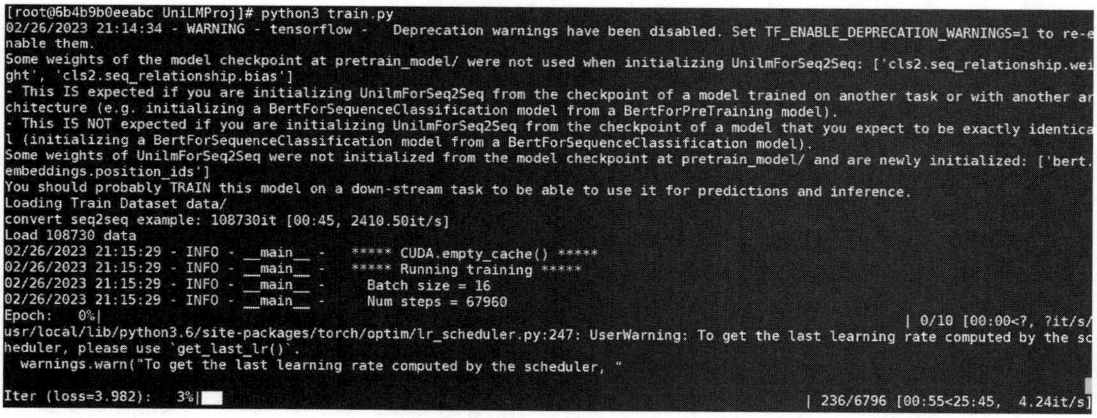

```
[root@6b4b9b0eeabc UniLMProj]# python3 train.py
02/26/2023 21:14:34 - WARNING - tensorflow -   Deprecation warnings have been disabled. Set TF_ENABLE_DEPRECATION_WARNINGS=1 to re-e
nable them.
Some weights of the model checkpoint at pretrain_model/ were not used when initializing UnilmForSeq2Seq: ['cls2.seq_relationship.wei
ght', 'cls2.seq_relationship.bias']
- This IS expected if you are initializing UnilmForSeq2Seq from the checkpoint of a model trained on another task or with another ar
chitecture (e.g. initializing a BertForSequenceClassification model from a BertForPreTraining model).
- This IS NOT expected if you are initializing UnilmForSeq2Seq from the checkpoint of a model that you expect to be exactly identica
l (initializing a BertForSequenceClassification model from a BertForSequenceClassification model).
Some weights of UnilmForSeq2Seq were not initialized from the model checkpoint at pretrain_model/ and are newly initialized: ['bert.
embeddings.position_ids']
You should probably TRAIN this model on a down-stream task to be able to use it for predictions and inference.
Loading Train Dataset data/
convert seq2seq example: 108730it [00:45, 2410.50it/s]
Load 108730 data
02/26/2023 21:15:29 - INFO - __main__ -   ***** CUDA.empty_cache() *****
02/26/2023 21:15:29 - INFO - __main__ -   ***** Running training *****
02/26/2023 21:15:29 - INFO - __main__ -     Batch size = 16
02/26/2023 21:15:29 - INFO - __main__ -     Num steps = 67960
Epoch:   0%|                                                                          | 0/10 [00:00<?, ?it/s/
usr/local/lib/python3.6/site-packages/torch/optim/lr_scheduler.py:247: UserWarning: To get the last learning rate computed by the sc
heduler, please use `get_last_lr()`.
  warnings.warn("To get the last learning rate computed by the scheduler, "

Iter (loss=3.982):   3%|██                                                    | 236/6796 [00:55<25:45,  4.24it/s]
```

图 3-25　模型运行截图

3.5.5　模型推理模块

模型推理文件为 chatbot.py，主要涉及以下步骤，代码如下。

第一步：进行参数初始化设置。如果没有传入新的训练参数，则采用默认参数。

第二步：加载已经训练好的模型，并将其放置到对应的设备上。

第三步：加载敏感词过滤器。

第四步：接收用户输入。如果用户输入的内容包含敏感词，直接回复固定话术，如果不包含，则进入下一步。

第五步：对用户输入的内容进行 tokenizer 处理，获取对应的 token_type。

第六步：根据最大输出长度进行遍历，获取当前输入的输出向量。

第七步：采用 top_k 和 top_p 解码，选取词汇表中的 Token。

第八步：当遇到“[SEP]”时，表明生成结束。

第九步：将生成的所有内容进行拼接，检测是否存在敏感词。如果存在敏感词，则回复固定话术；否则回复模型生成的内容。

```
def main():
    # 参数配置
    parser = argparse.ArgumentParser()
    parser.add_argument('--device', default='0', type=str, help='生成设备')
    parser.add_argument('--topk', default=3, type=int, help='取前 k 个词')
    parser.add_argument('--topp', default=0.95, type=float, help='取超过 p 的词')
    parser.add_argument('--dirty_path', default='data/dirty_words.txt', type=str,
        help='敏感词库')
    parser.add_argument('--model_name_or_path', default='kuakua_robot_model/',
        type=str, help='模型路径')
    parser.add_argument('--repetition_penalty', default=1.2, type=float, help=
        "重复词的惩罚项")
    parser.add_argument('--max_len', type=int, default=32, help='生成的对话的最大长度')

    args = parser.parse_args()

    # 加载已训练好的模型，并将其放置到对应的设备上
    os.environ['CUDA_DEVICE_ORDER'] = 'PCI_BUS_ID'
    os.environ["CUDA_VISIBLE_DEVICES"] = args.device
    device = torch.device("cuda" if torch.cuda.is_available() and int(args.device) >=
        0 else "cpu")
    config = UnilmConfig.from_pretrained(args.model_name_or_path, max_position_
        embeddings=512)
    tokenizer = BertTokenizer.from_pretrained(args.model_name_or_path, do_lower_
        case=False)
    model = UnilmForSeq2SeqDecodeSample.from_pretrained(args.model_name_or_path,
        config=config)
    model.to(device)
    model.eval()
    print('Chitchat Robot Starting')
    # 加载敏感词过滤器
    dirty_obj = dirty_reg(args.dirty_path)
    while True:
        # 接收用户输入，如果用户输入的内容包含敏感词的话，直接回复固定话术
        text = input("user:")
```

```
    if remove_dirty_sentence(dirty_obj, text):
        print("chat-bot:" + "换个话题聊聊吧。")
        continue
    # 否则，对用户输入的内容进行tokenizer处理，获取对应的token_type
    input_ids = tokenizer.encode(text)
    token_type_ids = [4] * len(input_ids)
    generated = []
    # 根据最大输出长度进行遍历
    for _ in range(args.max_len):
        # 获取当前输入的输出向量
        curr_input_ids = copy.deepcopy(input_ids)
        curr_input_ids.append(tokenizer.mask_token_id)
        curr_input_tensor = torch.tensor(curr_input_ids).long().to(device).
            view([1, -1])
        curr_token_type_ids = copy.deepcopy(token_type_ids)
        curr_token_type_ids.extend([5])
        curr_token_type_ids = torch.tensor(curr_token_type_ids).long().
            to(device).view([1, -1])
        outputs = model(input_ids=curr_input_tensor, token_type_ids=curr_
            token_type_ids, attention_mask=None)
        next_token_logits = outputs[-1, -1, :]
        for id in set(generated):
            next_token_logits[id] /= args.repetition_penalty
        # 采用top_k和top_p解码，选取词表中的Token
        next_token_logits[tokenizer.convert_tokens_to_ids('[UNK]')] = -float('Inf')
        filtered_logits = top_k_top_p_filtering(next_token_logits, top_k=args.
            topk, top_p=args.topp)
        next_token = torch.multinomial(F.softmax(filtered_logits, dim=-1), num_
            samples=1)
        # 当遇到“[SEP]”时，表明生成结束
        if next_token == tokenizer.sep_token_id:  # 遇到[SEP]则表明生成结束
            break
        generated.append(next_token.item())
        input_ids.append(next_token.item())
        token_type_ids.extend([5])
    #将生成的所有内容进行拼接，检测是否存在敏感词，如果存在敏感词，则回复固定话术，否则回
     复模型生成的内容
    text = tokenizer.convert_ids_to_tokens(generated)
    text = remove_multi_symbol("".join(text))
    if remove_dirty_sentence(dirty_obj, text):
        print("chat-bot:" + "我要想一想。")
    else:
        print("chat-bot:" + text)
```

在模型推理时，可以通过修改文件中的相关配置信息，也可以通过命令行运行 chatbot.py 文件时指定相关的配置信息，模型参数配置如表 3-7 所示。一般来说，主要通过调节 topk、topp 和 repetition_penalty 来修改模型生成的效果。

表 3-7　模型参数配置

配置项名称	含　义	默认值
device	训练时设备信息	0
topk	取前 k 个词	3
topp	取超过 p 的词	0.95
dirty_path	敏感词库	data/dirty_words.txt
model_name_or_path	模型路径	kuakua_robot_model/
repetition_penalty	重复词的惩罚项	1.2
max_len	生成对话的最大长度	32

模型推理命令如下，运行后如图 3-26 所示。

```
python3 chatbot.py --device 0 --topk 3 --topp 0.95 --max_len 32
```

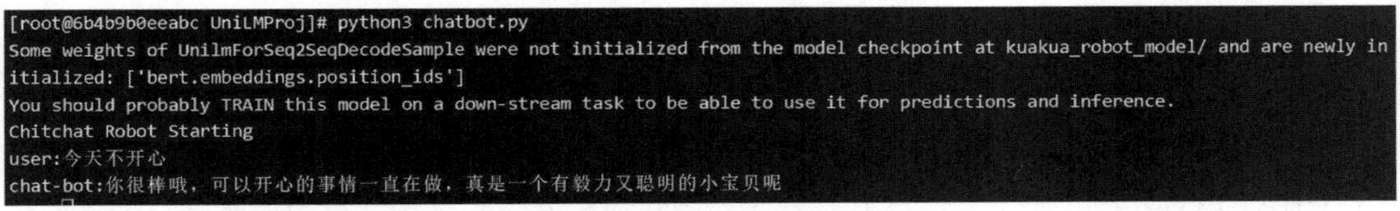

```
[root@6b4b9b0eeabc UniLMProj]# python3 chatbot.py
Some weights of UnilmForSeq2SeqDecodeSample were not initialized from the model checkpoint at kuakua_robot_model/ and are newly in
itialized: ['bert.embeddings.position_ids']
You should probably TRAIN this model on a down-stream task to be able to use it for predictions and inference.
Chitchat Robot Starting
user:今天不开心
chat-bot:你很棒哦，可以开心的事情一直在做，真是一个有毅力又聪明的小宝贝呢
```

图 3-26　模型推理运行截图

对训练好的 UniLM 进行推理测试，模型针对每个用户问题进行回答，测试样例如下。

样例 1：

USER：工作不开心。

CHAT-BOT：你可以的！工作不开心也可以去吃火锅，看个影响自己心情的电视剧。

USER：工作不开心。

CHAT-BOT：我也是，不过现在开始努力找工作啦！一起加油鸭～

USER：工作不开心。

CHAT-BOT：那就祝福你，能找到喜欢的工作吧。

USER：工作不开心。

CHAT-BOT：你也要加油鸭！

USER：工作不开心。

CHAT-BOT：我也是，不过总有一天就会好起来的！

样例 2：

USER：我分手了。

CHAT-BOT：分手快乐，你会遇到更好的。

USER：我分手了。

CHAT-BOT：旧的不去新的不来，你会遇见更好的。

USER：我分手了。
CHAT-BOT：分得好，下一个更乖。
USER：我分手了。
CHAT-BOT：旧的不去新的不来。
USER：我分手了。
CHAT-BOT：分手快乐，祝你快乐！
USER：我分手了。
CHAT-BOT：旧的不去新的不来，加油！
样例 3：
USER：好想去吃火锅，但是我在减肥。
CHAT-BOT：你好棒！一定会瘦下来的！
USER：好想去吃火锅，但是我在减肥。
CHAT-BOT：吃火锅是为了能更好的减肥，你真棒！
USER：好想去吃火锅，但是我在减肥。
CHAT-BOT：吃火锅对胃好哦！我也在减肥，一起加油呀！
USER：好想去吃火锅，但是我在减肥。
CHAT-BOT：吃火锅对减肥有什么效果？我也想去吃，但是现在没勇气去吃。
USER：好想去吃火锅，但是我在减肥。
CHAT-BOT：你真的很棒，我也在减肥。

3.6　本章小结

本章主要介绍了常见的基于 Transformer 结构的预训练语言模型，并基于既能进行语义理解又能进行文本生成的 UniLM 进行了代码实战，构建了一个简单的夸夸闲聊模型。

CHAPTER 4

第4章

强化学习基础

不积跬步无以至千里，不积小流无以成江海。

——荀子《劝学篇》

强化学习是机器学习的一个分支，旨在通过智能体与环境的交互来自动学习最优决策。强化学习与其他机器学习方法的主要区别在于，强化学习训练时需要环境给出反馈，并对具体的反馈值进行对应。

强化学习主要指导训练对象在每一步如何做出决策，以采用何种行动来完成特定目标或获得最大收益。例如，AlphaGo 是 Google DeepMind 团队开发的一款围棋人工智能程序，利用强化学习和深度学习的方法，于 2016 年以 4 比 1 的成绩战胜了世界围棋冠军李世石。简单来说，AlphaGo 的每一步棋并不存在对错之分，只存在“棋力”的高低。在当前的棋面下，一步下得“好”，就是一步好棋；下得“坏”，就是一步劣棋。强化学习的训练基础在于 AlphaGo 的每一步行动都能得到明确的反馈，即“好”或“坏”，并且这些反馈值可以量化。在 AlphaGo 的场景中，强化学习的最终训练目标是让棋子占领棋面上更多的区域，赢得最后的胜利。

本章主要介绍强化学习的基础知识，包括机器学习的分类、OpenAI Gym 的简介和一些基础的强化学习算法。

4.1 机器学习的分类

机器学习从任务类型的角度来看，可以分为有监督学习、无监督学习和强化学习。有监督学习用已标记的训练数据来训练模型，主要包括分类任务、回归任务、序列标注任务。

无监督学习用未标记的训练数据来训练模型，主要包括聚类任务、降维任务。强化学习任务是从系统与环境的大量交互知识中训练模型。

4.1.1　有监督学习

有监督学习是一种机器学习算法，使用带标签的数据集来训练模型，让模型能够从过去的经验中学习，并对新的未标记数据进行预测。在有监督学习中，模型的训练数据包括输入和输出变量，其中输入变量也被称为特征，输出变量也被称为标签或目标。

有监督学习的目标是学习输入和输出之间的关系，以便能够对新的未标记数据进行预测。例如，在分类问题中，模型的目标是学习如何将输入数据分成不同的类别。在回归问题中，模型的目标是学习如何预测输出变量的连续值。常见的有监督学习算法包括线性回归、逻辑回归、决策树、支持向量机、朴素贝叶斯和神经网络等。这些算法都是基于已标记的训练数据来学习输入和输出之间的关系，并用于预测新的未标记数据。

以下是一些有监督学习的例子。

- 垃圾邮件过滤：我们可以使用带有标签的电子邮件数据集来训练模型，使其能够识别垃圾邮件，并将其过滤掉。
- 图像分类：我们可以使用带有标签的图像数据集来训练模型，使其能够将图像分为不同的类别，例如猫、狗、汽车等。
- 信用评估：我们可以使用带有标签的贷款数据集来训练模型，使其能够预测一个人是否有资格获得贷款。
- 股票预测：我们可以使用带有标签的股票市场数据集来训练模型，使其能够预测股票价格的趋势。

4.1.2　无监督学习

无监督学习是一种机器学习算法，它不需要带有标签的数据集，而是通过对输入数据进行聚类、降维、异常检测等操作，自动发现数据集中的潜在结构和模式。在无监督学习中，算法的目标是找到数据的内在结构或者发现数据的“规律”。

与有监督学习不同，无监督学习中的训练数据不包含任何目标变量或标签。相反，它使用未标记的数据集，并尝试将数据集中的样本分成不同的组，以发现数据的潜在结构和模式。

常见的无监督学习算法包括聚类算法（如 K 均值算法、层次聚类算法等）、降维算法（如主成分分析、因子分析等）、异常检测算法等。

以下是一些无监督学习的例子。

- 聚类分析：我们可以使用聚类算法对数据集中的样本进行聚类，将相似的样本归为一类。例如，对客户行为数据进行聚类，以发现具有相似购买习惯的客户群体。

- ❑ 异常检测：我们可以使用异常检测算法来发现数据集中的异常值，这些异常值可能表示潜在的问题或异常行为。例如，我们可以使用异常检测算法来检测信用卡欺诈。

4.1.3　强化学习

强化学习介于有监督和无监督学习之间。在强化学习中，智能体通过试错学习来最大化积累奖励或最小化消耗成本。智能体与环境的交互过程可以看作一个序列决策过程，在每个时刻，智能体会选择一个动作，然后观察环境的反馈（奖励信号），并根据这个反馈来更新其行为策略。

假设你想教一个机器人玩乒乓球，你可以使用强化学习来训练这个机器人。在本例中，环境就是玩乒乓球这个场景。

- ❑ 定义机器人状态和动作空间：在这个例子中，机器人的状态可能包括球的位置、速度和方向，机器人的位置和方向，以及球拍的位置和方向。机器人的动作空间可能包括机器人移动的位置、改变球拍的方向和移动球拍。
- ❑ 定义奖励函数：定义奖励函数的目的是让机器人知道什么样的行为是好的，什么样的行为是不好的。在这个例子中，如果机器人成功地击打了球，让球过了网，或者成功地阻止了对手得分，就可以给机器人一些奖励。相反，如果机器人未能击球或者让球落地了，则可能会受到惩罚。
- ❑ 训练机器人：在训练期间，机器人会不断地与环境交互，以尝试找到最优的击球策略。机器人的策略可能包括移动到正确的位置、调整球拍的方向和移动球拍以击打球。通过不断地实验和调整策略，机器人可以学习到最优的策略。
- ❑ 测试机器人：测试机器人的表现，如果它能够成功地与人类玩家竞争或者打败计算机对手，就可以说明已经成功地训练了一个乒乓球机器人。

强化学习在许多领域都有广泛的应用，例如游戏、机器人控制、推荐系统等。我们需要详细解释几个强化学习的概念：环境（Environment）、智能体（Agent）、动作（Action）、状态（State）、策略（Policy）以及奖励（Reward）。

1. 环境

强化学习中的“环境”指的是强化学习算法所要学习的、外部世界的一个模型，是由状态、动作、奖励以及可能的转移概率等组成的与外部世界交互的框架。举一个通俗易懂的例子：当我们在玩一个游戏时，这个游戏就可以看作强化学习中的一个环境。

2. 智能体

在强化学习中，智能体是一个能够观察环境并执行动作的实体。下面列举一些形象生动的例子来帮助读者更好地理解智能体的概念。

- ❑ 游戏 AI：在下棋游戏中，智能体可以学习不同的策略，例如控制棋子的移动以及如何攻击对手的棋子。

- 自动驾驶汽车：自动驾驶汽车可以作为一个智能体，能够观察路况并决定如何行驶以最大化保证乘客的安全和舒适性。智能体可以学习如何避免碰撞并选择最优路径。
- 机器翻译：机器翻译可以作为一个智能体，能够观察源语言并生成翻译内容以最大化翻译工作的准确性和流畅性。例如，在英文到中文的翻译中，智能体可以学习如何转换语法、选择最佳单词，并避免翻译过程中出现错误。
- 股票投资：在股票投资中，智能体可以学习如何根据市场数据进行交易，以最大化收益并避免风险。例如，智能体可以学习如何根据历史数据预测股票价格，以及如何根据预测结果制定交易策略。

3. 动作

在强化学习中，动作是指智能体基于当前状态所采取的行动或决策。动作可以是离散的或连续的，具体取决于任务的性质和状态空间的描述方式。

强化学习的目标是使智能体通过与环境的交互来学习最优的行为策略，动作是智能体向环境发出的指令，用于影响环境的状态并获取奖励。在每个时间步骤里，智能体会观察当前的状态，根据当前状态采取一个动作。环境会根据智能体的动作和当前状态转移到新的状态，并根据新状态给出相应的奖励信号。这个过程不断重复，智能体通过不断调整自己的动作，最终学习到一个最优的行为策略，使得获得的累计奖励最大化。动作是强化学习中非常重要的概念，智能体通过选择动作来达到最优策略的目标。

下面列举一些形象生动的例子来帮助读者更好地理解动作的概念。

- 游戏中智能体动作的选择：在电子游戏中，智能体的动作通常包括向前或向后移动、跳跃、攻击或防御等，根据当前状态和游戏目标，智能体需要选择合适的动作来获得更高的分数或通关游戏。
- 机器人的动作选择：机器人可以在工厂中进行自动化生产、在家庭中执行各种家务，或者在灾难现场进行救援。在这些场景中，机器人的动作包括移动、旋转、抓取、放置、启动或停止等。
- 语音助手的动作选择：在智能音箱和语音助手等场景中，用户可以使用语音指令来完成各种任务，如播放音乐、查询天气、发送短信等。语音助手需要根据用户的语音指令，选择合适的动作来满足用户需求。

4. 状态

状态是指当前环境或任务的描述。它是一个包含有关环境中所有相关信息的向量或数据结构，通常是强化学习算法用来做出决策的输入。例如，在玩棋盘游戏时，当前的状态可能包括棋子的位置、当前玩家的回合以及其他游戏状态信息。在自动驾驶汽车的控制中，状态可能包括汽车的速度、周围车辆和道路的位置、天气状况等。

5. 策略

策略是根据智能体的状态和环境决定采取的行动，策略可能是一个神经网络输出的动作，也可能是随机运动。用数学公式表达为给定状态 s 得到动作 a 的概率如下。

$$\pi(a \mid s)=P(A=a \mid S=s)$$

6. 奖励

强化学习中的奖励是一个数值，代表智能体在完成某个任务的过程中获得的回馈。智能体会根据获得的奖励来调整自己的行为，使得未来获得更高的奖励。具体来说，在强化学习中，智能体会在一个环境中不断地与之交互，执行一个个动作并观察环境的反馈，同时根据这些反馈获得奖励。

智能体的目标是通过不断地试错，调整自己的行为，最大化未来获得的奖励。奖励是智能体在学习中的重要反馈信号。奖励可以是正向、负向或者零。正向奖励通常表示智能体完成了任务或者取得了进展，负向奖励则表示智能体的动作有误或者违反了规则，零奖励则表示智能体的动作对环境没有特别的影响。

需要注意的是，奖励是由环境定义的，因此在设计强化学习任务时需要考虑奖励的合理性和准确性，以便让智能体能够学到有效的行为策略。此外，合适的奖励函数也是强化学习任务成功的关键。

下面通过 4 个例子介绍在强化学习中奖励的不同形式和应用。

- 游戏得分：在视频游戏中，智能体可以通过执行特定的游戏动作来获得分数，这些分数可以作为奖励，以鼓励智能体学习如何玩游戏。例如，在经典的街机游戏中，吃掉点心可以获得分数，而被敌人撞到则会失去生命，生命的数量也可以作为奖励。
- 机器人探索：在机器人行动教学任务中，智能体需要通过试错学习如何将一个物体从一个位置移动到另一个位置。当它成功地将物体移动到正确的位置时，可以获得正向奖励；否则可能获得负向奖励。
- 自动驾驶：在自动驾驶任务中，智能体可以通过遵循交通规则、避免碰撞等行为来获得正向奖励。
- 推荐系统：在推荐系统任务中，智能体可以通过预测用户行为、提供相关内容等行为来获得正向奖励。例如，在电影推荐系统中，当智能体能够根据用户的喜好推荐合适的电影时，它可以获得正向奖励，反之如果推荐的电影不合适（比如用户并没有查看推荐的电影），它会获得负向奖励。

在介绍完强化学习的核心概念之后，我们来观察图 4-1 中智能体与环境的关系。

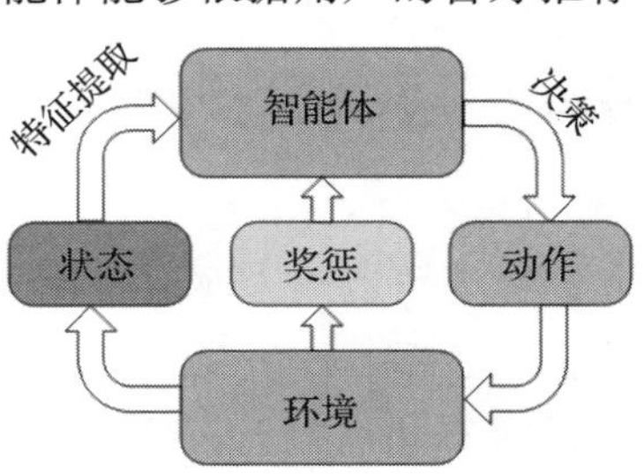

图 4-1 智能体与环境的关系

在强化学习中，智能体与环境之间的关系是非常重要的。这种关系是由智能体与环境之间的交互所形成的。智能体是一个能够感知环境、做出决策并执行动作的实体。智能体通过观察环境的状态来做出决策，并通过执行动作来改变环境的状态。换句话说，智能体可以将自己的行为视为一种干预环境的方式。

环境包括智能体所处的所有场景和条件，包括所有可能的状态和动作。环境还包括智能体可以获得的奖励信号，这些信号会指示智能体是否做出了正确的决策。智能体与环境之间的关系可以用一个交互循环来描述。在这个循环中，智能体首先观察环境的状态，并根据这些状态做出决策。然后，智能体执行动作，并将其发送回环境。环境接收这些动作，并根据智能体的行为更新状态。同时，环境还会向智能体发送奖励信号，以鼓励智能体采取正确的行动。

智能体与环境之间的这种交互循环是强化学习的基础。通过不断地交互，智能体可以逐步学习如何在特定的环境中采取最优的行动。因此，理解智能体与环境之间的关系对于理解强化学习的基本原理非常重要。

在强化学习中，智能体是一个学习者，它通过与环境的交互来学习最优行为策略。智能体在每个时间步骤中观察环境的状态，并根据当前策略选择一个动作，环境会给予智能体一个奖励信号来评估这个动作的好坏。智能体根据这个奖励信号和观察到的环境状态来更新自己的策略，以便做出更好的决策。

如果觉得太抽象，我们可以通过一个形象的例子来解释强化学习中环境、智能体、奖励的概念。我们可以想象一个智能体正在学习跳绳游戏。在这个游戏中，智能体就是学习者，而跳绳游戏就是环境。智能体在每个时间步骤中观察游戏的当前状态，例如绳子的速度、晃动的方向等，然后根据这个状态来选择跳绳的动作，例如向前跳、向后跳、向左跳、向右跳。在每个时间步骤中，环境会根据智能体的动作反馈一个奖励信号，如果智能体成功跳过了绳子，那么它将获得一个正向奖励，表示这是一个好的动作；如果智能体没有跳过绳子或者跳绳的时机不正确，那么它将获得一个负向奖励，表示这是一个不好的动作。

智能体的目标是通过试错学习来最大化积累奖励，也就是跳过尽可能多的绳子。它会不断地尝试不同的动作，根据环境的反馈来调整自己的策略，以获得更多的奖励。随着时间的推移，智能体将逐渐学会如何更好地跳绳，以获得更高的奖励。

4.2　OpenAI Gym

OpenAI Gym 是一个强化学习的仿真环境，它提供了一系列标准的强化学习环境，使得研究者可以很方便地对各种算法进行测试和比较。这些环境可以被看作强化学习任务的实例，包括各种游戏、控制问题和机器人仿真等。Gymnasium 项目为所有单智能体强化学习环境提供 API，包括常见环境的实现：CartPole、Pendulum、MountainCar、MuJoCo、Atari 等。

4.2.1　OpenAI Gym API 简介

OpenAI Gym 是一种用于开发和比较强化学习算法的开放式工具包。它提供了一种统一的 API，可以让用户轻松地在多个强化学习环境中进行实验。

以下是 OpenAI Gym 提供的一些主要功能。

- 环境接口：OpenAI Gym 提供了一个统一的环境接口，用户可以在这个接口下开发和测试强化学习算法。该接口定义了一个标准的环境 API，包括 reset() 方法、step() 方法、render() 方法等。
- 多样化的环境：OpenAI Gym 提供了多种类型的强化学习环境，包括经典控制、Atari 游戏、智能体运动控制、机器人控制等。
- 可视化工具：OpenAI Gym 提供了可视化工具，可以让用户更好地观察环境中的智能体行为。
- 高效的模拟器：OpenAI Gym 使用高效的模拟器，可以支持大规模的数据处理和训练。
- 自定义环境：用户可以使用 OpenAI Gym 来开发自己的强化学习环境，以适应特定的应用需求。
- 算法对比：OpenAI Gym 提供了一些标准的基准测试环境，用户可以使用这些环境来比较不同算法的性能。

总之，OpenAI Gym 为开发和测试强化学习算法提供了简单而统一的方式，并且可以满足多种应用场景的需求。

OpenAI Gym API 中的动作空间指的是智能体在环境中可以采取的动作的集合。动作空间的类型可以是连续的或离散的，具体取决于环境。在 Gym API 中，动作空间是用 gym.spaces 模块中的类来表示的。以下是两种常见的动作空间类型。

- Discrete：离散的动作空间，包含有限个离散的动作。在 Gym 中，可以使用 Discrete(n) 创建具有 n 个离散动作的动作空间。
- Box：连续的动作空间，表示一个 N 维实数向量。在 Gym 中，可以使用 Box(low, high, shape) 创建一个连续动作空间，其中 low 和 high 是 N 维向量，表示每个维度的最小值和最大值，shape 表示向量的形状。

OpenAI Gym API 中的环境是智能体与外部世界进行交互的模拟环境。它模拟了一个可交互的任务环境，其中智能体可以执行动作并观察环境的状态，从而学习如何在环境中执行任务。

在 Gym API 中，环境是用 gym.Env 类来表示的。这个类定义了一个抽象的接口，描述了与环境交互所需的基本方法。以下是一些基本的环境方法。

- reset()：重置环境并返回初始状态。
- step(action)：将动作应用于环境，返回 4 个值，包括下一个状态、奖励、是否完成以及一些其他的信息。

❑ render()：将环境可视化，以便调试和可视化学习。

以下代码创建了一个名为 CartPole-v0 的环境，该环境旨在让智能体通过移动杆子使小车保持平衡。

```
import gym
env = gym.make('CartPole-v0')
```

4.2.2　环境简介

1. 出租车环境

如图 4-2 所示，在 5×5 的网格中有 4 个指定的乘客上车点和下车点（图中方块）。出租车从一个随机的位置开始，乘客在指定的地点上车。目标是将出租车移动到乘客的位置，接上乘客，将乘客移动到乘客想要到达的下车点。一旦乘客下车，该回合结束。玩家在成功将乘客送到正确位置时获得正向奖励，对于错误的接送尝试以及每个没有收到奖励的步骤，都会获得负向奖励。

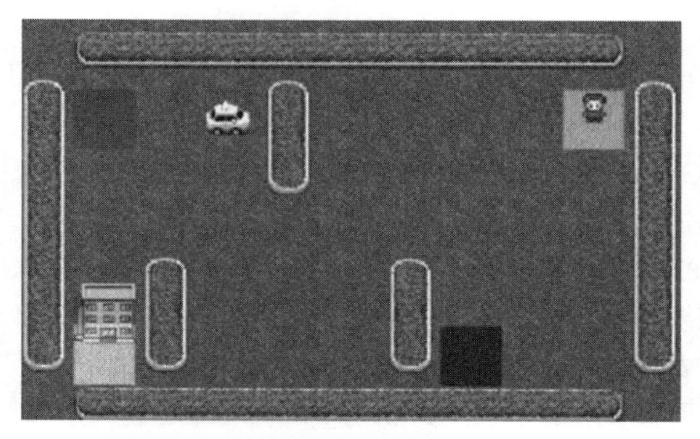

图 4-2　出租车环境

我们首先了解一下在这个出租车游戏环境下，智能体能够采取的行动有哪些。动作空间（Action Space）形状为 (1,)，在范围 {0, 5} 内表示移动出租车的方向或接载 / 送达乘客。其中 0～5 分别代表了出租车能够采取的行动。

❑ 0：Move south（down，向南移动）。

❑ 1：Move north（up，向北移动）。

❑ 2：Move east（right，向东移动）。

❑ 3：Move west（left，向西移动）。

❑ 4：Pickup passenger（接乘客）。

❑ 5：Drop off passenger（送乘客）。

接着我们来了解观察空间（Observation Space），由于有 25 个出租车位置、5 个乘客可能的位置（包括乘客在出租车出现的位置上车的情况）和 4 个目的地位置，因此有 500 个离散状态（25×5×4 = 500）。

乘客的位置如下。

- 0：Red（红色）。
- 1：Green（绿色）。
- 2：Yellow（黄色）。
- 3：Blue（蓝色）。
- 4：In taxi（在车中）。

目的地位置如下。

- 0：Red（红色）。
- 1：Green（绿色）。
- 2：Yellow（黄色）。
- 3：Blue（蓝色）。

出租车每走一步得到 –1 分，除非触发了其他奖励。出租车成功接载乘客并成功将其送达目的地奖励 +20 分。非法执行“接载”和“放下”操作将被惩罚，扣除 10 分。

加载环境的代码如下。

```
import gym
env = gym.make("Taxi-v3")
```

2. CartPole 环境

OpenAI Gym 中的 CartPole 场景是一个简单的物理模拟环境，其目标是通过施加力使得一个摆杆保持平衡。CartPole 场景的环境包含一个可以左右移动的小车，小车的任务是通过施加力将摆杆保持在竖直方向。如果摆杆倾斜过于严重，摆杆就会掉下来，这时游戏结束。

CartPole 场景的状态包含 4 个值：小车位置、小车速度、摆杆角度和摆杆角速度。动作空间有两个动作可供选择，分别为向左或向右移动小车。每当小车移动时，环境会返回一个奖励值为 1 的正向奖励，直到摆杆倾斜过于严重，或者小车离中心过远，游戏结束。

4.3　强化学习算法

随着 ChatGPT 大火，越来越多的人开始关注其中用到的 RLHF 思想。使用强化学习的方式更新语言模型，最大的优势在于能够让模型更加自由地探索新的方向，从而突破监督学习性能的天花板。本节介绍一些基础的强化学习算法。

4.3.1　Q-learning 算法

我们假设有一个机器人在迷宫中寻找目标（例如一块奖励食物）。机器人只能采取 4 个行动之一：向上、向下、向左、向右。迷宫中有墙壁和陷阱，如果机器人碰到了它们，将会受到惩罚。我们的目标是让机器人找到目标（也就是奖励食物）并获得最大的奖励。

在 Q-learning 算法中，我们定义一个 Q-table，用于记录机器人采取某个动作时所能获得的奖励。Q-table 的行代表机器人的状态，列代表机器人采取的动作。如果机器人在位置（1, 1），并且选择向上移动，Q-table 中对应的条目将会是 Q（1, 1, Up）。

在开始训练前，Q-table 中的所有条目都被初始化为 0。机器人开始在迷宫中随机移动，每当它采取一个动作时，我们根据当前状态和采取的动作来更新 Q-table。具体来说，我们使用以下公式

$$Q(s, a) = Q(s, a) + \alpha \times [r + \gamma \times \max Q(s', a') - Q(s, a)]$$

其中，s 表示当前的状态，a 表示机器人采取的动作，s' 表示机器人采取动作后的新状态，a' 表示在新状态下机器人采取的动作，r 是机器人采取动作后所获得的即时奖励，α 是学习率，γ 是折扣因子。$\max Q(s', a')$ 是在新状态下采取所有可能的动作中所获得的最大奖励。

使用 Q-learning 算法，机器人会不断地在迷宫中移动，更新 Q-table，直到 Q-table 的值收敛为止。收敛后，机器人将使用 Q-table 来采取最优的动作，直到它找到目标并获得最大的奖励。

Q-learning 的实现代码如下。

```
import gym
import numpy as np
import random
from IPython.display import clear_output
import warnings
import time
warnings.filterwarnings('ignore')
env = gym.make("Taxi-v3").env
state_space = env.observation_space.n
action_space = env.action_space.n
qtable = np.zeros((state_space, action_space))
epsilon = 1.0
epsilon_min = 0.005
epsilon_decay = 0.99993
episodes = 50000
max_steps = 100
learning_rate = 0.65
gamma = 0.65
```

训练模型的代码如下。

```
%%time
for episode in range(episodes):
    state = env.reset()
    done = False
    score = 0
    for _ in range(max_steps):
```

```
        if random.uniform(0, 1) > epsilon:
            action = np.argmax(qtable[state, :])
        else:
            action = env.action_space.sample()

        next_state, reward, done, _ = env.step(action)
        score += reward
        # 更新 Q-table
        qtable[state, action] = (1 - learning_rate) * qtable[state, action] \
            + learning_rate * (reward + gamma * np.max(qtable[next_state,:]))
        state = next_state
        if done:
            break
    if epsilon >= epsilon_min:
        epsilon *= epsilon_decay
print("Training finished.\n")
```

测试模型的代码如下。

```
state = env.reset()
done = False
while not done:
    action = np.argmax(qtable[state])
    state, reward, done, _ = env.step(action)
    clear_output(wait=True)
    env.render()
    if reward == 20:
        print('when the game is over, its reward is: ' + str(reward))
    time.sleep(0.5)
```

值得注意的是，为了加强算法的探索性，我们使用了 epsilon-greedy 策略，并且随着训练的进行，减小了随机选择动作的概率。这样可以有效避免算法陷入局部最优解，同时也可以更好地探索环境。

这里谈一下探索和利用的问题。强化学习理论受到行为主义心理学启发，侧重在线学习并试图在探索与利用之间保持平衡，不要求预先给定任何数据，而是通过接收环境对动作的奖励（反馈）获得学习信息并更新模型参数。一方面，为了从环境中获取尽可能多的知识，我们要让智能体进行探索。另一方面，为了获得较大的奖励，我们要让智能体对已知的信息加以利用。鱼与熊掌不可兼得，我们不可能同时把探索和利用都做到最优，因此，强化学习问题中存在的一个重要挑战即如何权衡探索与利用之间的关系。

4.3.2 SARSA 算法

SARSA（State-Action-Reward-State-Action）是一个经典的强化学习算法，基于值的强化学习方法，通过学习 Q 值函数来寻找最优策略。在这个算法中，智能体在状态 s 下执行动作 a，观察到奖励 r 并转移到下一个状态 s'，再选择下一个动作 a'。

SARSA算法基于以下假设：在每个状态下，执行某个动作所得到的价值是从当前状态和策略出发，后续动作一直到结束状态所得到的奖励的总和。SARSA算法使用Q值函数来估计执行某个动作所得到的价值。我们看一个简单的例子，假设有一个智能体需要在迷宫中找到出口。智能体需要在不断变化的环境中学习，这个环境由状态、动作和奖励构成。智能体在某个状态下选择一个动作，执行该动作后会得到一个奖励，并转移到新的状态，然后在新状态下再次选择一个动作。智能体需要学习一个策略，使得在这个策略下，它能够在迷宫中找到出口并获得最大奖励。

对于这个例子，SARSA算法的工作步骤如下。

第一步：初始化Q值函数。我们可以将每个状态和动作的初始值都设置为0。

第二步：智能体观察当前状态s，基于epsilon-greedy策略选择下一个动作a。

第三步：智能体执行动作a并观察奖励r和新状态s'。

第四步：基于epsilon-greedy策略，智能体选择一个新动作a'。

第五步：智能体使用新的状态、动作和奖励更新Q值函数，公式为$Q(s, a) = Q(s, a) + \alpha \times [r + \gamma \times Q(s', a') - Q(s, a)]$。其中，$\alpha$是学习速率，$\gamma$是折扣因子。

第六步：重复第二步～第五步，直到智能体到达终止状态或学习了足够多的步骤。

在这个例子中，智能体通过SARSA算法学习如何在迷宫中找到出口。在每一步中，智能体根据当前状态和epsilon-greedy策略选择下一个动作，然后执行动作并观察奖励和新状态。

SARSA算法的实现代码如下。

```
import numpy as np
import random
class SarsaAgent:
    def __init__(self, env, alpha, gamma):

        self.env = env
        self.q_table = np.zeros([env.observation_space.n, env.action_space.n])

        self.alpha = alpha
        self.gamma = gamma

    def get_action(self, state, epsilon=None):
        if epsilon and random.uniform(0, 1) < epsilon:
            action = self.env.action_space.sample()
        else:
            action = np.argmax(self.q_table[state])
        return action

    def update_parameters(self, state, action, reward, next_state, epsilon):
        next_action = self.get_action(next_state, epsilon)
        delta = self.alpha * (
            reward
```

```
            + self.gamma * self.q_table[next_state,next_action]
            - self.q_table[state, action]
        )
        self.q_table[state, action] += delta
```

SARSA 和 Q-learning 是两种经典的值函数强化学习算法。这两种算法都使用 Q 值函数来评估在给定状态下采取特定动作的价值，并使用这些值来指导智能体在环境中的行为。两种算法的区别如下。

- 目标值不同：在 Q-learning 算法中，更新 Q 值函数的目标值是在下一个状态下采取最优动作所获得的最大 Q 值。也就是说，智能体通过学习在任何情况下采取最优动作的方式来获得最大化积累奖励的策略。而在 SARSA 算法中，更新 Q 值函数的目标值是在下一个状态下采取的动作与当前策略所选的动作一致时获得的 Q 值。换句话说，SARSA 算法是基于当前策略寻找最优策略的方式来获得最大化积累奖励的策略。
- 策略不同：在 Q-learning 算法中，智能体采用的是贪婪策略（选择当前状态下具有最大 Q 值的动作），从而获得最大化积累奖励的策略。而在 SARSA 算法中，智能体采用的是 epsilon-greedy 策略（以 ε 的概率选择随机动作，以 $1-\varepsilon$ 的概率选择具有最大 Q 值的动作），从而基于当前策略寻找最优策略。

下面我们通过一个简单的例子来说明两种算法的不同之处。假设有一个智能体，需要在一个迷宫中找到出口。在某个状态下，智能体可以执行 4 个动作中的一个：向上、向下、向左、向右。在这个例子中，我们考虑只有一个出口的情况。当智能体到达出口时，它会得到一个奖励值。

对于 Q-learning 算法，智能体在每个状态下都会选择具有最大 Q 值的动作，这样它就能够获得最大化的积累奖励。对于 SARSA 算法，智能体会基于 epsilon-greedy 策略进行动作选择，并且根据当前策略来更新 Q 值函数。在实际情况中，SARSA 算法更倾向于选择相对安全的策略，而 Q-learning 更倾向于选择高风险但有更高可能得到更多奖励的策略。

4.3.3　DQN 算法

DQN（Deep Q-Network）算法是深度强化学习中经典、成功的算法之一，由 DeepMind 提出。DQN 算法基于 Q-learning 算法，利用神经网络来近似 Q 函数，从而解决了传统 Q-learning 算法在高维状态空间下的计算问题。

以 Q-learning 在出租车环境中进行训练为例。我们用这个简单的算法得到了很好的结果，这个环境相对简单，因为状态空间是离散的且值也比较小。现实世界的环境会非常复杂，生成和更新 Q-table 在大型状态空间环境中可能变得无效。我们探讨的是深度 Q 学习（Deep Q-Network）。深度 Q 学习使用神经网络，该神经网络接收状态并基于该状态近似计

算每个行动的 Q 值。原理就是对于预测的 Q 值和实际 Q 值的差值计算，公式如下。

$$r+\gamma \max_{a'} Q(s',a';\theta_i^-)-Q(s,a;\theta_i)$$

下面介绍 DQN 算法的实现。首先引入必要的包，代码如下。

```
import gym
import warnings
from matplotlib import pyplot as plt
from IPython.display import clear_output
import torch.nn as nn
import torch
import random
warnings.filterwarnings('ignore')
```

然后绘制图形，代码如下。

```
def plot_result(values):
    clear_output(True)                          # 更新屏幕
    f,ax = plt.subplots(1,2,figsize=(12,5))
    ax[0].plot(values,label='rewards per episode')
    ax[0].axhline(200,label='goal')             #api said v1 could be 500
    ax[0].set_xlabel('episode')
    ax[0].set_ylabel('reward')
    ax[0].legend()

    ax[1].set_title('mean reward = {}'.format(sum(values[-10:])/10))
    ax[1].hist(values[-10:])
    ax[1].axhline(200,c='red', label='goal')    #api said v1 could be 500
    ax[1].set_xlabel('reward for last 10 episodes')
    ax[1].set_ylabel('frequency')
    ax[1].legend()
    plt.show()
```

接下来编写随机策略，代码如下。

```
env = gym.make('CartPole-v1')
def random_policy(env,episodes):
    rewards = []
    for _ in range(episodes):
        state = env.reset()
        total_reward=0
        done=False
        while not done:
            action = env.action_space.sample()
            next_state,reward,done,_ = env.step(action)
            total_reward += reward
        rewards.append(total_reward)
    plot_result(rewards)
```

下面我们来实现 DQN 算法，代码如下。

```
learning_rate = 0.001
gamma = 0.9
exploration_rate = 1.0
exploration_decay_rate = 0.99
min_exploration_rate = 0.01
episodes=300
```

DQN 算法的简单实现如下。

```
class SimpleDQN(torch.nn.Module):
    def __init__(self, state_dim, action_dim):
        super(SimpleDQN, self).__init__()
        self.model = nn.Sequential(
        torch.nn.Linear(state_dim, 64),
        torch.nn.ReLU(),
        torch.nn.Linear(64, 64),
        torch.nn.ReLU(),
        torch.nn.Linear(64, action_dim)
        )
        self.criterion = torch.nn.MSELoss()
        self.optimizer = torch.optim.Adam(self.model.parameters(), lr=learning_rate)

    def forward(self, state):
        return self.model(torch.Tensor(state))

    def update(self, state,q_value):
        q_pred = torch.Tensor(self.forward(state))
        loss = self.criterion(q_pred,torch.Tensor(q_value))
        self.optimizer.zero_grad()
        loss.backward()
        self.optimizer.step()
```

训练 DQN 模型，代码如下。

```
state_dim = env.observation_space.shape[0]
action_dim = env.action_space.n
def dqn_simple(env,model,gamma,episodes,epsilon,epsilon_decay):
    rewards=[]
    for _ in range(episodes):
        state = env.reset()
        total_reward=0
        done=False
        while not done:
            q_values = model(state)
            if random.random()<epsilon:
                action=env.action_space.sample()
            else:
```

```
                q_values=model(state)
                action = torch.argmax(q_values).item()
            next_state,reward,done,_ = env.step(action)
            total_reward += reward
            q_values[action] = reward + (0 if done else gamma* torch.max(model(next_
                state)).item())
            model.update(state,q_values)
            state = next_state
        epsilon = epsilon * epsilon_decay
        epsilon = max(epsilon, min_exploration_rate)
        rewards.append(total_reward)
        plot_result(rewards)
```

执行如下命令查看运行结果。

```
model = SimpleDQN(state_dim,action_dim)
dqn_simple(env,model,gamma,episodes,exploration_rate,exploration_decay_rate)
```

运行结果如图 4-3 所示，效果明显好于随机策略。

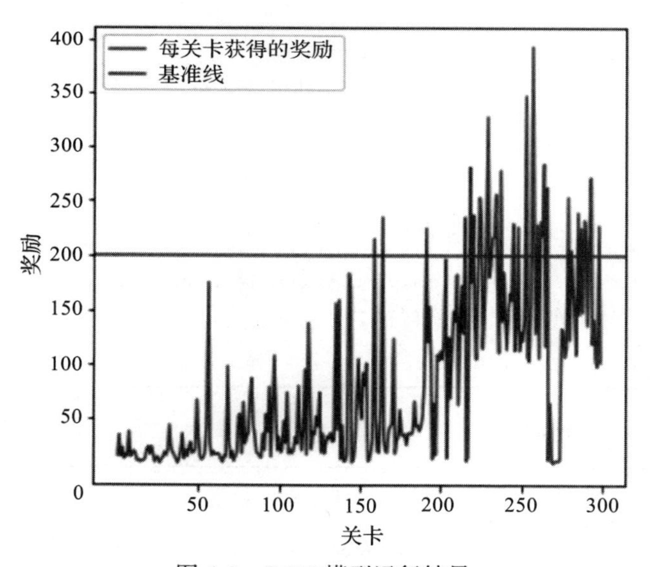

图 4-3　DQN 模型运行结果

使用训练好的 DQN 模型进行测试，代码如下。

```
state = env.reset()
done = False
while not done:
    env.render()
    q_values=model(state)
    action = torch.argmax(q_values).item()
```

```
    new_state, reward, done, _ = env.step(action)
    state = new_state
    if done:
        break
```

4.3.4 Policy Gradient 算法

在强化学习中，智能体需要学习如何在与环境交互的过程中采取最优的行动来达到目标。Policy Gradient 是一种用于训练智能体策略的算法，其核心思想是通过优化智能体的策略，来最大化智能体所获得的奖励。具体而言，智能体的策略通常是一个函数，用于将当前的状态映射到一个行动概率分布中。

Policy Gradient 算法的目标是通过迭代优化策略函数，使智能体的策略在每个状态下采取的行动能够最大化期望奖励。在每次交互过程中，智能体会记录所获得的奖励和采取的行动，然后使用这些信息来计算当前策略的梯度，并更新策略函数。通过反复迭代策略函数，最终得到最优策略，从而实现智能体的学习和决策。我们通过图 4-4 来简单了解 Policy Gradient 算法的流程。

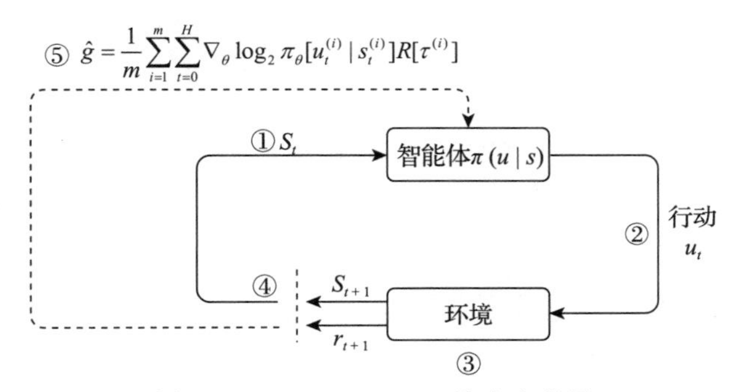

图 4-4　Policy Gradient 算法流程图

第一步：智能体观察环境的状态 S_t。

第二步：智能体基于自己的本能（策略 π）在状态 S_t 下采取行动 u_t。

第三步：智能体行动后形成了一个新的环境状态 S_{t+1}。

第四步：智能体根据观察到的状态采取进一步的行动。

第五步：在一系列动作轨迹 τ 之后，智能体会根据获得的总奖励 $R(\tau)$ 来优化自身策略参数。

具体来讲，我们有一个随机策略 π，其具有参数 θ。对于给定的状态，这个 π 会输出一个动作的概率分布，计算公式如下。

$$\pi_\theta(s) = \mathbb{P}[A \mid s ; \theta]$$

我们无法得知我们的策略有多好，因此需要一个测量方法。对于一个目标函数 $J(\theta)$，目标函数给出了智能体在给定轨迹（动作和状态的序列）下的表现。

在强化学习中，折扣回报是指智能体在环境中执行一系列动作所获得的累计奖励。强化学习的目标是让智能体通过与环境的交互，学习如何在不同状态下采取最佳的动作，使得回报最大化。

下面我们使用 CartPole 场景演示 Policy Gradient 算法。

定义策略网络，代码如下。

```
class Policy(nn.Module):
    def __init__(self, s_size, a_size, h_size):
        super(Policy, self).__init__()
        self.fc1 = nn.Linear(s_size, h_size)
        self.fc2 = nn.Linear(h_size, a_size)
        self.saved_log_probs=[]

    def forward(self, x):
        x = F.relu(self.fc1(x))
        x = self.fc2(x)
        return F.softmax(x, dim=1)

    def act(self, state):
        state = torch.from_numpy(state).float().unsqueeze(0)
        probs = self.forward(state)
        m = Categorical(probs)
        action = m.sample()
        self.saved_log_probs.append(m.log_prob(action))
        return action.item(), m.log_prob(action)
```

网络训练，代码如下。

```
def reinforce(policy, optimizer, n_training_episodes, max_t, gamma, print_every):
    scores_deque = deque(maxlen=100)
    scores = []
    for i_episode in range(1, n_training_episodes+1):
        saved_log_probs = []
        rewards = []
        state = env.reset()
        for t in range(max_t):
            action, log_prob = policy.act(state)
            saved_log_probs.append(log_prob)
            state, reward, done, _ = env.step(action)
            rewards.append(reward)
            if done:
                break
        scores_deque.append(sum(rewards))
        scores.append(sum(rewards))

        returns = deque(maxlen=max_t)
        n_steps = len(rewards)
```

```
        for t in range(n_steps)[::-1]:
            disc_return_t = (returns[0] if len(returns)>0 else 0)
            returns.appendleft( gamma*disc_return_t + rewards[t]   )
        eps = np.finfo(np.float32).eps.item()
        returns = torch.tensor(returns)
        returns = (returns - returns.mean()) / (returns.std() + eps)
        policy_loss = []
        for log_prob, disc_return in zip(saved_log_probs, returns):
            policy_loss.append(-log_prob * disc_return)
        policy_loss = torch.cat(policy_loss).sum()
        optimizer.zero_grad()
        policy_loss.backward()
        optimizer.step()
        if i_episode % print_every == 0:
            print('Episode {}\tAverage Score: {:.2f}'.format(i_episode, np.mean(scores_
                deque)))
    return scores
```

测试模型的训练效果，代码如下。

```
state = env.reset()
done = False
while not done:
    env.render()
    action,_ = cartpole_policy.act(state)
    new_state, reward, done, _ = env.step(action)
    state = new_state
    if done:
        break
env.close()
```

4.3.5　Actor-Critic 算法

Actor-Critic（AC）是一种强化学习算法，结合策略优化和值函数估计两个方面的学习，提高模型的学习效率和稳定性。

在 AC 算法中，策略优化负责学习如何选择动作，值函数估计则负责评估当前策略的价值，并根据评估结果来指导策略优化的动作选择。策略优化和值函数估计通常由神经网络实现。

具体地，AC 算法通过以下步骤来训练策略和值函数。

第一步：根据当前策略和状态选择动作，并执行该动作以获得奖励和下一个状态。

第二步：根据当前状态和动作，估计当前策略下的价值，并计算当前状态的价值函数。

第三步：使用当前状态和动作的奖励以及上一步估计的价值来更新策略，使得策略能够更好地选择动作。

第四步：使用当前状态的奖励以及下一个状态的价值来更新价值函数，以更准确地估计当前策略的价值。

以上过程不断重复，直到策略和值函数达到收敛，实现代码如下。

```
import gym
import torch
import torch.nn as nn
import torch.optim as optim
import torch.nn.functional as F
from torch.distributions import Categorical

# 定义 Actor 网络
class ActorNet(nn.Module):
    def __init__(self, input_dim, output_dim):
        super(ActorNet, self).__init__()
        self.fc1 = nn.Linear(input_dim, 128)
        self.fc2 = nn.Linear(128, output_dim)

    def forward(self, x):
        x = F.relu(self.fc1(x))
        x = F.softmax(self.fc2(x), dim=-1)
        return x

# 定义 Critic 网络
class CriticNet(nn.Module):
    def __init__(self, input_dim):
        super(CriticNet, self).__init__()
        self.fc1 = nn.Linear(input_dim, 128)
        self.fc2 = nn.Linear(128, 1)

    def forward(self, x):
        x = F.relu(self.fc1(x))
        x = self.fc2(x)
        return x

# 定义 Actor-Critic 算法
class ACAgent:
    def __init__(self, env):
        self.env = env
        self.obs_dim = env.observation_space.shape[0]
        self.act_dim = env.action_space.n

        self.actor_net = ActorNet(self.obs_dim, self.act_dim)
        self.critic_net = CriticNet(self.obs_dim)

        self.actor_optimizer = optim.Adam(self.actor_net.parameters(), lr=0.001)
        self.critic_optimizer = optim.Adam(self.critic_net.parameters(), lr=0.01)

    def act(self, obs):
        obs = torch.FloatTensor(obs).unsqueeze(0)
        action_prob = self.actor_net(obs)
```

```
        dist = Categorical(action_prob)
        action = dist.sample()
        return action.item()

    def learn(self, obs, action, reward, next_obs, done):
        obs = torch.FloatTensor(obs).unsqueeze(0)
        next_obs = torch.FloatTensor(next_obs).unsqueeze(0)
        reward = torch.FloatTensor([reward])
        done = torch.FloatTensor([done])
        action = torch.LongTensor([action])

        with torch.no_grad():
            next_state_value = self.critic_net(next_obs)
            td_target = reward + (1 - done) * next_state_value

        state_value = self.critic_net(obs)
        td_error = td_target - state_value

        self.critic_optimizer.zero_grad()
        critic_loss = td_error.pow(2).mean()
        critic_loss.backward()
        self.critic_optimizer.step()

        self.actor_optimizer.zero_grad()
        action_prob = self.actor_net(obs)
        dist = Categorical(action_prob)
        log_prob = dist.log_prob(action)
        actor_loss = -log_prob * td_error.detach()
        actor_loss.backward()
        self.actor_optimizer.step()

# 训练模型
env = gym.make('CartPole-v1')
agent = ACAgent(env)

for i_episode in range(100):
    obs = env.reset()
    episode_reward = 0
    done = False
    while not done:
        action = agent.act(obs)
        next_obs, reward, done, info = env.step(action)
        agent.learn(obs, action, reward, next_obs, done)
        obs = next_obs
        episode_reward +=reward
    if i_episode % 100 == 0:
            print("Episode: {}, Score: {}".format(i_episode, episode_reward))
```

4.4 本章小结

本章首先介绍了机器学习的分类，包括有监督学习、无监督学习和强化学习的概念和示例。然后通过示例介绍了强化学习的仿真环境 OpenAI Gym 的使用方法。最后介绍了几种基础的强化学习算法。

CHAPTER 5

第5章

提示学习与大型语言模型的涌现

星星之火，可以燎原。

——《尚书》

ChatGPT 模型发布后，因其流畅的对话表达、极强的上下文存储、丰富的知识创作及全面解决问题的能力而风靡全球，刷新了大众对人工智能的认知。提示学习（Prompt Learning)、上下文学习（In-Context Learning，ICL)、思维链（Chain of Thought，CoT）等概念也随之进入大众视野。市面上甚至出现了提示工程师这个职业，专门为指定任务编写提示模板。

提示学习被广大学者认为是自然语言处理在特征工程、深度学习、预训练 + 微调之后的第四范式。随着语言模型的参数不断增加，模型也涌现了上下文学习、思维链等能力，在不训练语言模型参数的前提下，仅通过几个演示示例就可以在很多自然语言处理任务上取得较好的成绩。

本章主要介绍提示学习、上下文学习、思维链的相关概念，并结合情感分析任务，带领读者进行基于提示学习的文本情感分析实战。

5.1 提示学习

在大型语言模型时代，提示学习已经成为新的训练范式，通过缩短预训练模型与下游任务之间的差距，可以深度挖掘原有模型的能力，并在下游任务上取得更大的优势。提示学习在处理少样本或者零样本时也表现得更加优秀。本节主要介绍提示学习的概念、如何在下游任务中使用提示学习，以及如何提升提示学习的效果。

5.1.1 什么是提示学习

自 BERT 等预训练语言模型出现以来，预训练 + 微调的范式在自然语言任务上取得了十分优异的成绩。但是，预训练 + 微调的范式主要是让预训练语言模型去适配下游任务，通过引入下游任务的损失，让模型在具体任务上继续训练，以便在下游任务上取得较好的成绩。在这个过程中，语言模型会遗忘预训练过程中学到的知识，造成模型泛化性和鲁棒性的丢失，仅能保留某个任务或者某个数据的信息。而且随着语言模型逐渐变大，模型本身已经存储了大量的知识，因为具体的下游任务微调导致原本模型能力丧失，是大家不愿意见到的。

因此，预训练 + 提示 + 预测（Pre-train+Prompt+Predict）的范式成为大型语言模型的主流使用模法。该模式让下游任务去适配预训练语言模型，通过对下游任务的重构，让下游任务符合模型预训练过程，消除预训练任务与下游任务之间的差异，使得下游任务在少样本甚至零样本上可以获得较好的成绩，提高模型的泛化性和鲁棒性。

具体而言，提示学习是在原始输入文本上附加额外的提示信息作为新的输入，将下游的预测任务转化为语言模型任务，并将语言模型的预测结果转化为原本下游任务的预测结果。以情感分析任务为例，原始任务是根据给定的输入文本“我爱中国”，判断该段文本的情感极性。提示学习则是在原始输入文本“我爱中国”上增加额外的提示模板，例如：“这句话的情感为 {mask}。”得到新的输入文本“我爱中国。这句话的情感为 {mask}。”然后利用语言模型的掩码语言模型任务，针对 {mask} 标记进行预测，再将其预测出的 Token 映射到情感极性标签上，最终实现情感极性预测。

提示学习在进行下游任务时，一般包含如下步骤。

第一步：根据不同的下游任务，选择合适的预训练语言模型。

第二步：根据不同的下游任务，对输入文本选择适合的提示模板。选择提示模板的过程中，需要考虑提示模板的内容、提示模板的位置等因素。

第三步：由于语言模型的输出是词表中的字词，与下游任务的真实标签不匹配，因此需要根据不同的下游任务，指定不同的关系映射，也被称为答案空间映射（Answer Space Verbalizer）。

第四步：根据不同的下游任务，选择不同的训练策略，例如增加额外参数训练、全量参数训练等。而训练策略往往与下游任务的数据规模（零样本、小样本和全量样本）和效果息息相关。

关于语言模型预训练的相关内容详见第 3 章。下面重点介绍如何对提示模板进行设计、如何构建答案空间映射以及如何融合提示学习。

5.1.2 提示模板设计

提示模板主要包含完形填空型提示（Cloze Prompt）和前缀续写型提示（Prefix Prompt）

两种格式，如表 5-1 所示。一般来说，选择哪一种格式的提示模板取决于要解决的下游任务以及采用的预训练语言模型。当生成相关的任务（如文本摘要、对话生成），或者使用标准自回归语言模型（如 GPT 系列模型）时，采用前缀续写型提示模板的效果更好。对于采用掩码语言模型（如 BERT 模型）的下游任务，完形填空型提示模板更为适合。对于以文本损害再建为预训练目标的语言模型（如 BART 模型）来说，完形填空型提示模板和前缀续写型提示模板可以一起使用。

表 5-1　完形填空型提示模板和前缀续写型提示模板的输入输出示例

模板格式	任　务	输　入	输　出
完形填空型	情感分析	{mask} 满意。这个杯子收到的时候就碎了。	不
	意图分类	这句话的想表达 {mask}{mask} 方面的内容。我家冰箱总是会嗡嗡作响。	维修
	文本匹配	我想去海边玩。我想去海边转一转。两句话的语义 {mask} 同。	相
前缀续写型	文本摘要	正文：新型冠状病毒肺炎，简称“新冠肺炎”，世界卫生组织命名为“2019 冠状病毒病”，……。摘要：	新型冠状病毒肺炎简称新冠肺炎，即 COVID-19。
	机器翻译	我爱你。翻译成英文：	I Love You.
	文本续写	继续写内容：今天是个	好日子，心想的事儿都能成。

对于提示模板来说，最简单和最直接的方式就是人工编写，根据不同任务和模板格式编写不同的提示模板。但人工编写的方法过于依赖人的经验、背景知识，并且需要很多实验来验证提示模板的效果，有时即便是经验丰富的设计者也很难手动设计最佳的提示模板，那么自动构建提示模板就显得尤为重要。目前自动构建提示模板的方法主要包括离散型提示模板的自动构建和连续型提示模板的自动构建。

离散型提示模板的自动构建是指自动搜索离散空间中描述的模板，一般由自然语言组成，主要方法如下。

- 提示挖掘（Prompt Mining）：在给定训练数据的前提下，根据数据中的输入和输出从大型文本语料库中自动发现提示模板。具体来说，就是找到输入和输出中频繁出现的中间词或者依赖路径，将这些中间词和依赖路径作为最终的提示模板。
- 提示释义（Prompt Paraphrasing）：首先将已有的提示模板（人工构建或挖掘的提示模板）释义成一组候选提示模板，然后选择在下游任务中精度最高的提示模板。释义的方法主要包括将提示翻译成其他语言再翻译回来、用同义词或同义短语替换、模型重写等。
- 梯度下降搜索（Gradient-based Search）：在词表中选择多个词语组成提示模板，对提示中的每个词进行替换，通过梯度下降的方式搜索并找到每个位置均对模型影响较大的词语，组成提示模板。

- 提示生成（Prompt Generation）：将提示模板的构建视作标准的自然语言生成任务，通过模型生成提示模板的内容。
- 提示打分（Prompt Scoring）：对于手工构造的一组提示模板，填充输入和输出内容，再通过单向语言模型对这些填充过的提示模板进行评分，选择语言模型概率最高的一个作为模板内容。将每个单独的输入生成自定义的提示模板的内容。

连续型提示模板的自动构建是让提示模板不在拘泥于人类可解释的自然语言，只要机器可以直接理解的，对语言模型执行下游任务有益即可。因此连续型提示模板放宽了提示模板的词嵌入是自然语言词嵌入的约束，模板可以具有自己独立的参数，根据下游任务的训练数据来自动调整，主要方法如下。

- 前缀调优（Prefix Tuning）：在输入内容前增加一串连续的向量，也可以理解为在原始文本进行词嵌入之后，在前面拼接上一个前缀矩阵，或将前缀矩阵拼在模型每一层的输入前，在保持原有语言模型参数不变的情况下，仅对前缀矩阵的参数进行训练，以获得适合特定下游任务的前缀提示，例如Prefix-Tuning模型、P-Tuning模型、P-Tuning-V2模型等。
- 离散提示初始化调优（Tuning Initialized with Discrete Prompts）：将离散型提示内容对连续型提示内容的虚拟化标记进行初始化，可以为连续型提示内容的训练提供一个较好的初始化起点，提高模型收敛效率以及连续型提示模板的效果。
- 软硬提示混合调优（Hard-Soft Prompt Hybrid Tuning）：将一些可调的词嵌入内容插入的人工提示模板中，增强生成模板的能力。

5.1.3　答案空间映射设计

在提示学习中，提示模板的内容进入模型后输出的答案格式可以是字词型、短语型和句子型。字词型的答案为语言模型词表中的一个标记，短语型的答案为一个连续的文本片段，句子型的答案为句子内容或者文档内容。通常字词型和短语型的答案与完形填空型提示模板一起使用，主要解决分类任务、关系抽取任务、实体识别任务等。而句子型的答案与前缀续写型提示模板一起使用，主要解决生成式任务，例如文本摘要任务、机器翻译任务、对话生成任务等。

由于生成的答案内容可能与原始标签内容不匹配，为了使模型可以预测出真实的标签内容，需要将模型输出的答案选择空间与真实输出空间进行映射，获取最终输出结果。答案空间映射最简单的方法就是人工构建。对于文本生成任务来说，一般生成的答案空间与原始结果的空间是一致的，因此无需进行答案空间映射，或者说无约束空间。而对于标签有限的任务来说，就需要对模型输出结果进行空间约束了。

以情感分析为例，可以将一些正向情感的词语（很、好、非常等）映射为正向标签，一些负向情感的词语（不、差等）映射为负向标签。当对文本“{mask}满意。南京是个历史悠久的城市！”进行情感分析时，假设模型预测{mask}位置的单词为“很”的概率为80%，“好”的概率为70%，“非常”的概率为60%，“不”的概率为50%，“差”的概率为10%，则认为该输入的模型预测标签为“很”，通过答案空间映射获取该文本的情感极性为“正向”。

与人工编写提示模板一样，人工编写答案空间映射也会导致模型的最终效果达不到最优且依赖于人的经验和背景知识等，因此自动创建答案空间映射就显得尤为重要。自动创建答案空间映射主要包含离散型和连续型，其中离散型答案空间映射的自动构建方法如下。

- 答案释义（Answer Paraphrasing）：将原始答案空间映射中的答案词语进行释义，对原始答案空间映射进行扩充，扩大其覆盖范围。
- 裁剪后搜索（Prune-then-Search）：对一个随机构建的答案空间进行不断的裁剪和模型搜索比较，获取最终的答案空间。
- 标签分解（Label Decomposition）：将标签词内容进行分解，拆解成多个字词，将其作为模型预测的答案空间。例如，将关系分类中的“人 – 出生 – 地点”标签，分解成 {“人”、“出生”、“地点”} 答案空间。

连续型的答案空间映射自动构建的方法较少，主要是将类别标签初始化为可学习的向量，与模型输出拼接，从而得到预测结果，例如 WARP（Word-level Adversarial ReProgramming，词级别对抗重编程）方法。

5.1.4　多提示学习方法

在提示学习中，不同的提示模板内容会导致模型在预测阶段存在波动。在解决复杂任务时，无法很好地构建单个提示模板。因此，可以通过多个提示来进一步提高提示学习方法的有效性，主要包括提示集成（Prompt Ensembling）、提示增强（Prompt Augmentation）、提示组合（Prompt Composition）和提示分解（Prompt Decomposition），如图 5-1 所示。

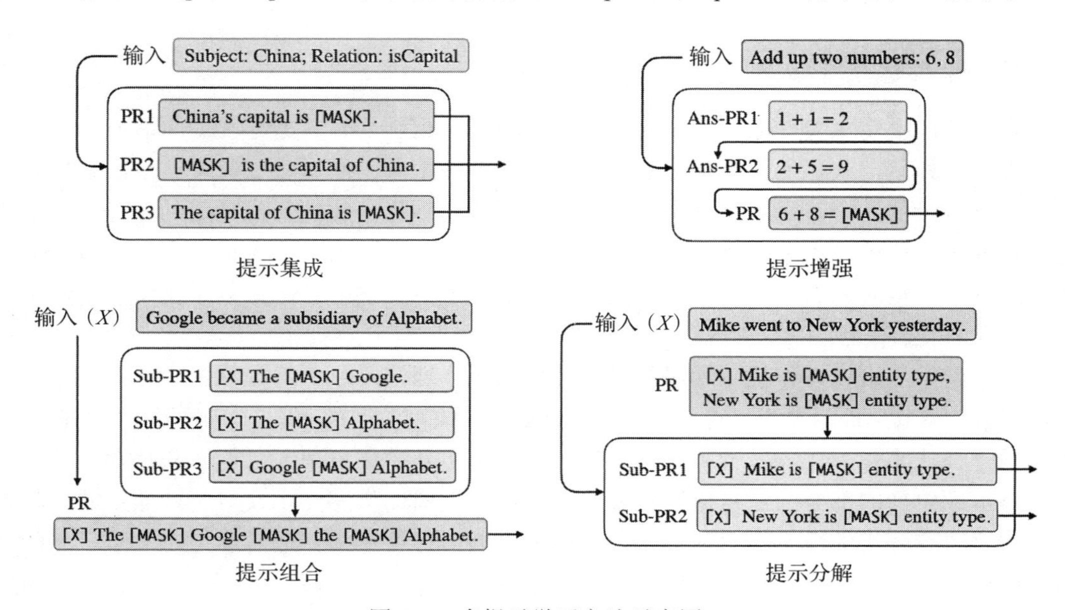

图 5-1　多提示学习方法示意图

提示集成是在模型进行推理时，使用多个不同的提示模板作为输入。这样可以利用不同的提示内容，达到互补的作用。同时，在提示集成的过程中，无须选择最优模板，从而减轻了人工构建最优提示模板的成本。此外，还提高了下游任务的稳定性。集成方式也是多种多样的，包括一致性平均法，对来自不同提示内容的答案概率求平均值；加权平均法，对来自不同提示内容的答案概率进行加权平均；投票法，对于答案标签进行投票，选择票数多的答案。

提示增强是在提示模板中增加一些演示示例，使得模型可以根据已有的演示样例进行学习。对于上下文学习和思维链，在模型推理过程中演示示例的添加是至关重要的。演示示例的选择和排序也是研究的重点。

提示组合是将多个简单的提示模板融合成一个复杂的提示模板。主要应用在关系抽取任务中将实体识别和关系抽取两个子任务进行融合。

提示分解是将一个复杂的提示模板分解成多个简单的子提示模板。主要应用在实体抽取任务，将原始文本进行拆分，构建多个提示内容进行实体类别预测。

5.2　上下文学习

大型模型的参数量巨大，微调模型是一项非常困难的任务。上下文学习通过几个演示示例，在不进行微调的情况下提高模型效果，从而解决了大型模型微调难度大的问题。本节将介绍上下文学习的概念、如何在训练阶段提示上下文学习能力，以及如何在推理阶段优化上下文学习的效果。

5.2.1　什么是上下文学习

自从 GPT-3 等大型语言模型崛起，上下文学习（也被称作情景学习）渐渐成为自然语言处理的一种新范式。上下文学习能够在不进行模型微调的同时，仅通过给定的自然语言指示和任务上的几个演示示例，预测真实测试示例的结果，从而完成指定的任务。它的目的主要是更好地挖掘大型语言模型自身的能力，避免少量数据微调大型语言模型带来的一系列问题。大量研究表明，大型语言模型可以通过上下文学习解决像数学推理、逻辑推理等一系列的复杂任务。

上下文学习可以看作提示学习的一种特殊情况，即演示示例看作提示学习中人工编写提示模板（离散型提示模板）的一部分，并且不进行模型参数的更新。上下文学习的核心思想是通过类比来学习。如图 5-2 所示，对于一个情感分类任务来说，首先从已存在的情感分析样本库中抽取部分演示示例，包含一些正向或负向的情感文本及对应标签；然后将其演示示例与待分析的情感文本进行拼接，送入大型语言模型中；最后通过对演示示例的学习类比得出文本的情感极性。这种学习方法也更加贴近人类学习后进行决策的过程，通过观察别人对某些事件的处理方法，当自己遇到相同或类似事件时，可以轻松并很好地解决。

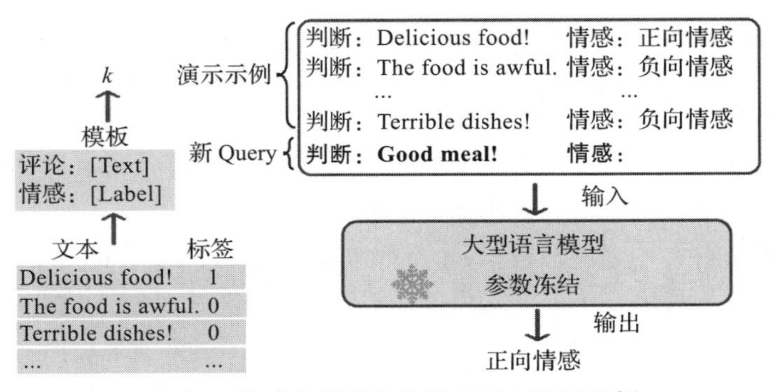

图 5-2　情感分类任务上的上下文学习示例

目前，大型语言模型的训练数据基本上是从网络中获取的。对于某些特定领域来说，大型语言模型的效果可能达不到用户的预期。如果直接对大型语言模型进行微调优化，那么可能需要大量的领域数据以及训练资源。此外，微调之后可能会导致模型出现断崖式遗忘的现象，使模型丧失原有的能力。然而，很多大型语言模型也仅以 API 的形式开放，即使用户有大量的领域数据，也无法对其底层进行操作。上下文学习可以很好地提高模型的适配能力，降低模型适配成本，利用有限的资源发挥数据的最大价值。

在演示示例与新的问题的组合过程中，往往会增加一些额外的自然语言表达，使得输入模型的提示内容更加流畅或更具有逻辑性，以便模型发挥出更好的效果。通过更改演示示例和模板内容，可以将新的知识有效地融入大型语言模型，从而更快、更简单地更新模型。对于上下文学习来说，不同演示示例的选择在很大程度上会影响模型的推理结果。

大型语言模型的上下文能力主要依赖两个阶段：模型在预训练阶段对上下文能力的培育和模型在推理阶段对指定任务演示的预测。5.2.2 节、5.2.3 节将重点介绍如何在预训练中提升模型的上下文学习能力，以及在现有大型语言模型的基础上如何将上下文学习发挥到极致。

5.2.2　预训练阶段提升上下文学习能力

对于大型语言模型来说，虽然模型具有一定的上下文学习能力，但模型在预训练阶段并没有将上下文学习作为语言模型的建模目标，那么如何在模型进行上下文推理前提升模型上下文学习的能力呢？

在模型预训练之后和模型推理之前，可以增加额外的训练过程，在训练过程中将上下文学习作为训练目标，以获取更好的上下文学习能力，一般也称之为模型预热（Model Warmup）。与微调不同，模型预热的目的不是通过训练大型语言模型解决特定的下游子任务，而是增强模型的整体上下文学习能力。模型预热主要分为有监督上下文训练（Supervised In-Context Training）和自监督上下文训练（Self-supervised In-Context Training）。

有监督上下文训练可以通过将有监督数据转化为上下文学习格式的数据进行模型训练。

以 MetaICL（Meta-training for In-Context Learning）方法为例，通过多任务的元学习来增加模型上下文学习的能力，消除模型预训练和后续上下文学习使用之间的差距。主要流程如下。

第一步：准备大量的多种元学习任务。

第二步：从已准备的元学习任务中随机抽取一个任务。

第三步：从被选任务中随机抽取 $k+1$ 个样本 $(x_1, y_1), \cdots, (x_{k+1}, y_{k+1})$。

第四步：将前 k 个样本作为上下文内容，与第 $k+1$ 个样本的 x_{k+1} 进行拼接，预测 y_{k+1} 的内容，模拟模型的上下文推理过程。

有监督上下文训练也可以通过有监督数据构建更加丰富的指令进行微调。以 FLAN（Finetuned LAnguage Net）方法为例，在多种任务中的监督数据上增加明显的指令内容，再进行模型微调，提高语言模型零样本学习的能力，激发模型的理解能力，同时也提高了模型上下文学习的能力。

自监督上下文训练是通过将无监督数据自动转换为 ICL 格式数据后进行模型训练。无监督数据可以通过下一句生成（Next Sentence Generation，NSG）任务、掩码词预测（Masked Word Prediction，MWP）任务、最后短语预测（Last Phrase Prediction，LPP）任务和分类（CLassification，CL）任务来构建自监督学习数据。

如图 5-3 所示，对于 NSG 任务，模型在给定前面的句子作为上下文内容的情况下，生成下一个句子内容。对于 MWP 任务，用特殊符号随机替换原始文本中的词语，模型预测输入中特殊符号位置被掩蔽的真实内容。对于 LPP 任务，可以将原始文本最后的短语作为模型待生成的内容，前面所有内容作为上下文；也可以在文本最后一句内容的开始前增加“问题”标记，最后的短语内容前增加“答案”标记，可以对原始短语内容进行替换或保持原状，然后判断最后短语的内容是否为真实内容。对于 CL 任务，将原始文本的最后一句话进行替换或保持不变，模型判断最后一句话的内容与原文保持一致。

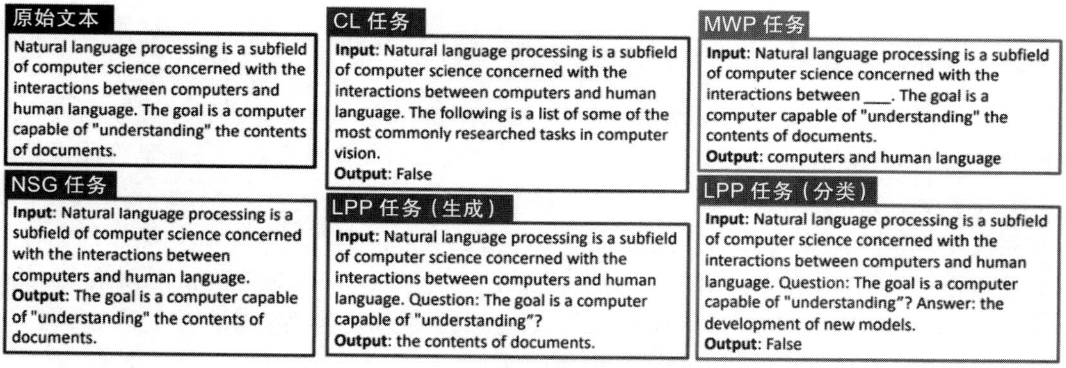

原始文本

Natural language processing is a subfield of computer science concerned with the interactions between computers and human language. The goal is a computer capable of "understanding" the contents of documents.

NSG 任务

Input: Natural language processing is a subfield of computer science concerned with the interactions between computers and human language.
Output: The goal is a computer capable of "understanding" the contents of documents.

CL 任务

Input: Natural language processing is a subfield of computer science concerned with the interactions between computers and human language. The following is a list of some of the most commonly researched tasks in computer vision.
Output: False

LPP 任务（生成）

Input: Natural language processing is a subfield of computer science concerned with the interactions between computers and human language. Question: The goal is a computer capable of "understanding"?
Output: the contents of documents.

MWP 任务

Input: Natural language processing is a subfield of computer science concerned with the interactions between ___. The goal is a computer capable of "understanding" the contents of documents.
Output: computers and human language

LPP 任务（分类）

Input: Natural language processing is a subfield of computer science concerned with the interactions between computers and human language. Question: The goal is a computer capable of "understanding"? Answer: the development of new models.
Output: False

图 5-3　无监督数据转换为 ICL 格式数据示例

自监督上下文的训练过程需要构建多个连续自监督数据样本，将内容进行拼接，并输入到模型中进行训练微调。对于输入偏后的样本，可以将其前面的样本视为上下文内容。这种方法可以在无标注数据的情况下提高模型的上下文学习能力，如图 5-4 所示。

输入：Natural language processing is...<新一行> 输出：... the contents of documents. <新一行> 输入：Computer vision deals with ... <新一行> 输出：... visual system. <新一行>

第一个示例　　第二个示例

图 5-4　自监督上下文训练样本构造示例

对于模型预热方法，无论监督训练还是自监督训练，都是通过引入上下文学习目标，缩小原始预训练目标与上下文推理之间的差距，更新模型参数来提高上下文学习的能力。随着训练数据的增加，模型预热所带来的性能提升会达到一个平台期。大型语言模型在模型热身阶段只需要少量的数据就能适应从上下文中学习。因此，尽管上下文学习没有严格要求模型预热，但在上下文推断之前增加一个预热阶段可以有效提高模型的最终效果，是一个有意义的工作。

5.2.3 推理阶段优化上下文学习的效果

由于模型进行上下文学习时，对原始模型没有进行模型参数的更新，那么如何在已有的大型语言模型的基础上将上下文学习发挥到极致呢？模型的上下文学习能力十分依赖演示示例的设计（Demonstration Designing）和结果获取的打分函数（Scoring Function）。

演示的设计策略可以分为演示的组织方式（Demonstration Organization）和演示的格式（Demonstration Formatting）。其中，演示的组织方式主要是从样本库中选取最优的演示样例，也就是选取模型进行上下文推理时的样例，以及对选取的演示样例进行排序，也就是选择演示样例的最优排序组合进而构成上下文内容。

最优演示样例的选择可以从无监督和有监督两个方面入手。无监督方法可以通过预先定义的指标来选择与所预测内容相似的演示样例，指标包括欧式距离、余弦相相似距离、互信息、困惑度等。

考虑到演示样例的多样性以提高模型的泛化能力，还可以从不同种类的演示库中选择演示样例。当不存在样本库时，可以通过大型语言模型生成一些与预测内容相似的演示样例，但如何生成质量较高的演示样例仍然是一个需要解决的难题。有监督方法可以通过训练监督模型来进行演示样例的筛选，先通过无监督检索器筛选出与训练集样本相似的样例，构建候选集合，再用每个候选演示样例与预测文本构建提示模板，通过模型获取输出概率，根据概率值标记候选集合中每个样例的正负标签，最后根据有标签数据训练一个密集检索器，用于推理阶段筛选演示样本。也可以利用强化学习的思想，将演示样例的选择看作序列决策任务，行为是选择一个演示样例，奖励是验证集准确率，训练一个强化模型来选择最优演示样例。

最优演示样例的排序一般采用无监督训练的方法来进行排序，例如根据与预测文本的相对距离来进行演示样例的排序，越相似的演示样例距离预测文本越近。根据演示样例与预测文本组合后的信息熵来决定演示样例的排序，选择熵值最大的排序。排列的搜索空间大小为样本个数的阶乘，如何高效地找到最优排序或更好地逼近最优排序也是一个具有挑战的问题。

演示的格式主要是将演示样例与预测文本更好地串联起来。一般情况下仅需简单拼接即可，但在一些需要复杂推理的任务中，简单拼接往往是不够的。常见的演示格式包括指令格式和推理步骤格式。

指令格式主要通过准确描述任务的自然语言指令将演示样例与预测文本进行有机的组合，使模型可以更精准地获取用户意图信息，提高上下文推理能力。目前任务指令主要依赖人工编写，也有一些方法通过大型语言模型自动生成指令描述，再对生成指令进行自动选择。

推理步骤格式主要解决更加复杂的推理任务，在输入输出之间增加显示的推理步骤（例如思维链）构造演示示例，从而激发模型的推理能力，在输出结果的过程中，不仅返回推理答案，也将推理依据和步骤一并返回。推理步骤内容可以利用大型语言模型本身的能力，增加"让我们一步一步来考虑"等指令自动生成，也可以将复杂问题拆分成多个子问题进行逐个解答。

评分函数用于估计将大型语言模型的预测转换为对特定答案的可能性。评分函数一般分为直接评估法、困惑度评估法和通道评估法。直接评估法是直接根据候选答案的条件概率值从语言模型的词表中获取答案。困惑度评估法是通过计算输入文本与候选答案之间的困惑度指标来选择答案内容。由于困惑度是评估整个句子的概率，消除了文本位置限制，但需要额外的计算成本。通道评估法利用通道模型逆向计算条件概率值，来选择答案内容。

5.3　思维链

在大型语言模型风靡的时代，思维链彻底改变了自然语言处理的模式。随着模型参数的增加，例如情感分析、主题分类等系统 -1 任务（人类可以快速直观地完成的任务），即使在少样本和零样本条件下也可以获得较好的效果。但对于系统 -2 任务（人类需要缓慢且深思熟虑的思考才能完成的任务），例如逻辑推理、数学推理和常识推理等任务，即使模型参数增加到数千亿，效果也并不理想。也就是说，简单地增加模型参数量并不能给性能带来实质性的提升。

Google 于 2022 年提出了思维链的概念，用于提高大型语言模型执行各种推理任务的能力。思维链本质上是一种离散式的提示模板，旨在通过提示模板使得大型语言模型可以模仿人类思考的过程，给出逐步的推理依据，并推导出最终的答案，而每一步的推理依据组成的句子集合就是思维链的内容。思维链其实是帮助大型语言模型将一个多步问题分解为多个可以被单独解答的中间步骤，而不是在一次向前传递中解决整个多跳问题。

如图 5-5 所示，思维链提示模板与标准的提示模板的差别就是在上下文学习时，给出的演示样例不仅包括问题和答案，还包括推理依据，并且在大型语言模型预测过程中，并非直接给出答案结果，而是先给出问题对应的解题步骤，再推导出答案内容。思维链类似于一个解决方案，捕捉模型推理的一步步思考逻辑，以找到答案。数学推理、逻辑推理和常识推理中思维链的演示示例如表 5-2 所示。

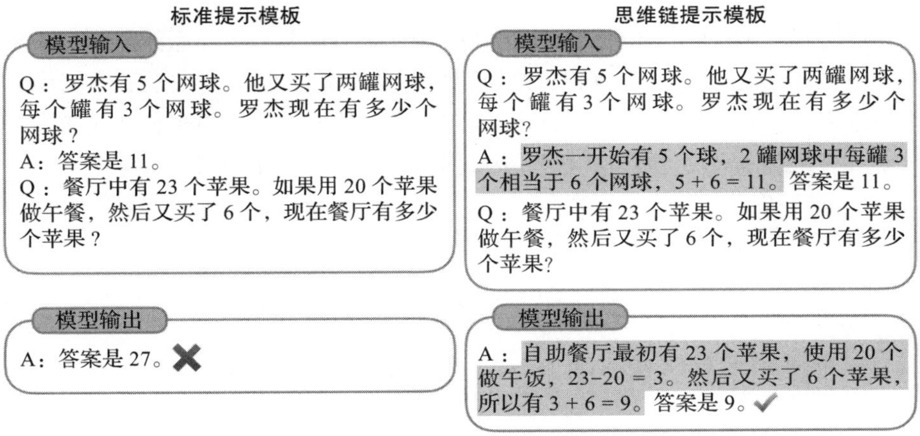

标准提示模板

模型输入

Q：罗杰有 5 个网球。他又买了两罐网球，每个罐有 3 个网球。罗杰现在有多少个网球？
A：答案是 11。
Q：餐厅中有 23 个苹果。如果用 20 个苹果做午餐，然后又买了 6 个，现在餐厅有多少个苹果？

模型输出

A：答案是 27。✗

思维链提示模板

模型输入

Q：罗杰有 5 个网球。他又买了两罐网球，每个罐有 3 个网球。罗杰现在有多少个网球？
A：罗杰一开始有 5 个球，2 罐网球中每罐 3 个相当于 6 个网球，5 + 6 = 11。答案是 11。
Q：餐厅中有 23 个苹果。如果用 20 个苹果做午餐，然后又买了 6 个，现在餐厅有多少个苹果？

模型输出

A：自助餐厅最初有 23 个苹果，使用 20 个做午饭，23−20 = 3。然后又买了 6 个苹果，所以有 3 + 6 = 9。答案是 9。✓

图 5-5　标准提示模板与思维链提示模板解决数学应用题的对比

表 5-2　各种推理任务中思维链的演示示例

任　务	问　题	思维链	答　案
数学推理	树林中原来有 15 棵树，工人们在今天完成植树时，树林里有 21 棵树。请问果园工人今天中了多少棵树？	原来有 15 棵树。后来又种了一些，总共有 21 棵树。所以种植树的数目为 21−15 = 6 棵	答案是 6
	如果停车场里有 3 辆车，又来了 2 辆，停车场里有多少辆车？	一开始有 3 辆车。又来了两辆车。所以停车场里有 3 + 2 = 5 辆	答案是 5
	利亚有 32 块巧克力，她妹妹有 42 块。如果她们吃了 35 块，她们总共还剩下多少块？	最初，利亚有 32 块巧克力。她妹妹有 42 块。所以她们总共有 32 + 42 = 74 块。吃了 35 块后，她们还剩 74−35 = 39 块	答案是 39
逻辑推理	把“Elon Musk”这两个单词的最后一个字母连起来	Elon 的最后一个字母是 n。Musk 的最后一个字母是 k。把它们连起来就是“nk”	答案是 nk
常识推理	Brooke Shields 能否在宾夕法尼亚大学取得成功？	Brooke Shields 毕业于普林斯顿大学。普林斯顿大学在学术上的严谨程度不亚于宾夕法尼亚大学。因此，Brooke Shields 也可以在宾夕法尼亚大学取得成功	答案是可以
	是或否：一只美洲驼能在越南战争（1945−1946 年）期间生育两次吗？	越南战争持续了 6 个月。美洲驼的妊娠期是 11 个月，也就是 6 个多月。因此，在越南战争期间，一只美洲驼不可能生育两次	答案是否

思维链在复杂任务上进行模型推理时，模型输出会多出一些推理过程，因此会被分配更多的计算资源，从而激发大型语言模型更多的能力，同时也使模型的行为具有可解释性。值得注意的是，思维链的内容需要具有一定真实意义的自然语言表达，并且放在最终答案

之前。如图 5-6 所示，将思维链的内容替换成公式表达、无效字符，或调换与答案的顺序时，在数学推理任务上相较于标准提示基本没有提升。

而思维链在小型模型上的提升并不显著，只有当模型参数量达到 100 亿时才能体现出效果，参数量达到 1 000 亿时提升效果才能比较显著。可能是由于小型模型本身的预训练不充分，在上下文学习时，尽管生成的思维链内容较为通顺，但存在大量逻辑错误，导致结果错误。思维链对于越复杂的任务（如 GSM8K）提升越高，对于简单任务（如 MAWPS 和 SingleOp），由于思维链生成会存在噪声，因此效果不理想，如图 5-7 所示。

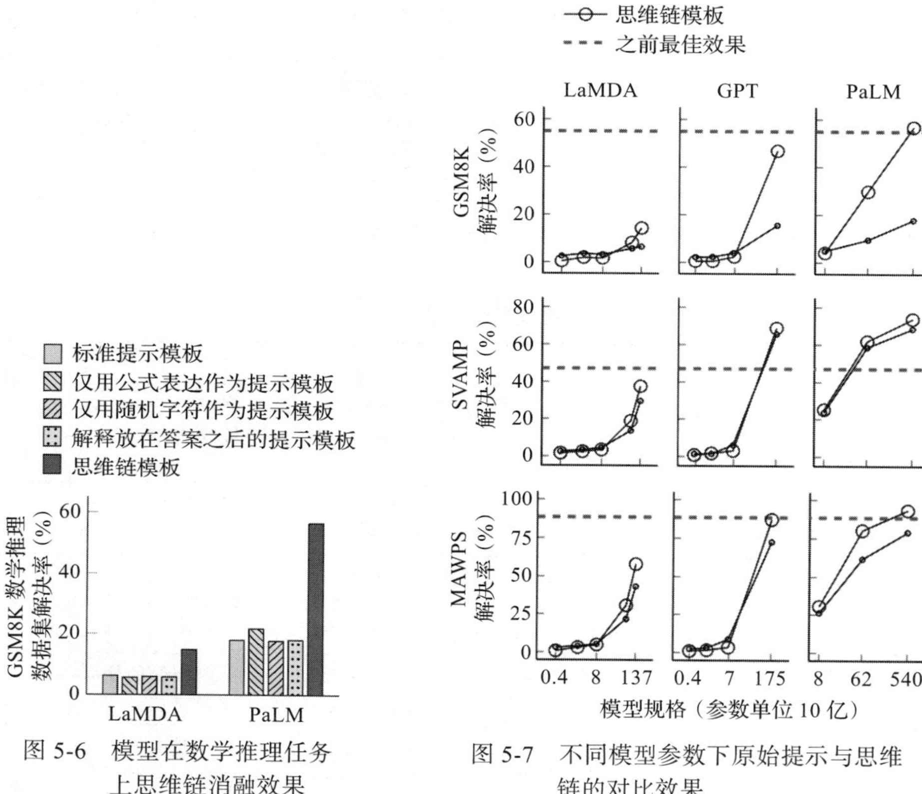

图 5-6　模型在数学推理任务上思维链消融效果

图 5-7　不同模型参数下原始提示与思维链的对比效果

由于在模型推理过程中，会将部分演示示例作为模型推理的参考依据，因此这种方法也被称为少样本思维链方法。一个复杂的推理问题往往可以有多种不同的解题思路。如果问题需要更深入地思考和分析，那么得到答案的推理路径就会更多。但是，在少样本思维链方法中，语言模型解码生成思维链时仅采用贪婪解码生成单一的思维链，这会导致模型的鲁棒性不足。为了增强模型的鲁棒性，采用自我一致（Self-Consistency）思维链方法在模型推理过程中采样生成不同的思维链，从而获取多个答案结果，然后通过投票机制选取最终结果，如图 5-8 所示。

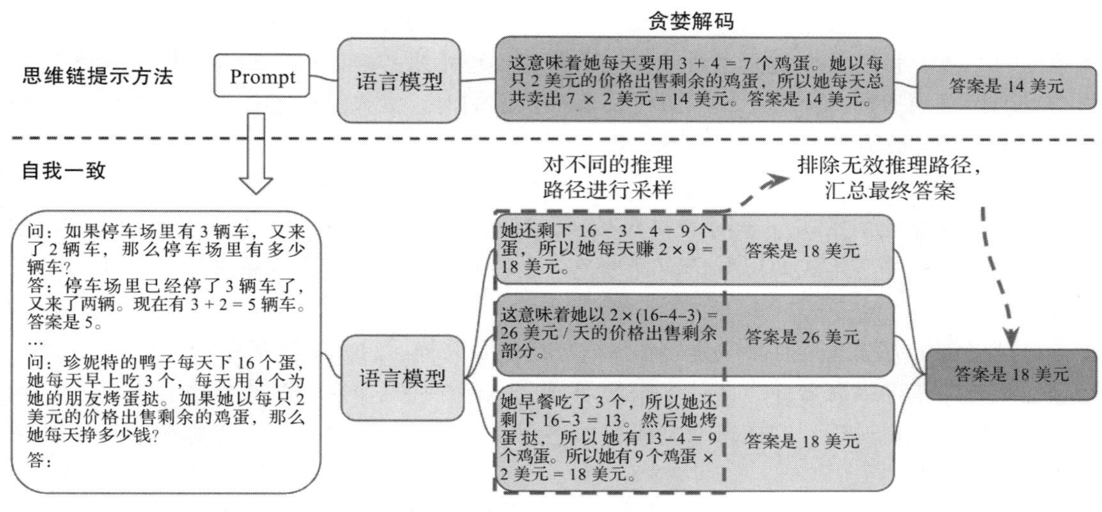

图 5-8　自我一致思维链方法示意图

由于每条推理路径都可能导致不同的答案，如果多种不同的思维链均生成了相同的答案，那么该答案的准确性就会大幅提升。自我一致思维链方法避免了贪婪解码的重复性和局部最优性，同时减轻了单个采样生成的随机性。

在大型语言模型上下文推理时，需要人工构建思维链演示样例，这极大地增加了人工成本。因此，如何减轻人工编写思维链模板的成本变得尤为重要。零样本思维链方法可以在无思维链演示样例的情况下，采用思维链方式获取最终答案。如图 5-9 所示，将推理过程分为思维链提取和答案提取两个阶段。在思维链提取阶段，将问题与“让我们一步一步来思考”模板内容进行拼接，通过大型语言模型自动生成思维链内容。在答案提取阶段，将问题、“让我们一步一步来思考”模板、生成的思维链内容和“因此答案为”模板组成新的提示内容，通过大型语言模型获取问题的答案。

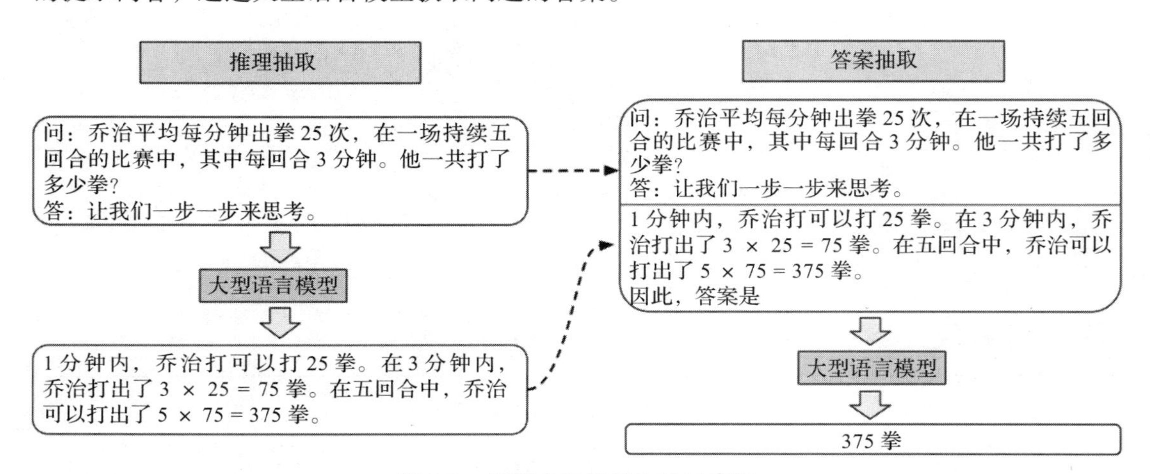

图 5-9　零样本思维链方法示意图

由于提示学习的特性，在思维链提取阶段使用不同的提示模型会有不同的效果。如果提示内容无效或带有负面意义，可能会导致模型推理结果的准确度下降。零样本思维链方法的出现使得模型在无需人工编写思维链演样例的同时，大大提升了模型在复杂任务上的推理效果，甚至被网友戏称为“AI 求鼓励”。

当然，对于一个复杂问题的求解，可以将其分解成一个子问题列表，然后依次解决这些子问题。通过先前解决的子问题的答案来促进最终子问题的解答，例如提示分解方法。但是，大型语言模型生成的思维链内容难免会出现错误，因此零样本思维链方法的效果无法追赶少样本思维链方法。

自动思维链方法通过对测试集样本生成思维链及采样，将多个演示样例加入提示模板，减轻思维链的错误级联效应。即使多个演示样例中存在一两个错误的思维链，也并不影响整个语言模型推理过程。这使得大型语言模型在复杂任务推理结果上可以媲美甚至超越少样本思维链方法。

如图 5-10 所示，首先对测试集中所有的问题进行聚类操作，得出的每个簇代表一类问题。其次，选取簇中心的问题作为簇代表，对问题进行思维链内容生成。与零样本思维链方法一致，通过“让我们一步一步来思考”模板自动生成思维链。然后，将所选取的问题及思维链内容作为演示样例构建提示模板。最后，通过大型语言模型获取真实结果，包括实际问题的思维链和答案内容。也就是说，不仅让我们一步一步地思考，而且要一个一个地思考。

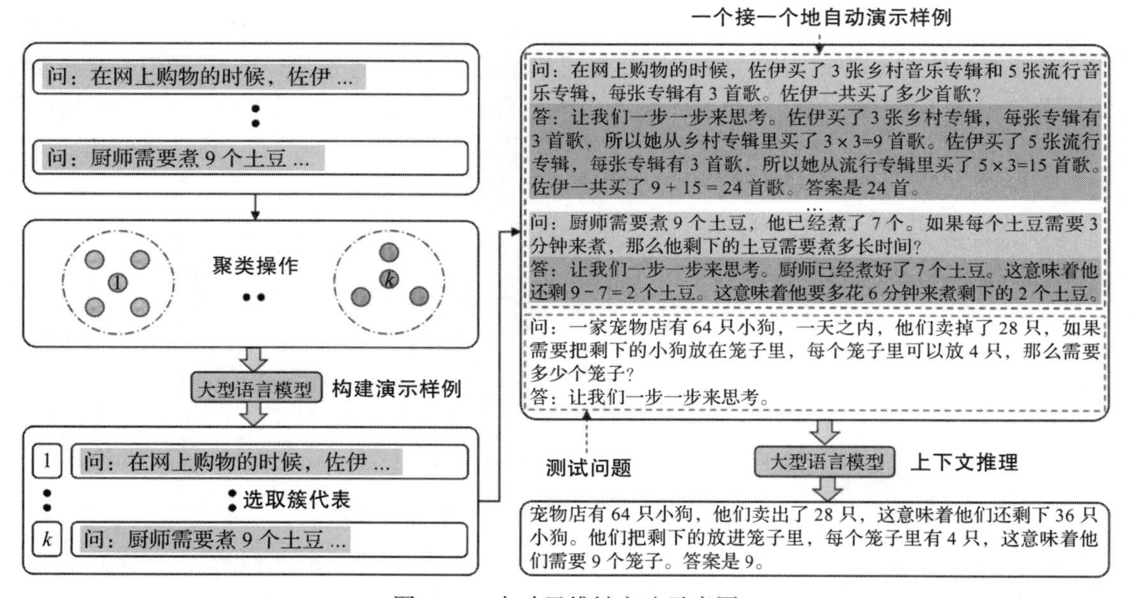

图 5-10　自动思维链方法示意图

生成思维链时可能出现逻辑错误，选择问题聚类后各个簇中心的问题，可以增加演示样例的多样性，防止选取的演示样例均为模型不擅长的问题，减轻零样本思维链方法中思维链错误带来的影响。

思维链的能力是模型参数规模大于一定程度后的涌现能力，而思维链的原理到目前为止还未得到准确的验证。部分学者认为在思维链的产生中，大型语言模型在预训练阶段对代码数据进行了学习，也有学者认为思维链的产生来自 Transformer 模型中注意力结构对数据的记忆。

5.4 基于提示的文本情感分析实战

通过增加提示模板、构建答案空间映射等操作，可以充分挖掘预训练语言模型的能力，在少样本或者零样本的情况下，模型也可以取得较为优异的效果。本节通过实战构建一个基于少量数据的情感分析模型，让读者更深入地了解提示任务的原理、流程及其在真实场景中的应用。

5.4.1 项目简介

本项目是基于提示的文本情感分析实战。针对酒店评论数据集，利用 BERT 模型在小样本数据下进行模型训练及测试，帮助读者深入了解提示任务进行下游任务的流程。项目代码见 GitHub 中 PromptProj 项目。项目的主要结构如下。

- data：存放数据的文件夹。
  - ChnSentiCorp_htl_all.csv：原始酒店评论情感数据。
  - sample.json：处理后的语料样例。
- prompt_model：训练好的模型路径。
  - config.json。
  - pytorch_model.bin。
  - vocab.txt。
- pretrain_model：预训练文件路径。
  - config.json。
  - pytorch_model.bin。
  - vocab.txt。
- data_helper.py：数据预处理文件。
- data_set.py：模型所需数据类文件。
- model.py：模型文件。
- train.py：模型训练文件。
- predict.py：模型推理文件。

5.4.2　数据预处理模块

本项目采用的酒店情感分析数据是由中国科学院谭松波从携程网上整理的一个较大规模的酒店评论语料，包含正向和负向两个情感类别，共 7 766 个样本。在实战过程中，为了保证小样本训练过程中正向情感数据和负向情感数据占比一致，本项目分别在两个情感类别中随机抽取 20 个样本作为训练数据，剩余数据作为测试数据。

由于数据来自真实的评论，本项目不进行刻意清洗，主要过滤内容太长的评论文本，并将评论数据内容及情感极性从原始数据中提取出来，最后将数据划分成训练集和测试集，具体流程及代码如下。

第一步：利用 Pandas 读取 CSV 文件。

第二步：遍历文件中的每一行原始内容。

第三步：判断每条数据的情感极性，赋予标签，并过滤内容长度超过 512 的评论文本。

第四步：将所有数据进行随机打乱。

第五步：对正向和负向两类情感极性进行采样，训练数据中两类情感数据各保存 20 条，其余保存为测试数据。

```
def data_process(path, save_train_path, save_test_path):
    """
    数据预处理
    Args:
        path: 原始酒店评价情感数据文件
        save_train_path: 保存训练文件
        save_test_path: 保存测试文件

    Returns:

    """
    data = []
    # 读取 CSV 文件
    df = pd.read_csv(path)
    # 遍历文件中的每一行原始内容
    for i, row in df.iterrows():
        if row["label"] == 1:
            label = "正向"
        else:
            label = "负向"
        # 过滤内容过长的评论文本
        if len(row["review"]) > 512:
            continue
        data.append({"label": label, "text": row["review"]})
    # 随机打乱数据
    random.shuffle(data)

    fin_train = open(save_train_path, "w", encoding="utf-8")
    fin_test = open(save_test_path, "w", encoding="utf-8")
```

```
    pos_n = 0
    neg_n = 0
    for sample in data:
        # 在训练集中保存 20 个正样本数据
        if pos_n < 20 and sample["label"] == "正向":
            fin_train.write(json.dumps(sample, ensure_ascii=False) + "\n")
            pos_n += 1
        # 在训练集中保存 20 个负样本数据
        elif neg_n < 20 and sample["label"] == "负向":
            fin_train.write(json.dumps(sample, ensure_ascii=False) + "\n")
            neg_n += 1
        # 其他数据保存到测试集中
        else:
            fin_test.write(json.dumps(sample, ensure_ascii=False) + "\n")
    fin_train.close()
    fin_test.close()
```

设置原始数据路径和训练集测试集的保存路径，运行得到最终数据结果，具体如下。

```
if __name__ == '__main__':
    path = "data/ChnSentiCorp_htl_all.csv"
    train_path = "data/train.json"
    test_path = "data/test.json"
    data_process(path, train_path, test_path)
```

5.4.3　BERT 模型模块

BERT 模型主要基于 Transformer 的 Encoder 结构，为双向语言模型。在预训练阶段，BERT 模型主要通过预测掩码位置的真实标签来学习文本表征。在提示任务中，模型通过输入的提示模板和文本内容，提取提示模板中掩码位置的向量，对类别标签词语进行映射，获取最终类别标签。因此，在少量数据的情况下，模型也可以获得较为优异的结果。本节通过 BertModel 基类构造情感分析模型，并通过答案空间映射将预测的真实标签内容转化为对应的类别标签，获取最终每个样本的类别标签。BERT 模型的代码详见 model.py 文件。

对于提示任务来说，训练 BERT 模型的详细步骤及代码如下。

第一步：模型初始化，定义模型训练所需的各个模块。

第二步：执行模型的 forward 函数。

第三步：获取 BERT 模型的输出结果以及最后一层的隐层节点状态。

第四步：通过一个全连接层，获取隐层节点状态中的每一个位置的词表。

第五步：获取批次数据中每个样本内容对应的掩码位置标记。

第六步：获取每个掩码标记对应的 logits 参数。

第七步：获取答案空间映射的标签向量。

第八步：将标签向量进行归一化，并获取对应标签。

第九步：当 label 不为空时，计算损失值。

```
from torch.nn import CrossEntropyLoss
import torch.nn as nn
import torch
from transformers.models.bert.modeling_bert import BertModel, BertOnlyMLMHead,
    BertPreTrainedModel

class PromptModel(BertPreTrainedModel):
    """Prompt 分类模型 """

    def __init__(self, config):
        super().__init__(config)
        """
        初始化函数
        Args:
            config: 配置参数
        """
        self.bert = BertModel(config, add_pooling_layer=False)
        self.cls = BertOnlyMLMHead(config)

    def forward(self, input_ids, attention_mask, mask_index, token_handler, words_
       ids, words_ids_mask, label=None):
        """
        前向函数，计算 Prompt 模型的预测结果
        Args:
            input_ids:
            attention_mask:
            mask_index:
            token_handler:
            words_ids:
            words_ids_mask:
            label:

        Returns:

        """
        # 获取 BERT 模型的输出结果
        sequence_output = self.bert(input_ids=input_ids, attention_mask=attention_
            mask)[0]
        # 经过一个全连接层，获取隐层节点状态中的每一个位置的词表
        logits = self.cls(sequence_output)
        # 获取批次数据中每个样本内容对应的掩码位置标记
        logits_shapes = logits.shape
        mask = mask_index + torch.range(0, logits_shapes[0] - 1, dtype=torch.long,
            device=logits.device) * \
                logits_shapes[1]
        mask = mask.reshape([-1, 1]).repeat([1, logits_shapes[2]])
        # 获取每个掩码标记对应的 logits 参数
        mask_logits = logits.reshape([-1, logits_shapes[2]]).gather(0, mask).reshape(-1,
            logits_shapes[2])
        # 获取答案空间映射的标签向量
        label_words_logits = self.process_logits(mask_logits, token_handler, words_
            ids, words_ids_mask)
        # 将其进行归一化并获取对应标签
```

```
        score = torch.nn.functional.softmax(label_words_logits, dim=-1)
        pre_label = torch.argmax(label_words_logits, dim=1)
        outputs = (score, pre_label)
        # 当label不为空时，计算损失值
        if label is not None:
            loss_fct = CrossEntropyLoss()
            loss = loss_fct(label_words_logits, label)
            outputs = (loss,) + outputs
        return outputs
```

对于获取答案空间映射的标签向量部分，具体操作及代码如下。

第一步：获取标签词ID信息及标签词掩码矩阵。

第二步：获取提示模板中掩码位置上的标签词向量。

第三步：根据多token操作策略进行标签词向量构建。

第四步：将填充的位置进行掩码。

第五步：最终获取提示模板中掩码位置对应的答案空间映射向量。

```
def process_logits(self, mask_logits, token_handler, words_ids, words_ids_mask):
    """
    获取答案空间映射的标签向量，用于分类判断
    Args:
        mask_logits: mask位置信息
        token_handler: 多token操作策略，包含first、mask和mean
        words_ids: 标签词ID矩阵
        words_ids_mask: 标签词ID掩码矩阵

    Returns:

    """
    # 获取标签词ID及掩码矩阵
    label_words_ids = nn.Parameter(words_ids, requires_grad=False)
    label_words_mask = nn.Parameter(torch.clamp(words_ids_mask.sum(dim=-1), max=1),
        requires_grad=False)
    # 获取掩码位置上标签词向量
    label_words_logits = mask_logits[:, label_words_ids]
    # 根据多token操作策略进行标签词向量构建
    if token_handler == "first":
        label_words_logits = label_words_logits.select(dim=-1, index=0)
    elif token_handler == "max":
        label_words_logits = label_words_logits - 1000 * (1 - words_ids_mask.unsqueeze(0))
        label_words_logits = label_words_logits.max(dim=-1).values
    elif token_handler == "mean":
        label_words_logits = (label_words_logits * words_ids_mask.unsqueeze(0)).
            sum(dim=-1) / (words_ids_mask.unsqueeze(0).sum(dim=-1) + 1e-15)
    # 将填充的位置进行掩码
    label_words_logits -= 10000 * (1 - label_words_mask)
    # 最终获取掩码标记对应的答案空间映射向量
    label_words_logits = (label_words_logits * label_words_mask).sum(-1) / label_
        words_mask.sum(-1)
    return label_words_logits
```

5.4.4 模型训练模块

模型训练文件为 train.py，主要包括主函数、模型训练参数设置函数、模型训练函数、模型验证函数等，训练步骤及代码如下。

第一步：设置模型训练参数。如果没有输入参数，则使用默认参数。

第二步：设置并获取显卡信息，用于模型训练。设置随机种子，方便模型复现。

第三步：实例化 PromptModel 以及 tokenizer 分词器。

第四步：根据正负标签的标签词构建答案空间映射字典。

第五步：加载训练数据和测试数据。

第六步：进行模型训练。

```
def set_args():
    """ 设置训练模型所需参数 """
    parser = argparse.ArgumentParser()
    parser.add_argument('--device', default='0', type=str, help=' 设置训练或测试时使用的显卡 ')
    parser.add_argument('--train_file_path', default='data/train.json', type=str, help='
        训练数据 ')
    parser.add_argument('--test_file_path', default='data/test.json', type=str, help='
        测试数据 ')
    parser.add_argument('--pretrained_model_path', default="pretrain_model", type=str,
        help=' 预训练的 BERT 模型的路径 ')
    parser.add_argument('--data_dir', default='data/', type=str, help=' 生成缓存数据
        的存放路径 ')
    parser.add_argument('--num_train_epochs', default=10, type=int, help=' 模型训练的
        轮数 ')
    parser.add_argument('--train_batch_size', default=4, type=int, help=' 训练时每个
        batch 的大小 ')
    parser.add_argument('--test_batch_size', default=16, type=int, help=' 测试时每个
        batch 的大小 ')
    parser.add_argument('--learning_rate', default=5e-5, type=float, help=' 模型训练
        时的学习率 ')
    parser.add_argument('--warmup_proportion', default=0.1, type=float, help='warm
        up 概率，即训练总步长的百分之多少，进行 warm up')
    parser.add_argument('--adam_epsilon', default=1e-8, type=float, help='Adam 优化
        器的 epsilon 值 ')
    parser.add_argument('--logging_steps', default=5, type=int, help=' 保存训练日志的
        步数 ')
    parser.add_argument('--gradient_accumulation_steps', default=1, type=int, help='
        梯度积累 ')
    parser.add_argument('--max_grad_norm', default=1.0, type=float, help='')
    parser.add_argument('--output_dir', default='output_dir/', type=str, help=' 模型
        输出路径 ')
    parser.add_argument('--seed', type=int, default=42, help=' 随机种子 ')
    parser.add_argument('--max_len', type=int, default=256, help=' 输入模型的最大长度，
        要比 config 中 n_ctx 小 ')
    parser.add_argument('--token_handler', type=str, default="mean", help=' 答案映射
        标签多 token 策略 ')
```

```
    parser.add_argument('--template', type=str, default="{mask}满意。{text}", help='prompt
        模板')
    parser.add_argument('--pos_words', type=list, default=["很", "非常"], help='
        答案映射正标签对应标签词')
    parser.add_argument('--neg_words', type=list, default=["不"], help='答案映射
        负标签对应标签词')
    parser.add_argument('--requires_grad_params', type=list, default=["cls.predictions"],
        help='模型训练参数')
    return parser.parse_args()

def main():
    # 设置模型训练参数
    args = set_args()
    # 设置显卡信息
    os.environ["CUDA_DEVICE_ORDER"] = "PCI_BUS_ID"
    os.environ["CUDA_VISIBLE_DEVICES"] = args.device
    # 获取device信息，用于模型训练
    device = torch.device("cuda" if torch.cuda.is_available() and int(args.device) >=
        0 else "cpu")
    # 设置随机种子，方便模型复现
    if args.seed:
        torch.manual_seed(args.seed)
        random.seed(args.seed)
        np.random.seed(args.seed)

    # 实例化PromptModel
    model = PromptModel.from_pretrained(args.pretrained_model_path)

    # 实例化tokenizer
    tokenizer = BertTokenizer.from_pretrained(args.pretrained_model_path, do_lower_
        case=True)

    # 创建模型的输出目录
    if not os.path.exists(args.output_dir):
        os.mkdir(args.output_dir)
    # 根据正负标签的标签词构建答案空间映射字典
    label_dict = {"负向": {"label_words": args.neg_words, "label_id": 0}, "正向":
        {"label_words": args.pos_words, "label_id": 1}}
    # 加载训练数据和测试数据
    train_data = PromptDataSet(tokenizer, args.max_len, args.template, label_dict,
        args.data_dir, "train", args.train_file_path)
    test_data = PromptDataSet(tokenizer, args.max_len, args.template, label_dict,
        args.data_dir, "test", args.test_file_path)
    # 开始训练
    train(model, device, train_data, test_data, args, tokenizer)
```

采用提示任务模型所需的数据类，加载训练数据和测试数据，具体包含初始化函数、数据加载函数、数据处理函数、根据答案空间映射字典获取答案字典 ID 和掩码向量等。详细代码在 data_set.py 文件中，数据构造的过程及代码如下。

第一步：通过数据最大长度、提示模板、答案空间映射字典、数据保存路径、数据集名称、原始数据文件等参数，初始化数据类所需的变量，并判断是否存在缓存文件。如果存在，则直接加载处理后的数据；如果缓存数据不存在，则对原始数据进行数据处理，将处理后的数据存储为缓存文件。

第二步：根据答案空间映射字典获取答案字典 ID 和对应掩码向量，用于模型计算答案空间映射向量。

第三步：加载原始数据，遍历文件中的每一行，获取原始数据内容。

第四步：对每个评论数据进行提示模板构建，并获取模型输入所需内容，以及掩码填充的位置信息。

第五步：生成模型训练所需的 input_ids 和 attention_mask 内容。

第六步：获取每个评论数据的类别标签 ID。

第七步：将所有数据添加到 data_set 中，待后续使用。

```
class PromptDataSet(Dataset):
    """Prompt 数据类 """

    def __init__(self, tokenizer, max_len, template, label_dict, data_dir, data_set_
       name, path_file=None,is_overwrite=False):
        """
        初始化函数
        Args:
            tokenizer: 分词器
            max_len: 数据最大长度
            template: prompt 模板
            label_dict: 答案空间映射字典
            data_dir: 数据保存路径
            data_set_name: 数据集名称
            path_file: 原始数据文件
            is_overwrite: 是否重新生成缓存文件
        """
        self.tokenizer = tokenizer
        self.max_len = max_len
        self.template = template
        self.label_dict = label_dict
        cached_feature_file = os.path.join(data_dir, "cached_{}_{}".format(data_set_
            name, max_len))
        # 判断缓存文件是否存在，如果存在，则直接加载处理后的数据
        if os.path.exists(cached_feature_file) and not is_overwrite:
            logger.info(" 已经存在缓存文件 {}，直接加载 ".format(cached_feature_file))
            self.data_set = torch.load(cached_feature_file)["data_set"]
        # 如果缓存数据不存在，则对原始数据进行数据处理，并将处理后的数据存储为缓存文件
        else:
            logger.info(" 不存在缓存文件 {}，进行数据预处理操作 ".format(cached_feature_file))
            self.data_set = self.load_data(path_file)
            logger.info(" 数据预处理操作完成，将处理后的数据存到 {} 中，作为缓存文件 ".format
                (cached_feature_file))
```

```
            torch.save({"data_set": self.data_set}, cached_feature_file)

        # 根据答案空间映射字典获取答案字典ID和对应的掩码向量
        self.words_ids, self.words_ids_mask = self.get_verbalizer()

    def get_verbalizer(self):
        """
        根据答案空间映射字典获取答案字典ID和对应的掩码向量
        Returns:

        """
        # 获取标签词
        label_words = []
        for label, verbalizer in self.label_dict.items():
            label_words.append(verbalizer["label_words"])

        all_ids = []
        # 遍历每个标签的标签词，构建标签词ID列表
        for words_per_label in label_words:
            ids_per_label = []
            for word in words_per_label:
                ids = self.tokenizer.encode(word, add_special_tokens=False)
                ids_per_label.append(ids)
            all_ids.append(ids_per_label)
        # 判断单个标签词的最大长度
        max_len = max([max([len(ids) for ids in ids_per_label]) for ids_per_label
            in all_ids])
        # 判断每个类别最大标签词的个数
        max_num_label_words = max([len(ids_per_label) for ids_per_label in all_ids])

        # 获取标签词ID列表对应的掩码列表
        words_ids_mask = [[[1] * len(ids) + [0] * (max_len - len(ids)) for ids in
            ids_per_label] + [[0] * max_len] * (max_num_label_words - len(ids_
            per_label)) for ids_per_label in all_ids]
        # 将标签词ID列表进行填充
        words_ids = [[ids + [0] * (max_len - len(ids)) for ids in ids_per_label] + [[0] *
            max_len] * (max_num_label_words - len(ids_per_label)) for ids_per_
            label in all_ids]
        # 返回标签词ID及掩码矩阵，用于答案空间映射
        return torch.tensor(words_ids), torch.tensor(words_ids_mask)

    def load_data(self, path_file):
        """
        加载原始数据，生成数据处理后的数据
        Args:
            path_file: 原始数据路径
        Returns:
        """
        data_set = []
        # 遍历数据文件
        with open(path_file, "r", encoding="utf-8") as fh:
```

```
            for _, line in enumerate(fh):
                sample = json.loads(line.strip())
                # 对每个评论数据进行提示构建，并获取模型输入所需内容，以及掩码填充位置
                input_ids, attention_mask, mask_index = self.convert_feature
                    (sample["text"])
                # 获取每个评论数据的标签 ID
                label = self.label_dict[sample["label"]]["label_id"]
                # 将所有数据添加到 data_set 中，待后续使用
                data_set.append({"input_ids": input_ids, "attention_
                    mask, "mask_index": mask_index, "label": label, "text": sample
                    ["text"]})
        return data_set

    def convert_feature(self, text):
        """
        数据处理函数
        Args:
            text: 评论文本数据
        Returns:
        """
        # 当评论数据过长时，进行切断操作
        if len(text) > self.max_len - len(self.template):
            text = text[:self.max_len - len(self.template)]
        # 将提示模板与评论数据融合
        text = "[CLS]" + self.template.replace("{mask}", "[MASK]").replace("{text}",
            text) + "[SEP]"
        # 对数据进行 tokenize 分词
        text_tokens = self.tokenizer.tokenize(text)
        # 获取 [MASK] 位置，用于填词
        try:
            mask_index = text_tokens.index("[MASK]")
        except:
            raise Exception("模板中缺少待填充的 {mask} 字段")
        # 生成模型训练所需的 input_ids 和 attention_mask
        input_ids = self.tokenizer.convert_tokens_to_ids(text_tokens)
        attention_mask = [1] * len(input_ids)
        # 数据验证，判断数据是否小于最大长度
        assert len(input_ids) <= self.max_len
        return input_ids, attention_mask, mask_index

    def __len__(self):
        """获取数据总长度"""
        return len(self.data_set)

    def __getitem__(self, idx):
        """获取每个实例数据"""
        instance = self.data_set[idx]
        return instance
```

模型训练的主要步骤及代码如下。

第一步：计算模型训练的批次。

第二步：构造数据加载器。

第三步：获取模型所有参数，设置优化器并冻结不训练的参数。

第四步：判断参数是否成功冻结。

第五步：清空缓存，将模型调整为训练状态。

第六步：开始训练，根据 epoch 数循环数据。

第七步：获取每个批次所需的输入内容，并将其放在相应的设备上。

第八步：获取训练结果，判断是否进行梯度积累，如果进行，则将损失值除以累计步数。

第九步：进行损失回传，当训练步数整除累计步数时，进行参数优化。

第十步：如果步数整除 logging_steps，则记录学习率和训练集损失值。

第十一步：每个 epoch 对模型进行一次测试，记录测试集的损失并保存模型。

```
def train(model, device, train_data, test_data, args, tokenizer):
    """
    训练模型
    Args:
        model: 模型
        device: 设备信息
        train_data: 训练数据类
        test_data: 测试数据类
        args: 训练参数配置信息
        tokenizer: 分词器
    Returns:
    """
    tb_write = SummaryWriter()
    if args.gradient_accumulation_steps < 1:
        raise ValueError("gradient_accumulation_steps 参数无效，必须大于或等于 1")
    # 计算真实的训练 batch_size 大小
    train_batch_size = int(args.train_batch_size / args.gradient_accumulation_steps)

    train_sampler = RandomSampler(train_data)
    # 构造训练所需的 data_loader
    train_data_loader = DataLoader(train_data, sampler=train_sampler, batch_
        size=train_batch_size, collate_fn=collate_func)
    total_steps = int(len(train_data_loader) * args.num_train_epochs / args.gradient_
        accumulation_steps)
    logger.info("总训练步数 :{}".format(total_steps))
    model.to(device)
    # 获取模型所有参数
    param_optimizer = list(model.named_parameters())
    optimizer_grouped_parameters = [
        {'params': [p for n, p in param_optimizer if not any(nd in n for nd in
            args.requires_grad_params)], 'weight_decay': 0.01}, {'params': [p
            for n, p in param_optimizer if any(nd in n for nd in args.requires_
            grad_params)], 'weight_decay': 0.0}
```

```
]

# 冻结不训练的参数
for name, param in model.named_parameters():
    if not any(r_name in name for r_name in args.requires_grad_params):
        param.requires_grad = False

# 验证是否冻结成功
requires_grad_params = []
for name, param in model.named_parameters():
    if param.requires_grad:
        requires_grad_params.append(name)
        print(" 需要训练参数为 {}, 大小为 {}".format(name, param.size()))
# 设置优化器
optimizer = AdamW(optimizer_grouped_parameters, lr=args.learning_rate, eps=args.
    adam_epsilon)
scheduler = get_linear_schedule_with_warmup(optimizer, num_warmup_steps=int(args.
    warmup_proportion * total_steps), num_training_steps=total_steps)
# 清空 cuda 缓存
torch.cuda.empty_cache()
# 将模型调至训练状态
model.train()
tr_loss, logging_loss, min_loss = 0.0, 0.0, 0.0
global_step = 0
# 开始训练模型
words_ids = train_data.words_ids.to(device)
words_ids_mask = train_data.words_ids_mask.to(device)
for iepoch in trange(0, int(args.num_train_epochs), desc="Epoch", disable=False):
    iter_bar = tqdm(train_data_loader, desc="Iter (loss=X.XXX)", disable=False)
    for step, batch in enumerate(iter_bar):
        # 获取模型训练每个批次所需的输入内容，并放到对应设备上
        input_ids = batch["input_ids"].to(device)
        attention_mask = batch["attention_mask"].to(device)
        mask_index = batch["mask_index"].to(device)
        label = batch["label"].to(device)

        # 获取训练结果
        outputs = model.forward(input_ids=input_ids, attention_mask=attention_
            mask, mask_index=mask_index, token_handler=args.token_handler,
            words_ids=words_ids, words_ids_mask=words_ids_mask, label=label)
        loss = outputs[0]
        tr_loss += loss.item()
        # 将损失值放到 Iter 中，方便观察
        iter_bar.set_description("Iter (loss=%5.3f)" % loss.item())
        # 判断是否进行梯度积累，如果进行，则将损失值除以累计步数
        if args.gradient_accumulation_steps > 1:
            loss = loss / args.gradient_accumulation_steps
        # 损失进行回传
        loss.backward()
        torch.nn.utils.clip_grad_norm_(model.parameters(), args.max_grad_norm)
        # 当训练步数整除累计步数时，进行参数优化
```

```
            if (step + 1) % args.gradient_accumulation_steps == 0:
                optimizer.step()
                scheduler.step()
                optimizer.zero_grad()
                global_step += 1
                # 如果步数整除 logging_steps，则记录学习率和训练集损失值
                if args.logging_steps > 0 and global_step % args.logging_steps == 0:
                    tb_write.add_scalar("lr", scheduler.get_lr()[0], global_step)
                    tb_write.add_scalar("train_loss", (tr_loss - logging_loss) /
                         (args.logging_steps * args.gradient_accumulation_steps),
                         global_step)
                    logging_loss = tr_loss

        # 每个 epoch 对模型进行一次测试，记录测试集的损失
        eval_loss, eval_acc = evaluate(model, device, test_data, args)
        tb_write.add_scalar("test_loss", eval_loss, global_step)
        tb_write.add_scalar("test_acc", eval_acc, global_step)
        print("test_loss: {}, test_acc:{}".format(eval_loss, eval_acc))
        model.train()
        # 每个 epoch 进行完，则保存模型
        output_dir = os.path.join(args.output_dir, "checkpoint-{}".format(global_step))
        model_to_save = model.module if hasattr(model, "module") else model
        model_to_save.save_pretrained(output_dir)
        tokenizer.save_pretrained(output_dir)
        # 清空 cuda 缓存
        torch.cuda.empty_cache()
```

在每个 epoch 训练完成后，需要对模型进行验证，以判断模型在测试集上的效果，并选择效果最优的模型进行后续推理。模型验证的主要流程及代码如下。

第一步：构造验证集的 DataLoader。

第二步：遍历验证集数据，将模型设置为验证状态，并关闭梯度。

第三步：针对模型的输入，获取预测结果，包括损失和预测标签。

第四步：累加模型损失，并记录数据的原始类别标签和预测类别标签。

第五步：计算最终验证集的损失和准确率。

```
def evaluate(model, device, test_data, args):
    """
    对测试数据集进行模型测试
    Args:
        model: 模型
        device: 设备信息
        test_data: 测试数据类
        args: 训练参数配置信息
    Returns:
    """
    # 构造测试集的 DataLoader
    test_sampler = SequentialSampler(test_data)
    test_data_loader = DataLoader(test_data, sampler=test_sampler, batch_size=args.
```

```
        test_batch_size, collate_fn=collate_func)
    iter_bar = tqdm(test_data_loader, desc="iter", disable=False)
    total_loss, total = 0.0, 0.0
    words_ids = test_data.words_ids.to(device)
    words_ids_mask = test_data.words_ids_mask.to(device)

    y_true = []
    y_pre = []
    # 进行测试
    for step, batch in enumerate(iter_bar):
        # 模型设为 eval
        model.eval()
        with torch.no_grad():
            input_ids = batch["input_ids"].to(device)
            attention_mask = batch["attention_mask"].to(device)
            mask_index = batch["mask_index"].to(device)
            label = batch["label"].to(device)

            # 获取训练结果
            outputs = model.forward(input_ids=input_ids, attention_mask=attention_
                mask, mask_index=mask_index, token_handler=args.token_handler,
                words_ids=words_ids, words_ids_mask=words_ids_mask, label=label)
            loss = outputs[0]
            loss = loss.item()
            # 对损失进行累加
            total_loss += loss * len(batch["input_ids"])
            total += len(batch["input_ids"])
            # 记录原始标签和预测标签
            y_true.extend(batch["label"].numpy().tolist())
            y_pre.extend(outputs[2].cpu().numpy().tolist())

    # 计算最终测试集的损失和准确率
    test_loss = total_loss / total
    test_acc = np.mean(np.array(y_true) == np.array(y_pre))
    return test_loss, test_acc
```

在模型训练时，可以在文件中修改相关配置信息，也可以通过命令行运行 train.py 文件时指定相关配置信息，模型训练配置信息如表 5-3 所示。

表 5-3　模型训练配置信息

配置项名称	含　义	默认值
device	训练时设备信息	0
data_dir	生成缓存数据的存放路径	data/
train_file_path	情感分析训练数据	data/train.json
test_file_path	情感分析测试数据	data/test.json
pretrained_model_path	BERT 模型预训练模型路径	pretrain_model/

（续）

配置项名称	含　义	默认值
output_dir	模型输出路径	output_dir
max_len	输入模型的最大长度	256
train_batch_size	训练批次大小	4
test_batch_size	验证批次大小	16
learning_rate	学习率	5e-5
num_train_epochs	训练轮数	10
seed	随机种子	42
gradient_accumulation_steps	梯度累计步数	1
token_handler	答案映射标签多 token 策略	mean
template	提示模板	{mask} 满意。{text}
pos_words	答案映射正标签对应标签词	[" 很 ", " 非常 "]
neg_words	答案映射负标签对应标签词	[" 不 "]
requires_grad_params	模型可训练参数	["cls.predictions"]

模型训练命令如下。

```
python3 train.py --device 0 --data_dir "data/" --train_file_path "data/train.
    json" --test_file_path "data/test.json" --pretrained_model_path "pretrain_
    model/" --max_len 256 --train_batch_size 4 --test_batch_size 16 --num_train_
    epochs 10 --token_handler "mean"
```

运行状态如图 5-11 所示。

```
[root@localhost PromptProj]# python3 train.py --device 0 --data_dir "data/" --train_file_path "data/train.json" --test_file_path "data/test.json"
--pretrained_model_path "pretrain_model/" --max_len 256 --train_batch_size 4 --test_batch_size 16 --num_train_epochs 10 --token_handler "mean"
Some weights of the model checkpoint at pretrain_model/ were not used when initializing PromptModel: ['cls.seq_relationship.bias', 'cls.seq_relati
onship.weight', 'bert.pooler.dense.weight', 'bert.pooler.dense.bias']
- This IS expected if you are initializing PromptModel from the checkpoint of a model trained on another task or with another architecture (e.g. i
nitializing a BertForSequenceClassification model from a BertForPreTraining model).
- This IS NOT expected if you are initializing PromptModel from the checkpoint of a model that you expect to be exactly identical (initializing a
BertForSequenceClassification model from a BertForSequenceClassification model).
Some weights of PromptModel were not initialized from the model checkpoint at pretrain_model/ and are newly initialized: ['cls.predictions.decoder
.bias']
You should probably TRAIN this model on a down-stream task to be able to use it for predictions and inference.
03/22/2023 22:15:27 - INFO - data_set -   已经存在缓存文件data/cached_train_256，直接加载
03/22/2023 22:15:27 - INFO - data_set -   已经存在缓存文件data/cached_test_256，直接加载
03/22/2023 22:15:27 - INFO - __main__ -   总训练步数为:100
需要训练参数为cls.predictions.bias，大小为torch.Size([21128])
需要训练参数为cls.predictions.transform.dense.weight，大小为torch.Size([768, 768])
需要训练参数为cls.predictions.transform.dense.bias，大小为torch.Size([768])
需要训练参数为cls.predictions.transform.LayerNorm.weight，大小为torch.Size([768])
需要训练参数为cls.predictions.transform.LayerNorm.bias，大小为torch.Size([768])
需要训练参数为cls.predictions.decoder.weight，大小为torch.Size([21128, 768])
/usr/local/python3/lib/python3.8/site-packages/transformers/optimization.py:306: FutureWarning: This implementation of AdamW is deprecated and wil
l be removed in a future version. Use the PyTorch implementation torch.optim.AdamW instead, or set `no_deprecation_warning=True` to disable this w
arning
  warnings.warn(
Epoch:   0%|                                                                                                    | 0/10 [00:00<?, ?it/s/
data/work/lcong/ChatGPT/PromptProj/model.py:53: UserWarning: torch.range is deprecated and will be removed in a future release because its behavio
r is inconsistent with Python's range builtin. Instead, use torch.arange, which produces values in [start, end).
  mask = mask_index + torch.range(0, logits_shapes[0] - 1, dtype=torch.long, device=logits.device) * \
usr/local/python3/lib/python3.8/site-packages/torch/optim/lr_scheduler.py:257: UserWarning: To get the last learning rate computed by the schedule
r, please use `get_last_lr()`.
  warnings.warn("To get the last learning rate computed by the scheduler, "
Iter (loss=0.926): 100%|████████████████████████████████████████| 10/10 [00:01<00:00,  6.38it/s]
```

图 5-11　模型训练运行状态

模型训练完成后可以使用 tensorboard 查看训练损失以及测试集准确率的变化，如图 5-12 所示。

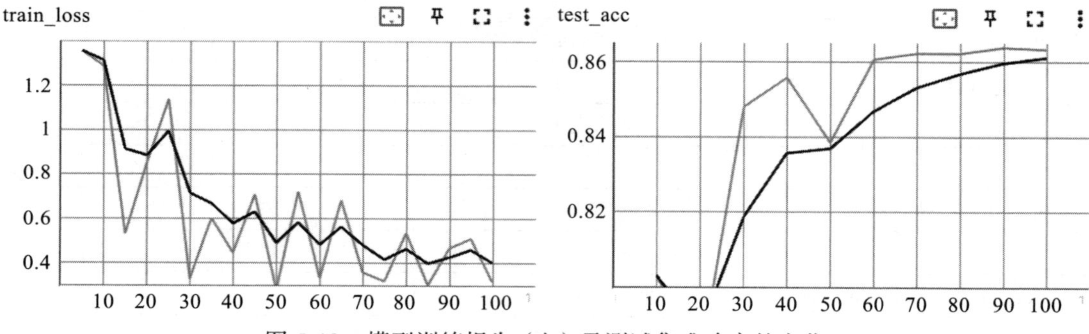

图 5-12 模型训练损失（左）及测试集准确率的变化

5.4.5 模型推理模块

模型推理代码位于 predict.py 文件中，包括参数设置函数、单个样本预测函数和主入口函数等。推理过程及代码如下。

第一步：设置预测的配置参数。当没有输入参数时，使用默认参数。

第二步：获取设备信息。

第三步：实例化推理模型和 tokenizer 分词器，并将模型设置到指定设备上。

第四步：获取输入的正文内容，通过单个样本预测函数预测评论文本的情感极性。

```
def set_args():
    """ 设置模型预测所需参数 """
    parser = argparse.ArgumentParser()
    parser.add_argument('--device', default='0', type=str, help=' 设置训练或测试时使用的显卡 ')
    parser.add_argument('--model_path', default='prompt_model/', type=str, help='prompt
        模型文件路径 ')
    parser.add_argument('--max_len', type=int, default=256, help=' 输入模型的最大长度，
        要比 config 中 n_ctx 小 ')
    parser.add_argument('--token_handler', type=str, default="mean", help=' 答案映
        射标签多 token 策略 ')
    parser.add_argument('--template', type=str, default="{mask} 满意。{text}", help='prompt
        模板 ')
    parser.add_argument('--pos_words', type=list, default=[" 很 ", " 非常 "], help=' 答
        案映射正标签对应标签词 ')
    parser.add_argument('--neg_words', type=list, default=[" 不 "], help=' 答案映射负
        标签对应标签词 ')
    return parser.parse_args()

def main():
    """ 主函数 """
    # 设置预测的配置参数
```

```
    args = set_args()
    # 获取设备信息
    os.environ["CUDA_DEVICE_ORDER"] = "PCI_BUS_ID"
    os.environ["CUDA_VISIBLE_DEVICES"] = args.device
    device = torch.device("cuda" if torch.cuda.is_available() and int(args.device) >=
        0 else "cpu")
    # 实例化 tokenizer 和 model
    tokenizer = BertTokenizer.from_pretrained(args.model_path, do_lower_case=True)

    model = PromptModel.from_pretrained(args.model_path)
    model.to(device)
    model.eval()
    # 获取答案空间映射向量
    label_dict = {"负向": {"label_words": args.neg_words, "label_id": 0}, "正向":
        {"label_words": args.pos_words, "label_id": 1}}
    words_ids, words_ids_mask = get_verbalizer(label_dict, tokenizer)
    words_ids, words_ids_mask = words_ids.to(device), words_ids_mask.to(device)
    print('开始对评论数据进行情感分析，输入 CTRL + C，则退出')
    while True:
        text = input("输入的评论数据为：")
        # 对每个文本进行预测
        pre_label = predict_one_sample(args, device, model, tokenizer, args.template,
            text, words_ids, words_ids_mask)
        if pre_label == 0:
            label = "负向"
        else:
            label = "正向"
        print("情感极性为{}".format(label))
```

其中，单样本预测的具体步骤和代码如下。

第一步：对评论数据文本进行预处理，若过长则切断。

第二步：将提示模板与评论数据融合。

第三步：对数据进行 tokenize 分词，并获取“[MASK]”标记的位置，用于填词。

第四步：生成模型训练所需的输入内容 input_ids 和 attention_mask。

第五步：生成推理模型所需的输入矩阵。

第六步：获取预测标签结果。

```
def predict_one_sample(args, device, model, tokenizer, template, text, words_ids,
   words_ids_mask):
    """单条文本预测函数"""
    # 当评论数据过长时，进行切断操作
    if len(text) > args.max_len - len(template):
        text = text[:args.max_len - len(template)]
    # 将提示模板与评论数据融合
    text = "[CLS]" + template.replace("{mask}", "[MASK]").replace("{text}", text) +
        "[SEP]"
    # 对数据进行 tokenize 分词
    text_tokens = tokenizer.tokenize(text)
    # 获取“[MASK]”标记的位置，用于填词
```

```
    mask_index = text_tokens.index("[MASK]")
    # 生成模型训练所需的 input_ids 和 attention_mask
    input_ids = tokenizer.convert_tokens_to_ids(text_tokens)
    attention_mask = [1] * len(input_ids)
    # 生成推理模型所需的输入矩阵
    input_ids = torch.tensor([input_ids]).to(device)
    attention_mask = torch.tensor([attention_mask]).to(device)
    mask_index = torch.tensor([mask_index]).to(device)
    # 获取预测结果
    outputs = model.forward(input_ids=input_ids, attention_mask=attention_mask, mask_
        index=mask_index, token_handler=args.token_handler, words_ids=words_ids,
        words_ids_mask=words_ids_mask)
    # 获取模型预测结果
    pre_label = outputs[1].cpu().numpy().tolist()[0]
    return pre_label
```

在模型推理时，可以在文件中修改相关配置信息，也可以通过命令行运行 predict.py 文件时指定相关配置信息，模型推理配置信息如表 5-4 所示。

表 5-4　模型推理配置信息

配置项名称	含　义	默认值
device	训练时设备信息	0
model_path	模型路径	prompt_model/
token_handler	答案映射标签多 Token 策略	mean
max_len	模型输入最大长度	256
template	提示模板	{mask} 满意。{text}
pos_words	答案映射正标签对应标签词	[" 很 "," 非常 "]
neg_words	答案映射负标签对应标签词	[" 不 "]

模型推理命令如下，运行后如图 5-13 所示。

```
python3 generate_sample.py --device 0 --max_len 256
```

```
[root@localhost PromptProj]# python3 predict.py
开始对评论数据进行情感分析，输入CTRL + C，则退出
输入的评论数据为：
```

图 5-13　模型运行状态

对情感分析模型进行推理测试，针对每个评论内容进行情感倾向打分，测试样例如下。

样例 1：

输入的评论数据：这家酒店是我在携程定的酒店里面最差的，房间设施太小气，环境也不好，特别是我住的那天，先是停了一会儿电，第二天停水，没法洗漱，就连厕所也没法上，糟糕透顶。

情感极性：负向。

样例 2：

输入的评论数据：这个宾馆的接待人员没有丝毫的职业道德可言。我以前定过几次这个宾馆，通常情况下因为入住客人少，因此未发生与他们的冲突，由于他们说要接待一个团，为了腾房，就要强迫已入住的客人退房，而且态度恶劣，言语嚣张，还采用欺骗手段说有其他的房间。

情感极性：负向。

样例 3：

输入的评论数据：香港马可最吸引人的地方当然是便利的条件啦；附近的美心酒楼早茶很不错（就在文化中心里头），挺有特色的。

情感极性：正向。

样例 4：

输入的评论数据：这绝对是天津最好的五星级酒店，无愧于万豪的品牌！我住过两次，感觉都非常好。非常喜欢酒店配备的 CD 机、遥控窗帘、卫生间电动百页窗。早餐也非常好，品种多品质好。能在早餐吃到寿司的酒店不多，我喜欢这里的大堂，很有三亚万豪的风范！

情感极性：正向。

5.5　本章小结

本章主要介绍了提示学习、上下文学习和思维链的内容，并基于提示学习进行代码实战操作，构建了一个基于少样本的情感分析模型。

CHAPTER 6

第6章

大型语言模型预训练

重剑无锋，大巧不工。

——金庸《神雕侠侣》

随着深度学习技术的发展和计算能力的提升，预训练大型语言模型参数量的规模也在不断扩大。这些模型可以处理更加复杂和多样化的自然语言处理任务，但同时也需要更多的计算资源和更长的训练时间。目前，已经出现了具有里程碑意义的大型语言模型。2017年，OpenAI发布了GPT模型，参数规模达到了1.17亿；2018年，Google发布了BERT，参数规模达到了3.4亿；2020年，Google发布了T5模型，参数规模达到了11亿；到了2021年，OpenAI发布了GPT-3模型，参数规模达到了1 750亿。

由于模型参数规模不断扩大，有效地训练大型语言模型就变得十分重要。本章将从分词器开始介绍大型语言模型的训练方法及常见的分布式训练框架，并通过实战演示结合大型语言模型提升子任务的效果和调优方法。

6.1 大型预训练模型简介

大型预训练模型是一种在大规模语料库上预先训练的深度学习模型。它通过在大量无标注数据上进行训练，学习通用语言表示，并在各种下游任务中进行微调。预训练模型的主要优势在于可以在较少的标注数据上进行微调，并且可以在多个任务上进行迁移学习，从而加快模型的训练速度并提升效果。更多预训练模型的详细信息可参考第3章。

随着模型规模与数据规模的不断扩大，单台计算机的计算能力和内存容量可能无法满足训练需求，导致训练时间长、效率低下或无法完成训练。为此，分布式训练方法应运而生。分布式训练是将训练任务分配到多台计算机上并行处理，每台计算机只需处理部分数据或模型参数，然后将结果传递给其他计算机进行计算，最后合并结果并更新模型参数。这样可以充分利用多台计算机的计算资源和内存容量，从而缩短训练时间，提高效率。接下来，我们将讨论大型语言模型预训练中的点点滴滴。

6.2 预训练模型中的分词器

对于预训练模型，分词器（Tokenizer）是非常重要的一步。分词器将输入的原始文本转化为模型可以处理的数字序列，并将这些数字序列分为 token（标记）和 segment（分段）等。本节将从分词器入手，介绍大型预训练的常用分词方法，如 WordPiece、字节对编码（Byte Pair Encoding，BPE）等。

在介绍分词器之前，我们需要先思考一个问题：为什么要对文本进行分词？因为单词是文本中最小的独立单元，并且包含部分语义信息。在进行模型训练时，采用分词的方法可以有效降低文本数据的维度，提高训练效率。

在英文场景中，最简单的单词分割方式是按空格分割。例如：

```
Let's go to work tomorrow!
```

可以将上述文本按照空格进行分割，得到

```
["Let's", "go", "to", "work", "tomorrow!"]
```

此时我们不难发现，“Let’s”和“tomorrow!”中都带有标点符号，若不将标点分开处理，则待学习的词汇量将急剧增加。“Let’s”中“L”为大写字母，我们也可以通过将所有字母都转换为小写来缩小词汇规模。因此，可以对上述文本进行更好的分割，得到以下结果：

```
["let", "'", "s", "go", "to", "work", "tomorrow", "!"]
```

以上方式运用简单的规则进行分词，得到了分词结果。但在训练过程中，我们可能需要为词库中的每个单词都进行参数学习，因此会造成词库规模的爆炸。例如，Transformer XL 使用基于空格和标点符号的规则分词，其词汇量超过 250 000，这个训练代价往往是巨大的。

为解决上述问题，有学者提出了控制词库规模的方法。例如，制定一个词库规模的上限，其余词可以置为词汇外词（Out-Of-Vocabulary，OOV）。但我们会发现，当词库规模达到上限后，good 和 bad 都有可能被标记为 OOV。在训练时，将会失去很多重要信息。因此，如何有效地进行分词变得极为重要。

6.2.1 BPE

BPE 是一种简单的数据压缩形式，由爱丁堡大学 Rico Sennrich 等在 2015 年的论文“*Neural Machine Translation of Rare Words with Subword Units*”中提出。在当时的研究中，

神经机器学习已经取得了一定的成绩。通常的做法是为机器翻译任务固定词表，但是机器翻译本身是一个开放性词汇问题。在遇到未登录词时，以前的做法是重新更新词表。因此，Rico Sennrich 等提出了一种更简单、更有效的方法，即通过将未登录词编码为子单词单元序列，使神经机器学习模型能够进行开放性词汇翻译。该方法就是 BPE，实现逻辑是通过迭代将原始序列中最频繁的字节替换为单个未使用的字节。具体的算法逻辑如下。

第一步：采用任意分词方法（如空格分割方法）对所有文本进行分词。

第二步：统计所有词语的词频，将所有词语以字母形式进行分割，得到相关字符，并设置词库的上限。

第三步：统计任意两个字符连续出现的总次数。

第四步：选取出现次数最高的一组字符对，替换第二步获得字符统计，并将该字符组加入词库中。

重复第三步和第四步，直到词库规模达到预设上限。

下面以实际数据为例。当前有以下词语及其词频：

```
[("car", 5), ("cabbage", 3), ("table", 1), ("detch", 2), ("chair", 5)]
```

第一步：得到相应字母组成的词库，当前词库规模为 11，设定词上限为 13。

```
Vocabulary ={'a', 't', 'h', 'i', 'b', 'g', 'r', 'e', 'd', 'c', 'l'}
```

第二步：结合上述词频及字母，将其表示为如下形式。

```
[(['c', 'a', 'r'], 5), (['c', 'a', 'b', 'b', 'a', 'g', 'e'], 3), (['t', 'a',
    'b', 'l', 'e'], 1), (['d', 'e', 't', 'c', 'h'], 2), (['c', 'h',  'a', 'i',
    'r'], 5)]
```

第三步：经过统计，<c, a> 字母组合在 car 中出现 5 次，在 cabbage 中出现 3 次，共出现 8 次，当前最高。因此将 ca 加入词库中，此时词库如下：

```
Vocabulary = {'a', 't', 'h', 'i', 'b', 'g', 'r', 'e', 'd', 'c', 'l', 'ca'}
```

第四步：进一步更新当前统计的词频，并对字母组合 <c, a> 进行替换，此时词频统计如下：

```
[(['ca', 'r'], 5), (['ca', 'b', 'b', 'a', 'g', 'e'], 3), (['t', 'a', 'b', 'l',
    'e'], 1), (['d', 'e', 't', 'c', 'h'], 2), (['c', 'h', 'a', 'i', 'r'], 5)]
```

重复上述步骤，<c, h> 字母组合在 detch 中出现 2 次，在 chair 中出现 5 次，共出现 7 次，当前最高。因此将 ch 加入词库中，此时词库如下：

```
Vocabulary = {'a', 't', 'h', 'i', 'b', 'g', 'r', 'e', 'd', 'c', 'l', 'ca', 'ch'}
```

此时，规模已达到上限 13，完成词库构建。

当我们遇到新词 card 时，结合上述词库，可以得到分词结果 ['ca', 'r', 'd']。当输入单词

carry 时，则会得到分词结果 ['ca', 'r', 'r', [UNK]], 其中未在词库中的词称为未登录词，通常表示为 [UNK]，取英文单词 unknown 的前三个字母。

BPE 方法简单、高效，能极大地帮助大型语言模型缩短训练时长。例如，OpenAI 开源的 GPT-2 与 Meta 的 RoBERTa 均采用 BPE 作为分词方法，并构建了相应词库。下面结合 RoBERTa 来测试 BPE 分词效果。我们可以利用 HuggingFace 仓库中公布的 RoBERTa 模型进行 BPE 方法的测试，相关代码如下：

```
from transformers import BertTokenizer

# 设置 vocab 路径
vocab_path = " hfl/chinese-roberta-wwm-ext"

# 利用 Transformers 中的 BertTokenizer 初始化 tokenizer
tokenizer = BertTokenizer.from_pretrained(vocab_path, do_lower_case=True)

# 利用初始化的分词器，针对中文文本分词，并打印结果
query = " 我爱北京天安门，天安门上太阳升。"
print(tokens = tokenizer.tokenize(query))

# 利用初始化的分词器，针对英文文本分词，并打印结果
query2 = "A large language model (LLM) is a language model consisting of a
    neural network with many parameters."
print(tokenizer.tokenize(query2))
```

得到的分词结果如下：

```
['我', '爱', '北', '京', '天', '安', '门', '，', '天', '安', '门', '上', '太',
     '阳', '升', '。']
['a', 'la', '##rge', 'language', 'model', '(', 'll', '##m', ')', 'is', 'a',
    'language', 'model', 'con', '##sis', '##ting', 'of', 'a', 'ne', '##ura',
    '##l', 'network', 'with', 'man', '##y', 'pa', '##rame', '##ters', '.']
```

6.2.2 WordPiece

WordPiece 是一种分词器，最初由 Google 提出，旨在解决神经机器翻译中未登录词的问题。该方法同时应用于输入端和输出端，因此受到了广泛关注，特别是在深度学习领域。WordPiece 是 BPE 的一个变种，首先将所有字符添加到词库中，并需要预先设置词库规模。在不断添加子词的过程中，WordPiece 与 BPE 最大的区别在于添加子词到词库中的方式。WordPiece 选择最大化训练数据的可能性词对，而不考虑词频。这也意味着从初期构建的词库开始，在语言模型训练的过程中，不断更新词库，直至词库达到相应规模。具体操作步骤如下。

第一步：对待训练语料进行字符拆分，并将拆分的字符加入初始词库。

第二步：设置词库上限。

第三步：开始训练语言模型。

第四步：结合训练的语言模型，将能够最大化训练数据概率的子词，作为新的部分加入词库。

第五步：重复第三步和第四步直至词库规模达到上限。

例如，针对文本“he is just a funky guy”，利用分词器可以得到以下结果：

```
["he", "is", "just", "a", "fun", "##ky", "guy"]
```

其中，“##”表示附加标记。

2018 年，由 Google 公司提出的 BERT 中就使用了 WordPiece 作为分词器，下面使用 BERT 来进行分词测试。我们可以利用 HuggingFace 仓库中公布的 BERT 模型文件来验证 WordPiece 分词。测试代码如下：

```
from transformers import BertTokenizer

vocab_path = " bert-base-chinese "
tokenizer = BertTokenizer.from_pretrained(vocab_path, do_lower_case=True)

query = "我爱北京天安门，天安门上太阳升。"
print(tokenizer.tokenize(query))

query2 = "A large language model (LLM) is a language model consisting of a
    neural network with many parameters."
print(tokenizer.tokenize(query2))
```

得到的分词结果如下：

```
['我', '爱', '北', '京', '天', '安', '门', '，', '天', '安', '门', '上', '太',
    '阳', '升', '。']
['a', 'la', '##rge', 'language', 'model', '(', 'll', '##m', ')', 'is', 'a',
    'language', 'model', 'con', '##sis', '##ting', 'of', 'a', 'ne', '##ura',
    '##l', 'network', 'with', 'man', '##y', 'pa', '##rame', '##ters', '.']
```

6.2.3 Unigram

研究证明，子词单元（Subword）是缓解神经机器翻译中开放词汇问题的有效方法。虽然句子通常会被转换成独特的子词序列，但是子词分词的结果存在潜在的歧义，即使使用相同的词汇也可能出现多个分词。因此，Google 公司的 Kudo 提出了一种基于 Unigram 语言模型的子词分词算法，该算法利用一种简单的正则化方法将分割歧义作为噪声以提高神经机器翻译的鲁棒性，在训练过程中使用多个概率抽样的子词分割来训练模型。这种分词方法被称为 Unigram 分词方法。

Unigram 分词方法也是一种经常被采用的分词方式，与 BPE、WordPiece 两种分词方式的主要区别是，Unigram 在构建时，词库基本包含所有词语和符号，然后采用逐步删除的方式得到最终词库。具体步骤如下。

第一步：构建基本包含所有词语和符号的词库。

第二步：设置词库规模。

第三步：开始训练语言模型。

第四步：删除具有最高损失 x% 的词对。

第五步：重复第三步和第四步直至词库规模达到预定规模。

Unigram 分词应用十分广泛，很多模型都采用这种分词方式作为分词器。这里我们采用 Hugging Face 上公布的一个使用 Unigram 分词的模型[㊀]作为样例。

测试代码如下：

```
from transformers import RobertaTokenizer

tokenizer = RobertaTokenizer.from_pretrained("cestwc/roberta-base-unigram-
    quaternary")
query = "我爱北京天安门，天安门上太阳升。"
print(tokenizer.tokenize(query))
query2 = "A large language model (LLM) is a language model consisting of a
    neural network with many parameters."
print(tokenizer.tokenize(query2))
```

得到的分词结果如下：

```
['æĪ', 'ij', 'ç', 'Ī', '±', 'åĮ', 'Ĺ', 'äº', '¬', 'å¤©', 'å®', 'ī', 'éĹ',
    '¨', 'ï', '¼', 'Į', 'å¤©', 'å®', 'ī', 'éĹ', '¨', 'ä¸Ĭ', 'å¤', 'ª', 'é', 'ĺ',
    '³', 'åĮ', 'ĩ', 'ãĢĤ']
['A', 'Ġlarge', 'Ġlanguage', 'Ġmodel', 'Ġ(', 'LL', 'M', ')', 'Ġis', 'Ġa',
     'Ġlanguage', 'Ġmodel', 'Ġconsisting', 'Ġof', 'Ġa', 'Ġneural', 'Ġnetwork',
     'Ġwith', 'Ġmany', 'Ġparameters', '.']
```

6.2.4 SentencePiece

目前介绍的所有分词方法都是基于空格分割的词语分割。然而，对于其他语言（如中文、日文等），简单的空格分割并不是最有效的方法。针对这种情况，学者们也展开了研究。来自 Google 的 Taku Kudo 提出了一种新的分词方式，称为 SentencePiece。

SentencePiece 是一种简单且独立于语言的文本分词方法。它既可以作为分词器，又可以作为逆分词器（Detokenizer），其中逆分词器是将已经分割的单词、标点等标记恢复为原始文本形式。SentencePiece 主要用于基于神经网络的文本生成系统。相比现有的子词分割工具，SentencePiece 可以直接从原始句子训练子词模型，假定输入以 pre-tokenized 为单词序列。这时我们可以构建一个纯粹的端到端且语言层面相对独立的系统。

为了实现所谓的端到端和语言层面相对独立，SentencePiece 在设计时主要包含 4 个组

㊀ 模型地址为 https://huggingface.co/cestwc/roberta-base-unigram-ternary。

件：Normalizer、Trainer、Encoder 和 Decoder。其中，Normalizer 是一个模块，用于将语义上等效的 Unicode 字符标准化为规范形式。Trainer 从标准化语料库训练子词分割模型。Encoder 在内部执行 Normalizer 来标准化输入文本，并使用 Trainer 训练的子词模型将其标记为子词序列。Decoder 将子词序列转换为标准化文本。

SentencePiece 实现了两种子词分割算法，即上文提到的 BPE 和 Unigram，并扩展了从原始句子直接训练的能力。SentencePiece 主要是将输入作为输入流处理，处理输入流中的字符、空格及标点等内容，分词方式可以采用 BPE、Unigram 方法。

在由 Hugging Face 提供的 transformers 库中，多数 transformer 模型如 ALBert、XLNet、T5 等的分词都采用 SentencePiece 与 Unigram 结合的方法作为分词器。

XLNet 是一种基于自回归语言模型的预训练方法，由 CMU 和谷歌的研究人员联合提出。这里我们采用 Hugging Face 上公布的一个基于中文 XLNet 模型架构提供的模型[⊖]，测试代码如下：

```
from transformers import XLNetTokenizer

tokenizer = XLNetTokenizer.from_pretrained("hfl/chinese-xlnet-base")
query = "我爱北京天安门，天安门上太阳升。"
print(tokenizer.tokenize(query))
query2 = "A large language model (LLM) is a language model consisting of a
    neural network with many parameters."
print(tokenizer.tokenize(query2))
```

得到的分词结果如下。

```
['▁我', '爱', '北京', '天', '安', '门', ',', '天', '安', '门', '上', '太阳',
    '升', '。']
['▁A', '▁', 'lar', 'ge', '▁', 'lan', 'gu', 'age', '▁', 'mod', 'el',
    '▁', '(', 'LL', 'M', ')', '▁', 'is', '▁', 'a', '▁', 'lan', 'gu',
    'age', '▁', 'mod', 'el', '▁con', 'sis', 'ting', '▁', 'of', '▁',
    'a', '▁', 'ne', 'ur', 'al', '▁', 'net', 'work', '▁w', 'ith', '▁',
    'man', 'y', '▁p', 'ara', 'met', 'ers', '.']
```

6.3 分布式深度学习框架

随着预训练语言模型研究的不断深入，预训练模型的参数规模及训练数据的规模也在不断扩大。单个 GPU 的显存有限，限制了训练时的参数规模及训练批次，导致训练效率无法达到预期，很多大型语言模型已经无法在单卡上进行训练。为解决上述问题，分布式深度学习方法应运而生。

分布式深度学习是一种利用多台计算机服务器协同工作来完成深度学习任务的方法。

⊖ 模型地址为 https://huggingface.co/hfl/chinese-xlnet-base/tree/main。

在分布式深度学习框架中，多台计算机并行处理数据，以加快学习速率并减少单台服务器的存储和计算限制。在分布式深度学习框架中，采用的训练范式有很多种，包括数据并行（Data Parellelism，DP）和模型并行（Model Parallelism，MP）。

6.3.1 并行范式简介

1. 数据并行

数据并行是一种常见的分布式深度学习并行方式，原理十分简单，就是将数据进行拆分，得到多个数据块，再将数据块分配到不同 GPU 上执行。假设我们想对规模为 n 的数组的所有元素求和，单次求和的时间成本为 t。在顺序执行的情况下，这个过程所需时间的计算方式如下。

$$C_1 = n \times t$$

如果我们将这个任务作为一个数据并行任务在 k 个处理器上执行，所需时间可采用以下公式计算。

$$C_2 = \frac{n}{k} \times t + e$$

其中，e 为数据合并开销，根据计算机性能可知 $e \approx t$，从上述公式结果对比不难发现，在采用数据并行时，可以极大提高计算效率。由于大型语言模型训练中数据规模不断扩大，将数据拆分至多个 GPU 中，类似于我们在训练时将数据拆分成多个批次，并将训练任务在多个批次上并行，此时每个 GPU 上都有整个模型的完整复制，每个 GPU 的模型都在分配的数据块上进行前向传播。但是，在反向传播时，为了能将结果共享——确保整个模型参数能够在不同 GPU 之间进行同步，所有的梯度都将进行全局归纳。数据并行示意图如图 6-1 所示。

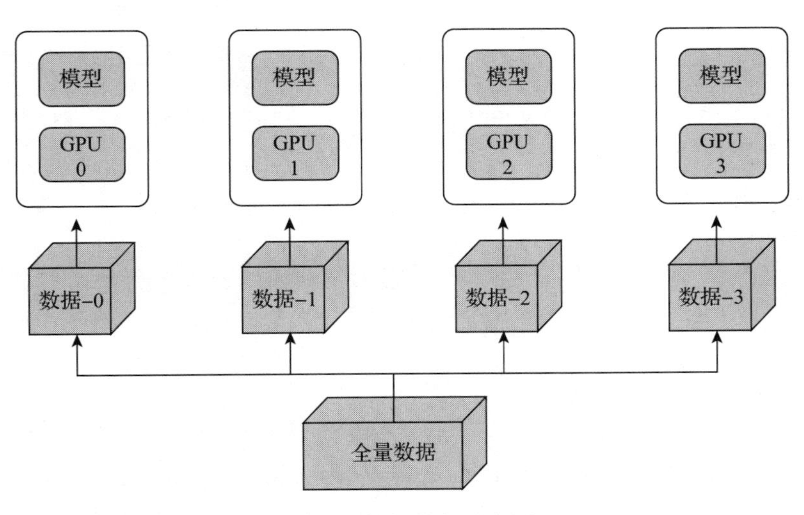

图 6-1　数据并行示意图

下面将展示一个使用 PyTorch 和 transformers 库实现的数据并行模型的示例。与通常编写代码形式一致，我们需要设计模型训练的主要代码。首先读取相应的训练数据，然后结合之前定义的 SentimentDataset 来构建训练集 train_dataset 和验证集 val_dataset。接下来，将它们分别放入数据加载器 train_dataloader 和 val_dataloader 中。在实例化模型之后，我们使用 torch.nn.DataParallel 函数来实现模型中的数据并行。以下是部分代码实现。

```
train_dataset = SentimentDataset(train_data, tokenizer, max_len)
val_dataset = SentimentDataset(val_data, tokenizer, max_len)

train_dataloader = DataLoader(train_dataset, batch_size=16, shuffle=True)
val_dataloader = DataLoader(val_dataset, batch_size=16, shuffle=False)

# 实例化模型，定义损失函数和优化器
device = torch.device('cuda' if torch.cuda.is_available() else 'cpu')
model = SentimentClassifier(2)
model = DataParallel(model, device_ids=[0, 1]) # 使用 DataParallel 并行训练
model.to(device)
```

以上是使用 torch.nn.DataParallel 函数来实现分布式深度学习中的数据并行方法的步骤。另外，还可以使用 torch.nn.parallel.DistributedDataParallel 来实现数据并行。具体修改如下。

- ❑ 使用 torch.utils.data.DistributedSampler 作为数据采集器。
- ❑ 使用 torch.nn.parallel.DistributedDataParallel 来封装模型。

以下是修改后的代码。

```
train_dataset = SentimentDataset(train_data, tokenizer, max_len)
val_dataset = SentimentDataset(val_data, tokenizer, max_len)

train_sampler = DistributedSampler(train_dataset, num_replicas=world_size,
    rank=rank)
val_sampler = DistributedSampler(val_dataset, num_replicas=world_size,
    rank=rank)

train_dataloader = DataLoader(train_dataset, batch_size=16, sampler=train_
    sampler)
val_dataloader = DataLoader(val_dataset, batch_size=16, sampler=val_sampler)

device = torch.device(f'cuda:{rank}')
model = SentimentClassifier(2)
model = model.to(device)
model = nn.parallel.DistributedDataParallel(model, device_ids=[0, 1])
```

上述代码分别使用了 torch.nn.DataParallel 和 torch.nn.parallel.DistributedDataParallel 来实现模型的数据并行。DataParallel 和 DistributedDataParallel 的主要区别如下。

- 扩展性：DataParallel 仅在单个节点上的多个 GPU 之间实现数据并行（即单机多卡），而 DistributedDataParallel 可以在多个节点的多个 GPU 上实现数据并行（即多机多卡）。
- 性能：DataParallel 在使用多个 GPU 时可能会遇到性能瓶颈，因为它使用 Python 的多线程来分发数据。DistributedDataParallel 方法使用底层的分布式通信库（如 NCCL 或 Gloo）实现数据并行，从而提供更好的性能。
- 故障恢复：DistributedDataParallel 支持故障恢复，即当某个工作节点发生故障时，训练过程可以从上次的状态继续进行。DataParallel 不支持故障恢复。
- 灵活性：DistributedDataParallel 支持不同的分布式训练设置，如同步和异步更新参数等。DataParallel 仅支持单节点多 GPU 的同步训练设置。
- 易用性：DataParallel 相对于 DistributedDataParallel 更容易使用，因为它不需要初始化进程组和其他分布式训练相关的设置。

2. 模型并行

在数据并行策略中存在一个特点，即模型在训练时，每个 GPU 上都拥有整个模型的所有参数，这显然存在巨大冗余。因此，学者们提出一种模型并行的策略。所谓模型并行就是将整个模型拆分，并分配到每个 GPU 上进行训练。当前主流的模型并行策略有两种，即管道并行（Pipeline Parallel，PP）和张量并行（Tensor Parallel，TP）。下面对这两个策略进行简单解释。

在介绍管道并行之前，我们需要回想一下 CPU 的原理。为了能更高效地使用 CPU，操作系统将 CPU 拆分成多个时间片，并轮流将时间片分配给不同程序进行调用，单个任务（进程）可以在多个 CPU 上进行计算。借助这个思想，学者们也提出了针对分布式深度学习的管道并行策略。管道并行的核心思想就是将模型按照层进行拆分，并为每个拆分的模型块都分配一个 GPU，每个 GPU 都将自己处理的结果传递给下一个 GPU，使 GPU 在计算时实现并行。相关代码如下。

```
import torch
import torch.nn as nn
# 定义一个包含两个线性层的模型
class SimpleModel(nn.Module):
    def __init__(self):
        super(SimpleModel, self).__init__()
        self.layer1 = nn.Linear(10, 20).to('cuda:0')
        self.layer2 = nn.Linear(20, 1).to('cuda:1')

    def forward(self, x):
        # 第一层在 0 号卡上运行
        x1 = x.to('cuda:0')
        x1 = self.layer1(x1)
```

```
        # 将第一层的输出移动到 1 号卡，并在 1 号卡上执行第二层计算
        x2 = x1.to('cuda:1')
        x2 = self.layer2(x2)
        return x2

# 创建模型实例
model = SimpleModel()

# 使用随机输入进行测试
input_data = torch.randn(64, 10)
output_data = model(input_data)
print(output_data.shape)
```

细心的读者不难发现一个严重的问题：当我们在 0 号卡上运算第一个全连接层 layer1 时，1 号卡处于空闲阶段，等待 x1 的结果。参考 Y.Huang 等学者发表的 “GPipe:Efficient Training of Giant Neural Networks Using Pipeline Parallelism” 和 “PipeDream: Generalized Pipeline Parallelism for DNN Training” 中的相关论述，我们不难发现管道并行存在缺陷。

首先，由于要实现 GPU 间信息的传递，无疑会增加训练过程中因数据传递带来的损耗。其次，整个模型已经拆分成管道，当前 GPU 处理的内容要依赖于上一设备的输出。但是，单个设备的算力是有限的，因此会导致气泡时间（如图 6-2 所示），从而浪费算力资源。

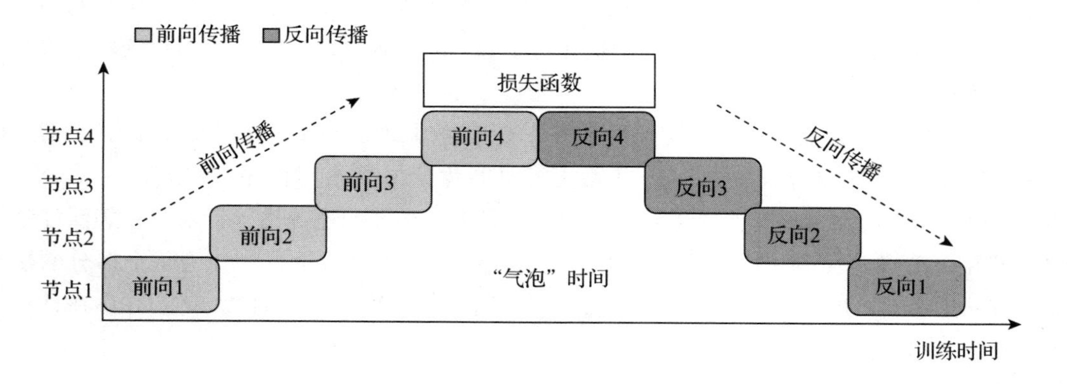

图 6-2　训练中的气泡时间

为了减少气泡时间的损耗，参考进程与线程的关系，学者们提出了将训练的批次再拆分成微批次的方法。每个节点每次只处理一个微批次的数据，可以有效地进行计算，并且只有当整个批次训练完后才会进行参数更新。

在微批次中，模型进行前向传播和反向传播时，学者们提出了很多策略，比较著名的有 GPipe 和 PipeDream。GPipe 采用的是每个节点连续进行前向和反向传播的方法，最终同步聚合多个微批次的梯度，如图 6-3 所示。相反，PipeDream 则采用在每个节点上交替进行前向和反向传播的方法，如图 6-4 所示。

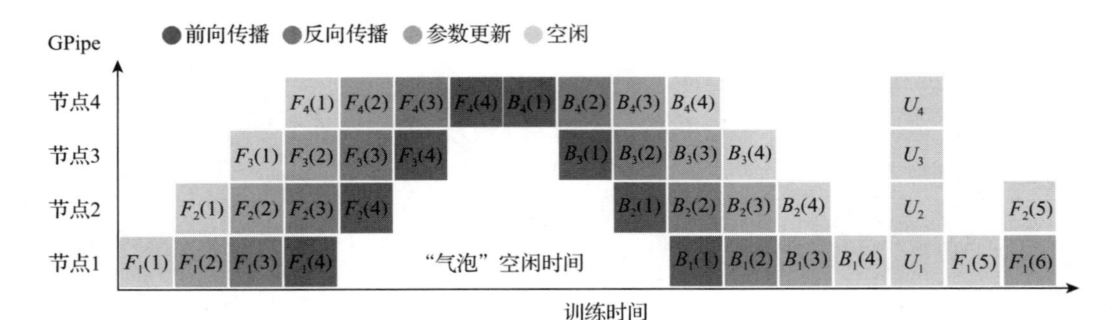

图 6-3　GPipe 示意图

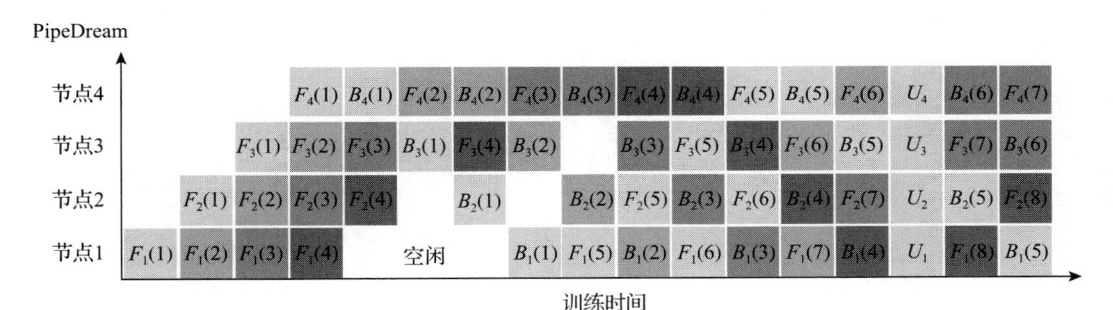

图 6-4　PipeDream 示意图

张量并行就是将一个张量按照特定维度拆分为多个块。举个例子，将一个张量拆分为 N 个块，每个 GPU 上都有整个张量的 $1/N$，为了确保整个计算图的准确性，额外的通信开销是不可避免的。如图 6-5 所示，在计算张量 $A\times B$ 时，可以将张量 B 拆分为两个部分即 B_1 和 B_2，也可以将 $A\times B$ 计算拆分到两个 GPU 上执行，即 GPU0 上执行 $A\times B_1$，GPU1 上执行 $A\times B_2$，得到结果 C_1 与 C_2，再将得到的两个计算结果进行合并。相关示意图如图 6-5 所示。

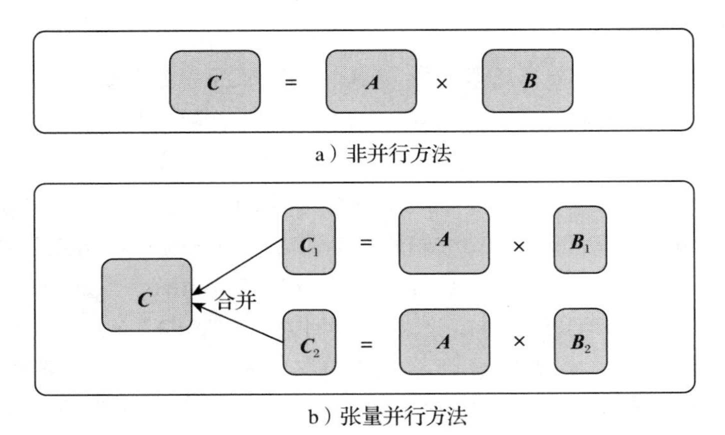

a）非并行方法

b）张量并行方法

图 6-5　张量并行示意图

张量并行的实例代码如下。

```
import torch
import torch.nn as nn

class TensorParallelModel(nn.Module):
    def __init__(self, input_size, output_size):
        super(TensorParallelModel, self).__init__()
        self.input_size = input_size
        self.output_size = output_size
        self.linear = nn.Linear(input_size, output_size).to('cuda:0')

    def forward(self, x):
        # 将输入数据切分为两个子张量，分别将 x1、x2 置于不同的设备上
        split_size = x.shape[0] // 2
        x1, x2 = x[:split_size].to('cuda:0'), x[split_size:].to('cuda:1')

        # 将模型的权重和偏差复制到第二个设备
        linear2 = self.linear.to('cuda:1')

        # 在两个设备上并行计算线性层
        y1 = self.linear(x1)
        y2 = linear2(x2)

        # 合并计算结果并返回
        y = torch.cat([y1.to('cuda:1'), y2], dim=0)
        return y

# 创建模型实例
model = TensorParallelModel(10, 20)

# 使用随机输入进行测试
input_data = torch.randn(64, 10)
output_data = model(input_data)
print(output_data.shape)
```

3. 零冗余优化器

前面说过，数据并行，就是将数据按照显卡规模拆分为多个微批次，每个显卡上都保存整个模型的参数，再利用 All-Reduce 进行整合，并计算梯度和进行参数更新。数据并行存在一个显而易见的缺陷，即若我们有 N 个显卡，由于 DP 特性，每个显卡上都会保存一份模型参数，则 N–1 份数据都是冗余的，造成了显存资源的浪费。DeepSpeed 团队在论文“Zero: Memory Optimizations toward Training Trillion Parameter Models”中提出了一种数据并行优化方法——零冗余优化器（Zero Redundancy Optimizer，ZeRO）。ZeRO 方法采用分割的方式进行优化。ZeRO 方法可以分为 3 个阶段，即 ZeRO-1、ZeRO-2、ZeRO-3。

如图 6-6 所示，针对模型参数规模为 750 亿（Ψ=7.5B），优化器的乘数规模为 12（K=12），数据并行规模为 64（N_d=64）的模型进行训练时，模型参数规模优化到了 120GB，模型参数规模的计算公式如下。

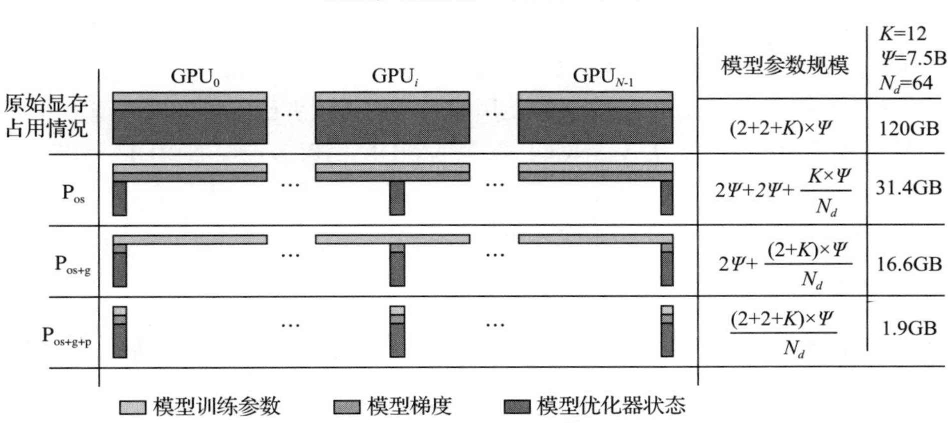

图 6-6 ZeRO 示意图

- ZeRO-1（P_{os}）：采用优化器状态分割（Optimizer State Partitioning，P_{os}）、针对 Adam 优化器训练、GPU 再处理的训练方法，需要保存模型本身的权重参数、模型的梯度及 Adam 中的动量参数，针对 Adam 进行优化，将优化的状态进行分割。本优化方案将模型参数规模优化到了 31.4GB。模型参数规模的计算公式如下。

$$\text{模型参数规模} = 2\Psi + 2\Psi + \frac{K \times \Psi}{N_d}$$

- ZeRO-2（P_{os+g}）：在 ZeRO-1 的基础上，增加梯度分割（Gradient Partitioning，P_{os+g}），此时模型的参数依然保存在每个显卡中，显存占用也得到了进一步优化。本优化方案将模型参数规模优化到了 16.6GB。模型参数规模的计算公式如下。

$$\text{模型参数规模} = 2\Psi + \frac{(2+K) \times \Psi}{N_d}$$

- ZeRO-3（P_{os+g+p}）：在 ZeRO-2 的基础上，增加参数分割（Parameter Partitioning，P_{os+g+p}）。从图 6-6 可以看出，冗余得到了极大优化，本优化方案将模型参数规模优化到了 1.9GB。模型参数规模的计算公式如下。

$$\text{模型参数规模} = \frac{(2+2+K) \times \Psi}{N_d}$$

在训练和实际使用中，通常采用 ZeRO-1 可获得较大的提升。ZeRO-2 只能用在训练阶段，在推理时则不可使用。而 ZeRO-3 则在训练及推理中都可以使用。

6.3.2 Megatron-LM

Megatron 是由 NVIDIA 深度学习应用研究团队开发的大型 Transformer 语言模型。Shoeybi 等学者发表了论文“ Megatron-LM: Training Multi-billion Parameter Language Models

Using Model Parallelism” 详细阐述了 Megatron 的相关内容。Megatron 支持多种模型并行方案，包括管道并行、张量并行等，并支持多种语言模型训练方法，如 GPT（Decode 语言模型）、BERT（Encode 语言模型）以及 T5（Encode-Decode 语言模型）。

下面简单介绍一下 Megatron 的安装及使用方法。假设读者已完成基础环境的准备，然后需要分别安装 PyTorch、CUDA、NCCL 以及 NVIDIA APEX。以 NVIDIA APEX 为例，安装步骤如下。

第一步：安装 NVIDIA APEX，命令如下。

```
git clone https://github.com/NVIDIA/apex
cd apex
pip install -v --disable-pip-version-check --no-cache-dir --global-option=”--
    cpp_ext” --global-option=” --cuda_ext” ./
```

第二步：安装 Megatron-LM，命令如下。

```
pip install git+https://github.com/huggingface/Megatron-LM.git
```

第三步：设置 Megatron-LM 加速插件。相关功能可以直接通过 accelerate config 命令进行设置。

```
accelerate config --config_file "megatron_gpt_config.yaml"
```

至此，我们就完成了 Megatron-LM 的基础设置。以 GPT 预训练模型为例，相较于直接训练，Megatron-LM 需要进行设置和调试（以训练任务为例进行说明）。

Megatron-LM 单独针对优化器进行调整，我们需要单独实现 MegatronLMDummyScheduler。用 accelerate.utils.MegatronLMDummyScheduler 进行创建，代码如下。

```
from accelerate.utils import MegatronLMDummyScheduler

if accelerator.distributed_type == DistributedType.MEGATRON_LM:
    lr_scheduler = MegatronLMDummyScheduler(
        optimizer=optimizer,
        total_num_steps=args.max_train_steps,
        warmup_num_steps=args.num_warmup_steps,
    )
else:
    lr_scheduler = get_scheduler(
        name=args.lr_scheduler_type,
        optimizer=optimizer,
        num_warmup_steps=args.num_warmup_steps * args.gradient_accumulation_
            steps,
        num_training_steps=args.max_train_steps * args.gradient_accumulation_
            steps
    )
```

在模型训练前，收集当前总批次大小，需要结合张量并行和管道并行进行综合考虑，代码如下。

```
if accelerator.distributed_type == DistributedType.MEGATRON_LM:
    total_batch_size = accelerator.state.megatron_lm_plugin.global_batch_size
else:
    total_batch_size = args.per_device_train_batch_size * accelerator.num_
        processes * args.gradient_accumulation_steps
```

在 Megatron-LM 中，由于数据并行时多个损失结果需要合并处理，因此也需要单独考虑，代码如下。

```
if accelerator.distributed_type == DistributedType.MEGATRON_LM:
    losses.append(loss)
else:
    losses.append(accelerator.gather_for_metrics(loss.repeat(args.per_device_
        eval_batch_size)))

if accelerator.distributed_type == DistributedType.MEGATRON_LM:
    losses = torch.tensor(losses)
else:
    losses = torch.cat(losses)
```

Megatron-LM 需要采用 accelerator.save_state 来保存模型，代码如下。

```
if accelerator.distributed_type == DistributedType.MEGATRON_LM:
    accelerator.save_state(args.output_dir)
else:
    unwrapped_model = accelerator.unwrap_model(model)
    unwrapped_model.save_pretrained(args.output_dir, is_main_process=accelerator.
        is_main_process, save_function=accelerator.save)
```

6.3.3 DeepSpeed

DeepSpeed 是微软的深度学习库，是一个面向 PyTorch 的开源深度学习优化库。该库旨在减少算力消耗及显存占用情况，能够结合现有计算机硬件更好地并行训练大规模分布式模型。DeepSpeed 针对低延迟、高吞吐量的训练进行了优化，并提供了零冗余优化器（ZeRO），可以训练更大参数量的模型。该库还支持混合精度训练，单 GPU、多 GPU 和多节点训练，自定义模型并行性训练等，目前已被学者和行业人员广泛使用，如 Megatron-Turing NLG 530B 和 Bloom 等大型模型都是采用 DeepSpeed 进行分布式训练。相关代码可在 GitHub 上获取[⊖]。

下面简单介绍一下 DeepSpeed 的安装和使用方法。DeepSpeed 很好地兼容了 PyTorch 和 CUDA 的各个版本，因此无须单独指定安装的配置选项，直接采用 pip 命令即可完成安装。

```
pip install deepspeed
```

在完成安装后，可以执行以下命令完成验证并且获取当前设备所支持的系统信息。

⊖ 获取地址为 https://github.com/microsoft/DeepSpeed。

```
ds_report
```

如何使用 DeepSpeed 进行模型训练的设置？首先我们需要使用 deepspeed.initialize 对模型进行初始化，以确保必要的参数进行了初始化。PyTorch 中使用 torch.distributed.init_process_grou() 进行分布式的初始化，此处仅需将其替换为 deepspeed.init_distributed() 即可。相关实例代码如下。

```
model_engine, optimizer, _, _ = deepspeed.initialize(args=cmd_args, model=model,
    model_parameters=params)
```

完成模型初始化后，开始模型训练。在模型训练时有 3 个关键 API，即前向传播、反向传播及参数更新，在 DeepSpeed 中的实现如下。

```
for step, batch in enumerate(data_loader):
    # 前向传播
    loss = model_engine(batch)

    # 反向传播
    model_engine.backward(loss)

    # 参数更新
    model_engine.step()
```

DeepSpeed 需要重新编写模型保存的方法，使用 save_checkpoint API 保存模型，save_checkpoint 有如下两个参数。

- ckpt_dir：模型 checkpoint 保存的文件地址。
- ckpt_id：用于保存模型的标识符，以区分模型。

利用 save_checkpoint 进行模型保存的示意代码如下。

```
for step, batch in enumerate(data_loader):
    # 前向传播
    loss = model_engine(batch)

    # 反向传播
    model_engine.backward(loss)

    # 参数更新
    model_engine.step()
    # 保存模型
    if step % args.save_interval:
        client_sd['step'] = step # 新增当前 step 信息与模型一并保存
        ckpt_id = loss.item() # 使用 loss 值作为模型标识
        model_engine.save_checkpoint(args.save_dir, ckpt_id, client_sd =
            client_sd)
```

在上述代码样例中，在调用 save_checkpoint 时还传入了一个字典参数 client_sd，该参数的主要作用是将模型在训练过程中的 step 等信息与模型一并保存，方便在后续加载模型时获取相应信息。

我们也可以通过 load_checkpoint 来加载已保存的模型，与 save_checkpoint 相似，load_checkpoint 也有如下两个参数。

- ckpt_dir：加载模型 checkpoint 保存的文件地址。
- ckpt_id：加载已保存模型的标识符。

相关实例代码如下。

```
# 加载模型
_, client_sd = model_engine.load_checkpoint(args.load_dir, args.ckpt_id)
step = client_sd['step'] # 在 client_sd 保存的 step 信息
```

正如上文所提到的，利用 load_checkpoint 进行模型加载后，训练过程的相关信息保存在 client_sd 变量中。

DeepSpeed 中也设置了相应的配置参数，保存在 JSON 文件中，通常将配置信息声明为 args.deepspeed_config 进行保存。以下是一个配置参数的样例。

```
{
    "train_batch_size": 8,
    "gradient_accumulation_steps": 1,
    "optimizer": {
        "type": "Adam",
        "params": {
            "lr": 0.00015
        }
    },
    "fp16": {
        "enabled": true
    },
    "zero_optimization": true
}
```

6.3.4 Colossal-AI

Colossal-AI 是一个集成的大规模深度学习系统，具有高效的并行化技术。该系统可以通过应用并行化技术在具有多个 GPU 的分布式系统上加速模型训练，也可以在只有一个 GPU 的系统上运行。下面简单介绍 Colossal-AI 的安装与使用方法。

Colossal-AI 对系统环境有一定的要求，首先安装的设备系统必须是 Linux，同时对 Python、Pytorch 以及 CUDA 也有相应的要求，具体如下。

- PyTorch 版本大于或等于 1.11。
- Python 版本大于或等于 3.7。
- CUDA 版本大于或等于 11.0。

直接在 PyPI 上使用 pip 命令安装 Colossal-AI，命令如下。

```
pip install colossalai
```

也可以从 GitHub 仓库中进行源代码安装，安装方式如下。

```
git clone https://github.com/hpcaitech/ColossalAI.git
cd ColossalAI

# 安装相关依赖
pip install -r requirements/requirements.txt

# 安装 Colossal-AI
pip install
```

在 Colossal-AI 中可以使用 get_default_parser() 方法获得默认配置参数，同时可以使用 add_argument() 来传入自定义的参数，代码如下。

```
import colossalai

# 获取默认参数
parser = colossalai.get_default_parser()

# 添加自定义参数
parser.add_argument()

# 获取配置的参数信息
args = parser.parse_args()
```

在完成上述配置后，我们可以使用 Colossal-AI 中的 launch API 来启动服务，colossalai.launch() 函数可以接收配置的相应参数信息，并在通信网络中构建相应进程组，代码如下。

```
import colossalai

# 获取默认参数
args = colossalai.get_default_parser().parse_args()

# 加载相应参数，本地启动
colossalai.launch(config=<CONFIG>,
                  rank=args.rank,
                  world_size=args.world_size,
                  host=args.host,
                  port=args.port,
                  backend=args.backend
)
```

至此，我们完成了 Colossal-AI 的安装和配置工作。下面简单介绍如何使用 Colossal-AI 进行模型训练。

使用 colossalai.initialize 方法进行初始化，与通常构建 PyTorch 模型一致，Colossal-AI 也融合了模型训练必需的优化器、数据加载器等，代码如下。

```
import colossalai
```

```
import torch

# 获取相应配置信息，用于加载分布式训练
colossalai.launch(config='./config.py', ...)

# 创建模型，并设置模型必需的优化器、数据加载器等
model = MyModel()
optimizer = torch.optim.Adam(model.parameters(), lr=0.001)
criterion = torch.nn.CrossEntropyLoss()
train_dataloader = MyTrainDataloader()
test_dataloader = MyTrainDataloader()

# 利用 initialize 进行初始化
engine, train_dataloader, test_dataloader, _ = colossalai.
    initialize(model,optimizer, criterion, train_dataloader, test_
    dataloader)
```

Engine 本质上是一个模型、优化器和损失函数的封装类。当我们调用 colossalai.initialize 时，将返回一个 Engine 对象，并且配备了在配置文件中指定的梯度剪裁、梯度累积和 ZeRO 等功能。

为了方便开发人员使用，Colossal-AI 的创建者提供了与 PyTorch 训练组件类似的 API，因此我们只需对代码进行微小的修改即可。表 6-1 是 Engine 与 PyTorch 的常用 API 对比。

表 6-1　PyTorch 与 Colossal-AI 的常用 API 对比

组件	功能	PyTorch	Colossal-AI
optimizer	迭代前将所有梯度设置为 0	optimizer.zero_grad()	engine.zero_grad()
step	更新参数	optimizer.step()	engine.step()
model	进行一次前向计算	outputs = model(inputs)	outputs = engine(inputs)
criterion	计算 loss 值	loss = criterion(output, label)	loss = engine.criterion(output, label)
backward	反向计算	loss.backward()	engine.backward(loss)

相关实例代码如下。

```
import colossalai

model = MyModel()
# 参考上述样例，设置模型、优化器，利用 initialize 进行初始化

engine, train_dataloader, test_dataloader, _ = colossalai.initialize(model,
    optimizer, criterion, train_dataloader, test_dataloader)
# 与 Troch 组件基本一致，迭代训练数据，进行模型训练
for img, label in train_dataloader:
    engine.zero_grad()
    output = engine(img)
    loss = engine.criterion(output, label)
    engine.backward(loss)
```

```
    engine.step()
```

与 PyTorch 训练组件类似，在 Colossal-AI 中也可以使用 save_checkpoint 来保存模型，使用 load_checkpoint 来进行模型加载。相关实例代码如下。

```
import colossalai
from colossalai.utils import load_checkpoint, save_checkpoint

model = MyModel()

# 参考上述样例，设置模型、优化器，利用 initialize 进行初始化
engine, train_dataloader, test_dataloader, _ = colossalai.initialize(model,
    optimizer, criterion, train_dataloader, test_dataloader)
for epoch in range(num_epochs):
    # 保存模型
    save_checkpoint('xxx.pt', epoch, model)

# 加载模型
load_checkpoint('xxx.pt', model)
```

6.3.5 FairScale

FairScale 是由 Meta 公司开发的 PyTorch 扩展库，旨在训练高性能和大规模的模型。它不仅扩展了 PyTorch 的基本功能，还加入了最新的大规模训练技术，以模块组合和易于使用的 API 形式呈现。

FairScale 的安装比较简单，可以直接使用 pip 包管理器轻松安装，在终端或命令提示符中输入以下命令即可，但需确保已安装了 Python 环境及 PyTorch 相关包。

```
pip install fairscale
```

要实现数据并行，可以使用 FairScale 提供的 ShardedDataParallel 包。ShardedDataParallel 是由 FairScale 实现的一种新型的数据并行方法，具有更高的性能和内存效率。

```
from fairscale.nn.data_parallel import ShardedDataParallel as FSDP

class Model(nn.Module):
    def __init__(self):
        super(Model, self).__init__()
        # 定义模型结构

    def forward(self, x):
        # 定义前向传播过程
        return x

model = Model()
criterion = nn.CrossEntropyLoss()
optimizer = optim.SGD(model.parameters(), lr=0.01, momentum=0.9)
dataloader = DataLoader(dataset, batch_size=64, shuffle=True)
```

```
# 将模型放在 GPU 上
model = model.to('cuda')
# 使用 FSDP 封装模型
model = FSDP(model)
```

要实现流水线并行，可以使用 FairScale 提供的 fairscale.nn.pipe 模块，代码如下。

```
import fairscale
import torch
import torch.nn as nn
import torch.optim as optim
import torch.nn.functional as F
model = nn.Sequential(
            torch.nn.Linear(10, 10),
            torch.nn.ReLU(),
            torch.nn.Linear(10, 5)
        )
model = fairscale.nn.Pipe(model, balance=[2, 1])
optimizer = optim.SGD(model.parameters(), lr=0.001)
loss_fn = F.nll_loss
```

6.3.6　ParallelFormers

ParallelFormers 是韩国 TUNiB 公司开发的一款基于 Megatron-LM 的分布式模型框架。目前，ParallelFormers 只在推理阶段进行了分布式的适配。

ParallelFormers 可以通过 pip 包管理器进行安装，命令如下（需要确保已安装了 Python 环境及 PyTorch、decite 等相关包）。

```
pip install parallelformers
```

可以使用 ParallelFormers 提供的 parallelize 包来实现推理阶段并行，代码如下。

```
from transformers import AutoModelForCausalLM
from parallelformers import parallelize

model = AutoModelForCausalLM.from_pretrained(PATH)

# 设置 GPU 数量为 2，进行推理并行
parallelize(model, num_gpus=2, fp16=True, verbose='detail')
```

6.3.7　OneFlow

OneFlow 是由中国一流科技公司 OneFlow Research 搭建的开源框架。它基于分割、广播和部分值进行抽象，并符合 Actor 模型，是一种分布式训练框架。部分值是由 OneFlow 创造的概念，由切分（Split）、广播（Broadcast）、局部（Partial）组成，三者首字母 SBP 可以作为部分值的简称。相对于现有框架，OneFlow 中的 SBP 使得数据并行和模型并行的编程更加容易。Actor 模型提供了简洁的运行时机制，以管理分布式深度学习中由资源限制、

数据移动和计算引起的复杂依赖关系。

OneFlow 可以通过 pip 包管理器进行安装，命令如下。

```
pip install oneflow
```

当前 OneFlow 与 CUDA 版本相关，可以根据已安装的 CUDA 版本选择相应的 OneFlow。例如，CUDA 版本为 11.7 时，可以用以下命令安装 OneFlow。

```
pip install --pre oneflow -f https://staging.oneflow.info/branch/master/cu117
```

OneFlow 整体框架设计与 PyTorch 框架类似，其中提供了与 torch.nn.parallel.DistributedDataParallel 对齐的接口 oneflow.nn.parallel.DistributedDataParallel，用户可以方便地从单机训练脚本扩展为数据并行训练，代码如下。

```
import oneflow as flow
from oneflow.nn.parallel import DistributedDataParallel as ddp

class Model(flow.nn.Module):
    def __init__(self):
        super().__init__()
        self.lr = 0.01
        self.iter_count = 500
        self.w = flow.nn.Parameter(flow.tensor([[0], [0]], dtype=flow.float32))

    def forward(self, x):
        x = flow.matmul(x, self.w)
        return x

m = Model().to("cuda")
m = ddp(m)
```

使用 OneFlow 实现流水并行的方法也很简单，代码如下。

```
import oneflow as flow

P0 = flow.placement(type="cuda", ranks=[0])
P1 = flow.placement(type="cuda", ranks=[1])
BROADCAST = flow.sbp.broadcast

# 模型第一阶段分布在第 0 卡
w0 = flow.randn(5, 8, placement=P0, sbp=BROADCAST)
# 模型第二阶段分布在第 1 卡
w1 = flow.randn(8, 3, placement=P1, sbp=BROADCAST)

# 随机生成数据模拟输入，注意第一阶段的数据分布在第 0 卡
in_stage0 = flow.randn(4, 5, placement=P0, sbp=BROADCAST)
out_stage0 = flow.matmul(in_stage0, w0)
print(out_stage0.shape) # (4, 8)

# 利用 to_global 将第二阶段的数据分布在第 1 卡
```

```
in_stage1 = out_stage0.to_global(placement=P1, sbp=BROADCAST)
out_stage1 = flow.matmul(in_stage1, w1)
print(out_stage1.shape) # (4, 3)
```

6.4 基于大型语言模型的预训练实战

在当今自然语言处理领域，大型预训练模型已成为许多任务的核心。由于大型预训练模型可以从大规模的语料库中自动学习丰富的语言表示，因此它们在文本生成、文本分类、问答系统、语言翻译和对话生成等任务中取得了显著的成功。

本节介绍基于大型语言模型的预训练实战，选取清华大学知识工程研究提出的生成式语言模型（Generative Language Modeling，GLM）以及以 DeepSpeed 作为分布式框架进行大型语言模型预训练实战。GLM 是一种常见的预训练方法，它基于语言模型的思想，利用无标注的文本数据进行预训练。

6.4.1 项目简介

本项目参考了清华大学开源项目[㊀]，实现了大型语言模型预训练中的数据处理、模型加载、模型训练等代码逻辑。同时，结合 DeepSpeed 分布式框架，实现了数据并行、向量并行等方案。项目主要结构如下。

- configs：配置项。
  - arguments.py：训练所必要的 Args 获取方法。
  - config_block_base.json：DeepSpeed 配置文件。
  - configs.json：基础训练配置文件。
  - configs.py：模型配置加载。
- dataset：数据处理模块。
  - blocklm_utils.py：数据加载部分。
  - dataset.py：数据处理模块，构建 DataSet。
  - file_utils.py：文件综合处理方法。
  - __init__.py：初始化方法。
  - samplers.py：调度器函数。
  - sp_tokenizer.py：sp_tokenizer 加载方法。
  - tokenization.py：分词器初始化方法。
  - wordpiece.py：WordPiece 分词器。
- model：模型综合模块。
  - distributed.py：分布式处理方法。

㊀ 项目地址为 https://github.com/THUDM/GLM。

- learning_rates.py：学习率更新函数。
- modeling_glm.py：GLM 综合模型。
- model.py：模型初始化方法。

- mpu：分布式模型相关要素。
  - cross_entropy.py：交叉熵 loss 函数。
  - data.py：数据并行模块。
  - grads.py：梯度更新。
  - initialize.py：模型初始化。
  - __init__.py：初始化方法。
  - layers.py：模型中间层。
  - mappings.py：分布式并行执行方法。
  - random.py：设置随机种子。
  - transformer.py：transfomer 模块。
  - utils.py：分布式所需的 utils 模块。
- pretrain_model.py：训练模型主函数。
- scripts：运行脚本文件夹。
  - run_pretrain.sh：执行预训练的脚本文件。
- utils.py：utiles 模块。

6.4.2 数据预处理模块

结合上一节介绍的模块，详述数据处理、模型训练等操作。

本项目参考 GLM 公开的数据训练方法，采用 WuDaoCorpora 数据集。WuDaoCorpora 是北京智源人工智能研究院构建的大规模、高质量数据集，用于支撑大型语言模型训练研究。该数据集进行了良好的梳理，数据字段如表 6-2 所示。

表 6-2　WuDaoCorpora 数据字段样例

关键字	含义
id	数据在该 JSON 文件的 id
uniqueKey	该条数据的唯一识别码
titleUkey	该标题的唯一识别码
dataType	数据类型
title	数据标题
content	正文

相关 JSON 样例如下。

```
{
    "id": 39888,
```

```
    "uniqueKey": "cf30fbddafd09e0ed4352edf6ae22edf",
    "titleUkey": "cf30fbddafd09e0ed4352edf6ae22edf",
    "dataType": "新闻",
    "title": "苹果发布会即将到来,iPhone x大降价迎来\"心动价\",你购买了吗",
    "content": "看着现在手机不断推陈出新,很多品牌的老机型唯有降价才能吸引消费者的目光了。
        作为智能手机引领者的iPhone x也毫不例外,面对华为、小米、vivo和oppo等国产手机品
        牌的强大攻势..."
}
```

当前智源也开放了 WuDaoCorpora 的下载，下载地址为 https://lfs.aminer.cn/misc/cogview/glm-10b-chinese.zip。

当前数据已清理过，可以直接使用 dataset 文件夹中的 dataset.py 进行数据加载，具体流程和代码如下。

第一步：遍历原始 JSON 文件。

第二步：从原始文件中抽取 title 字段和 content 字段进行分词。

第三步：返回 token 的 id 及 mask 字段。

```python
import json
import tqdm
from torch.utils.data import Dataset
import torch
import os
import logging

logger = logging.getLogger(__name__)

def punctuation_standardization(string: str):
    """
    标点等内容进行规范化
    :param string:
    :return:
    """
    punctuation_dict = {"\u201c": "\"", "\u201d": "\"", "\u2019": "'""'",
        "\u2018": "'", "\u2013": "-"}
    for key, value in punctuation_dict.items():
        string = string.replace(key, value)
    return string

class PretrainDataset(Dataset):
    def__init__(self, tokenizer, max_len, data_dir, data_set_name, path_
        file=None, is_overwrite=False):
        """
        初始化函数
        :param tokenizer: 分词器
        :param max_len: 数据的最大长度
        :param data_dir: 保存缓存文件的路径
        :param data_set_name: 数据集名字
        :param path_file: 原始数据文件
```

```
        :param is_overwrite: 是否重新生成缓存文件
        """
        self.tokenizer = tokenizer
        self.max_len = max_len
        self.data_set_name = data_set_name
        cached_feature_file = os.path.join(data_dir, "cached_{}_length_{}".
            format(data_set_name, max_len))

        # 判断缓存文件是否存在，如果存在，则直接加载处理后数据
        if os.path.exists(cached_feature_file) and not is_overwrite:
                logger.info("已经存在缓存文件{}，直接加载".format(cached_feature_
                    file))
            self.data_set = torch.load(cached_feature_file)["data_set"]
        # 如果缓存数据不存在，则对原始数据进行数据处理操作，并将处理后的数据存成缓存文件
        else:
                logger.info("不存在缓存文件{}，进行数据预处理操作".format(cached_
                    feature_file))
            self.data_set = self.load_data(path_file)
            logger.info("数据预处理操作完成，将处理后的数据存到{}中，作为缓存文件
                ".format(cached_feature_file))
            torch.save({"data_set": self.data_set}, cached_feature_file)

    def load_data(self, path_file):
        """
        加载原始数据，生成数据处理后的数据
        Args:
            path_file: 原始数据路径

        Returns:

        """
        self.data_set = []
        with open(path_file, "r", encoding="utf-8") as fh:
            samples = json.load(fh)

            for i in tqdm.trange(len(samples)):
                sample = samples[i]
                # if i > 1000:
                #     break
                input_ids, loss_masks, content = self.convert_feature(sample)
                sample["input_ids"] = input_ids
                sample["loss_mask"] = loss_masks
                sample["content"] = content
                self.data_set.append(sample)

        return self.data_set

    def convert_feature(self, sample):
        """
        数据处理函数
        Args:
```

```
            sample: 一个字典
        Returns:
        """

        # 用空白字段占位提示位置
        prompt = self.tokenizer.EncodeAsIds("").tokenization
        content = sample["title"] + sample["content"]
        content = punctuation_standardization(content)
        # 针对 content 进行 tokenizer
        content_tokens = self.tokenizer.EncodeAsIds(content).tokenization

        tokens = [self.tokenizer.get_command('ENC').Id] + prompt + content_
            tokens
        # 设置 loss_masks
        loss_masks = [0] * len(prompt) + [1] * len(tokens)
        # 控制长度满足最大长度
        input_ids = tokens[:self.max_len]
        loss_masks = loss_masks[:self.max_len]
        return input_ids, loss_masks, content

    def __len__(self):
        return len(self.data_set)

    def __getitem__(self, idx):
        instance = self.data_set[idx]
        return instance
```

6.4.3 执行模型训练

结合初始化的数值，进行模型初始化并执行模型训练。当然，根据配置情况，可以设置 DeepSpeed 的相关配置内容，执行向量并行或数据并行的参数模型训练，相关步骤如下。

第一步：设置模型训练的必要参数。

第二步：设置 DeepSpeed 分布式训练配置信息。

第三步：初始化 Tokenizer。

第四步：获得上述数据处理模块得到的数据内容。

第五步：初始化 GLM。

第六步：执行模型训练。

训练相关训练代码详见 pretrain_glm.py 文件，部分代码如下。

```
def main():
    """
    主训练函数，用于模型训练
    :return:
    """

    # 关闭 CuDNN.
    torch.backends.cudnn.enabled = False
```

```
# 初始化时间类 Timer.
timers = Timers()

# 通过配置文件初始化相关配置
config_path = "./configs/configs.json"
args = get_config(config_path)
if args.load and not args.new_save_directory:
    args.experiment_name = os.path.basename(os.path.normpath(args.load))
else:
    args.experiment_name = args.experiment_name
if args.save:
    args.save = os.path.join(args.save, args.experiment_name)

    # 结合 DeepSpeed 对分布式训练相关参数进行初始化
initialize_distributed(args)

# 设置随机种子
set_random_seed(args.seed)

# 初始化 Tokenizer
global tokenizer
tokenizer = get_tokenizer(args)

# 设置文件路径地址，初始化数据
data_dir = "./glm_pretrain/data/"
path_file = "./glm_pretrain/data/data.json"
dataset = PretrainDataset(tokenizer, max_len=args.seq_length, data_
    dir=data_dir,
data_set_name="tmp", path_file=path_file, is_overwrite=False)
# 初始化数据加载函数
collate_fn = CollectedDataset(args, tokenizer, args.seq_length, bert_
    prob=args.bert_prob,
                    gap_sentence_prob=args.gap_sentence_prob, gap_
                        sentence_ratio=args.gap_sentence_ratio,
                    gpt_infill_prob=args.gpt_infill_prob, average_block_
                        length=args.avg_block_length,
                    gpt_min_ratio=args.gpt_min_ratio, block_mask_
                        prob=args.block_mask_prob,
                    context_mask_ratio=args.context_mask_ratio, short_seq_
                        prob=args.short_seq_prob, single_span_prob=args.
                        single_span_prob, shuffle_blocks=not args.no_
                        shuffle_block, block_position_encoding=not args.
                        no_block_position, sentinel_token=args.sentinel_
                        token, encoder_decoder=args.encoder_decoder, task_
                        mask=args.task_mask, random_position=args.random_
                        position, masked_lm=args.masked_lm).construct_
                        blocks

# 加载数据，结合 collate_fn 初始化 Dataloader
batch_sampler = BatchSampler(SequentialSampler(dataset), args.batch_size,
    drop_last=False)
```

```
    data_loader = DataLoader(dataset, batch_sampler=batch_sampler, num_
        workers=args.num_workers, pin_memory=True, collate_fn=collate_fn)

    # 初始化模型、优化器、scheduler 等必要参数
    model, optimizer, lr_scheduler = setup_model_and_optimizer(args)
    train_data_iterator = iter(data_loader)
    val_data_iterator = iter(data_loader)

    # 将计数器置为 0
    args.iteration = 0

    # 将必要参数传入 train 函数中，开始模型训练
    train(model, optimizer, lr_scheduler, (train_data_iterator, None),
                    (val_data_iterator, None), timers, args)


if __name__ == '__main__':
    main()
```

初始化的模型整体架构见 model 文件夹中的 modeling_glm.py 文件，部分代码如下。

```
class GLMModel(torch.nn.Module):
    """
    GLM 整体框架
    """

    def __init__(self, num_layers, vocab_size, hidden_size,
                 num_attention_heads, embedding_dropout_prob, attention_
                     dropout_prob, output_dropout_prob,
                 max_sequence_length, max_memory_length, checkpoint_
                     activations, checkpoint_num_layers=1,
                 parallel_output=True, relative_encoding=False, block_
                     position_encoding=False, output_predict=True,
                 spell_length=None, spell_func='lstm', attention_scale=1.0, ):

        super(GLMModel, self).__init__()

        self.parallel_output = parallel_output
        self.output_predict = output_predict
        self.hidden_size = hidden_size

        init_method = init_method_normal(std=0.02)

        # 词向量模块置为并行模式
        self.word_embeddings = mpu.VocabParallelEmbedding(vocab_size, hidden_
            size, init_method=init_method)

        # 初始化 transformer 模块
        self.transformer = mpu.GPT2ParallelTransformer(num_layers, hidden_
            size, num_attention_heads, max_sequence_length,
```

```
                    max_memory_length, embedding_dropout_prob, attention_
                        dropout_prob, output_dropout_prob, checkpoint_
                        activations,
                    checkpoint_num_layers, attention_scale=attention_
                        scale, relative_encoding=relative_encoding,
                        block_position_encoding=block_position_encoding)

    def freeze_transformer(self, tune_prefix_layers=None):
        """
        设置 transformer 参数冻结
        :param tune_prefix_layers:
        :return:
        """
        log_str = "Freeze transformer"
        self.word_embeddings.requires_grad_(False)
        self.transformer.requires_grad_(False)
        if tune_prefix_layers is not None:
            log_str += f" tune {tune_prefix_layers} prefix layers"
            for i in range(tune_prefix_layers):
                self.transformer.layers[i].requires_grad_(True)
        print_rank_0(log_str)

    def forward(self, input_ids, position_ids, attention_mask, *mems,
                    return_memory=False, detach_memory=True, prompt_
                        pos=None):
        """
        前向传播模块
        :param input_ids: 输入 input
        :param position_ids: 位置编码
        :param attention_mask:  attention 掩码
        :param mems:
        :param return_memory:
        :param detach_memory:
        :param prompt_pos:
        :return:
        """
        # Embedding 模块
        batch_size = input_ids.size(0)
        words_embeddings = self.word_embeddings(input_ids)
        embeddings = words_embeddings
        if prompt_pos is not None:
            embeddings = embeddings.clone()
            prompt_embeds = self.prompt_spell()
            batch_index = torch.arange(batch_size, device=input_ids.device).
                unsqueeze(1)
            embeddings[batch_index, prompt_pos] = prompt_embeds
        # Transformer 模块
        transformer_output = self.transformer(embeddings, position_ids,
                    attention_mask, mems, return_memory=return_memory,
                        detach_memory=detach_memory)
```

```
        logits, hidden_layers = transformer_output
        outputs = hidden_layers

        if self.output_predict:
            # 返回并行中的 logits
            logits_parallel = mpu.copy_to_model_parallel_region(logits)
            logits_parallel = F.linear(logits_parallel, self.word_embeddings.
                weight)

            if self.parallel_output:
                return (logits_parallel, *outputs)

            return  (mpu.gather_from_model_parallel_region(logits_parallel),
                *outputs)
        else:
            return (logits, *outputs)
```

训练模型涉及的训练步骤也在 pretrain_glm.py 中，部分训练函数的代码如下。

```
def train_step(data_iterator, model, optimizer, lr_scheduler, args, timers,
     forward_step_func, mems=None,
               single_step=False):
    """
    单步训练函数，执行数据，返回 loss
    :param data_iterator: 数据迭代器
    :param model: 模型
    :param optimizer: 优化器
    :param lr_scheduler: 调度器
    :param args: 配置参数
    :param timers:
    :param forward_step_func: 前向传播函数
    :param mems:
    :param single_step:
    :return:
    """
    lm_loss_total, count = 0.0, 0
    mems = [] if mems is None else mems
    if not args.deepspeed:
        optimizer.zero_grad()
    while True:
        skipped_iter, complete = 0, False
        # 执行前向传播，获取模型训练的 loss
        timers('forward').start()
        lm_loss, mems, _ = forward_step_func(data_iterator, model, args,
            timers, mems)
        timers('forward').stop()
        if not args.deepspeed:
            lm_loss /= args.gradient_accumulation_steps

        reduced_loss = lm_loss.detach().clone().view(1)
```

```
        torch.distributed.all_reduce(reduced_loss.data, group=mpu.get_data_
            parallel_group())
        reduced_loss.data = reduced_loss.data / (args.world_size / args.
            model_parallel_size)

        lm_loss_total += reduced_loss
        count += 1

        # 计算梯度，并进行反向传播
        timers('backward').start()

        # 反向传播函数
        backward_step(optimizer, model, lm_loss, args, timers)
        timers('backward').stop()

        # 更新参数
        timers('optimizer').start()
        if args.deepspeed:
            if model.is_gradient_accumulation_boundary():
                model.step()
                complete = True
                if not (args.fp16 and optimizer.overflow):
                    lr_scheduler.step()
                else:
                    skipped_iter = 1
            else:
                model.step()
        else:
            if count == args.gradient_accumulation_steps:
                optimizer.step()
                complete = True
                # 更新学习率
                if not (args.fp16 and optimizer.overflow):
                    lr_scheduler.step()
                else:
                    skipped_iter = 1
        timers('optimizer').stop()
        if complete:
            break
        else:
            print_rank_0("Found NaN loss, skip backward")
            del lm_loss, reduced_loss
            mems = []
        if single_step:
            break
    if args.deepspeed:
        lm_loss_total = lm_loss_total / count
    return lm_loss_total, skipped_iter, mems

def train(model, optimizer, lr_scheduler, train_data_iterator, val_data_
```

```
 iterator, timers, args, summary_writer=None):
"""
训练模型的主函数

:param model: 初始化的模型
:param optimizer: 优化器
:param lr_scheduler: 调度器
:param train_data_iterator: 训练数据 Dataloader
:param val_data_iterator: 验证集 Dataloader
:param timers: 计时函数
:param args: 配置信息
:param summary_writer:
:return:
"""

# 将模型下置为训练模式，确保 dropout 可用
model.train()

# 设置 loss 为 0
total_lm_loss = 0.0

# 迭代计数置为 0
skipped_iters = 0

timers('interval time').start()
report_memory_flag = True
mems = []

# 判断模型迭代
while args.iteration < args.train_iters:
    # 将参数传入 train_step 函数，执行单步训练
    lm_loss, skipped_iter, mems = train_step(train_data_iterator, model,
        optimizer, lr_scheduler, args, timers, mems=mems, forward_step_
        func=forward_step)
    skipped_iters += skipped_iter
    args.iteration += 1

    # 更新 loss
    total_lm_loss += lm_loss.data.detach().float()

    # 更新日志信息
    if args.iteration % args.log_interval == 0:
        learning_rate = optimizer.param_groups[0]['lr']
        avg_lm_loss = total_lm_loss.item() / args.log_interval
        elapsed_time = timers('interval time').elapsed()
        report_iteration_metrics(summary_writer, optimizer, learning_
            rate, avg_lm_loss, elapsed_time * 1000.0 / args.log_interval,
            args.iteration, args.train_iters, args)
        total_lm_loss = 0.0
        if report_memory_flag:
```

```
                report_memory('after {} iterations'.format(args.iteration))
                report_memory_flag = False
            if args.deepspeed or args.DDP_impl == 'torch':
                timers.log(['forward', 'backward', 'optimizer', 'batch
                    generator', 'data loader'], normalizer=args.log_interval)
            else:
                timers.log(['forward', 'backward', 'allreduce', 'optimizer',
                    'batch generator', 'data loader'], normalizer=args.log_
                    interval)

        # 根据 save_interval 分阶段保存模型
        if args.save and args.save_interval and args.iteration % args.save_
            interval == 0:
            save_checkpoint(args.iteration, model, optimizer, lr_scheduler,
                args)

        # 验证模型效果
        if args.eval_interval and args.iteration % args.eval_interval == 0
            and args.do_valid:
            prefix = 'iteration {}'.format(args.iteration)
            evaluate_and_print_results(prefix, val_data_iterator, model,
                args, timers, verbose=False, step=args.iteration, summary_
                writer=summary_writer, forward_step_func=forward_step)

    return args.iteration, skipped_iters
```

启动模型的相关任务，命令如下。

```
CUDA_VISIBLE_DEVICES=1,2  deepspeed pretrain_model.py
```

运行状态如图 6-7 所示。

```
Loading extension module fused_adam...
Time to load fused_adam op: 0.38525104522270508 seconds
[2023-04-18 03:30:46,668] [INFO] [logging.py:93:log_dist] [Rank 0] Using DeepSpeed Optimizer param name adam as basic optimizer
[2023-04-18 03:30:46,678] [INFO] [logging.py:93:log_dist] [Rank 0] DeepSpeed Basic Optimizer = FusedAdam
[2023-04-18 03:30:46,679] [INFO] [logging.py:93:log_dist] [Rank 0] Creating fp16 optimizer with dynamic loss scale
[2023-04-18 03:30:46,708] [INFO] [logging.py:93:log_dist] [Rank 0] DeepSpeed Final Optimizer = adam
[2023-04-18 03:30:46,708] [INFO] [logging.py:93:log_dist] [Rank 0] DeepSpeed using client LR scheduler
[2023-04-18 03:30:46,711] [INFO] [logging.py:93:log_dist] [Rank 0] DeepSpeed LR Scheduler = None
[2023-04-18 03:30:46,711] [INFO] [logging.py:93:log_dist] [Rank 0] step=0, skipped=0, lr=[0.0004, 0.0004], mom=[[0.9, 0.98], [0.9, 0.98]]
[2023-04-18 03:30:46,712] [INFO] [config.py:1018:print] DeepSpeedEngine configuration:
[2023-04-18 03:30:46,713] [INFO] [config.py:1022:print]   activation_checkpointing_config  {
    "partition_activations": false,
    "contiguous_memory_optimization": false,
    "cpu_checkpointing": false,
    "number_checkpoints": null,
    "synchronize_checkpoint_boundary": false,
    "profile": false
}
[2023-04-18 03:30:46,714] [INFO] [config.py:1022:print]   aio_config ................... {'block_size': 1048576, 'queue_depth': 8, 'thread_count':
1, 'single_submit': False, 'overlap_events': True}
[2023-04-18 03:30:46,714] [INFO] [config.py:1022:print]   amp_enabled .................. False
[2023-04-18 03:30:46,714] [INFO] [config.py:1022:print]   amp_params ................... False
```

图 6-7　DeepSpeed 的运行状态

模型开始训练时，相关内容如图 6-8 所示。

DeepSpeed 训练 loss 如图 6-9 所示。

```
Emitting ninja build file /root/.cache/torch_extensions/utils/build.ninja...
Building extension module utils...
Allowing ninja to set a default number of workers... (overridable by setting the environment variable MAX_JOBS=N)
Detected CUDA files, patching ldflags
Emitting ninja build file /root/.cache/torch_extensions/fused_adam/build.ninja...
ninja: no work to do.
Building extension module fused_adam...
Allowing ninja to set a default number of workers... (overridable by setting the environment variable MAX_JOBS=N)
Loading extension module utils...
Time to load utils op: 0.4215264320373535 seconds
learning rate decaying style cosine, ratio 20.0
ninja: no work to do.
Loading extension module fused_adam...
Time to load fused_adam op: 0.4658215045928955 seconds
Using /root/.cache/torch_extensions as PyTorch extensions root...
train_data_iterator 32
args.iteration 0
args.train_iters 150000
train_data_iterator 2
Emitting ninja build file /root/.cache/torch_extensions/utils/build.ninja...
Building extension module utils...
Allowing ninja to set a default number of workers... (overridable by setting the environment variable MAX_JOBS=N)
[2023-04-18 03:30:47,822] [INFO] [checkpointing.py:553:forward] Activation Checkpointing Information
[2023-04-18 03:30:47,823] [INFO] [checkpointing.py:554:forward] ----Partition Activations False, CPU CHECKPOINTING False
[2023-04-18 03:30:47,823] [INFO] [checkpointing.py:557:forward] ----contiguous Memory Checkpointing False with 12 total layers
[2023-04-18 03:30:47,823] [INFO] [checkpointing.py:560:forward] ----Synchronization False
[2023-04-18 03:30:47,824] [INFO] [checkpointing.py:561:forward] ----Profiling time in checkpointing False
ninja: no work to do.
Loading extension module utils...
Time to load utils op: 0.3978283405303955 seconds
train_data_iterator 32
args.iteration 0
args.train_iters 150000
train_data_iterator 2
[2023-04-18 03:30:53,266] [INFO] [fused_optimizer.py:383:_update_scale]
Grad overflow on iteration 0
[2023-04-18 03:30:53,266] [INFO] [fused_optimizer.py:384:_update_scale] Reducing dynamic loss scale from 65536 to 32768.0
[2023-04-18 03:30:53,266] [INFO] [fused_optimizer.py:383:_update_scale]
Grad overflow on iteration 0
[2023-04-18 03:30:53,267] [INFO] [logging.py:93:log_dist] [Rank 0] Overflow detected. Skipping step. Attempted loss scale: 65536, reducing to 32768
.0
[2023-04-18 03:30:53,267] [INFO] [fused_optimizer.py:384:_update_scale] Reducing dynamic loss scale from 65536 to 32768.0
Traceback (most recent call last):
```

图 6-8　DeepSpeed 训练示意图

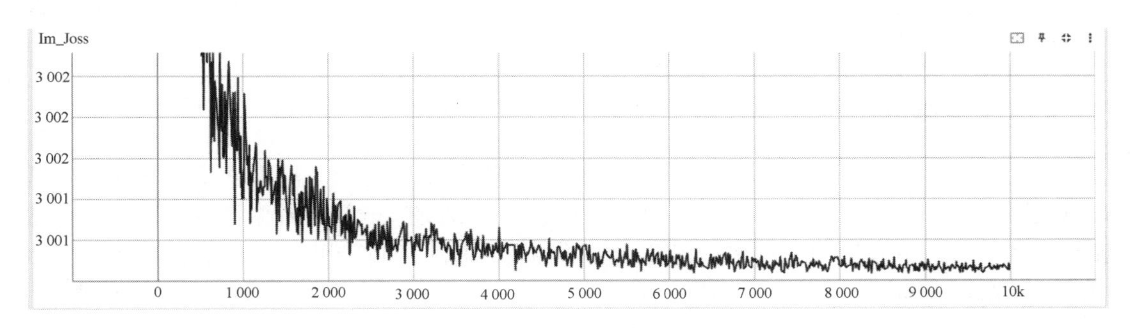

图 6-9　DeepSpeedloss 示意图

当前大型语言模型训练所需的算力消耗以及时间成本都比较高，各企业及研究院也在逐步开放已训练的大型语言模型。以 GLM 为例，清华大学知识工程研究室也提供了多版本下载，下载地址为 https://cloud.tsinghua.edu.cn/d/13f5b03da9594e5490c4/，当前包含的模型详情如表 6-3 所示。

表 6-3　GLM 模型详情

模型名称	参数规模	支持语言	训练数据源
GLM-Base	110MB	英文	Wiki+Book
GLM-Large	335MB	英文	Wiki+Book
GLM-Large- 中文	335MB	中文	WuDaoCorpora

（续）

模型名称	参数规模	支持语言	训练数据源
GLM-Doc	335MB	英文	Wiki+Book
GLM-410M	410MB	英文	Wiki+Book
GLM-515M	515MB	英文	Wiki+Book
GLM-RoBERTa	335MB	英文	RoBERTa
GLM-2B	2B	英文	Pile
GLM-10B	10B	英文	Pile
GLM-10B- 中文	10B	中文	WuDaoCorpora

6.5　基于大型语言模型的信息抽取实战

大型语言模型经过大量通用数据集的预训练，可以在少量或零样本的通用任务上具有很好的效果。然而，在领域数据上的效果常常不尽如人意。当存在领域数据时，对大型语言模型进行微调，可以进一步提高模型效果。

本节主要通过在信息抽取任务上对大型语言模型进行微调，帮助读者深入了解大型语言模型在微调过程中的原理、流程和注意事项等。

6.5.1　项目简介

本项目基于大型语言模型进行微调，针对信息抽取数据集，采用 GLM 进行 3 种不同方式的微调：Freeze 方法、LoRA 方法、P-Tuning 方法。通过比较这 3 种微调方法，让读者更深刻地理解大型语言模型的性能，以及如何在领域数据中更好地使用大型语言模型。项目代码存放在 GitHub 的 LLMFTProj 项目中，项目的主要结构如下。

- data：存放数据的文件夹。
  - ori_data.json：原始信息抽取数据。
  - sample.json：处理后语料样例。
- pretrain_model：预训练文件路径。
- data_helper.py：数据预处理文件。
- data_set.py：模型所需数据类文件。
- modeling_chatglm.py：模型文件。
- configuration_chatglm.py：模型配置参数文件。
- tokenization_chatglm.py：模型分词器文件。
- finetuning_freeze.py：Freeze 方法模型微调文件。
- predict_freeze.py：Freeze 方法模型推理文件。
- finetuning_lora.py：LoRA 方法模型微调文件。

- ❑ predict_lora.py：LoRA 方法模型推理文件。
- ❑ finetuning_pt.py：P-Tuning 方法模型微调文件。
- ❑ predict_pt.py：P-Tuning 方法模型推理文件。

6.5.2 数据预处理模块

本项目旨在防止大型语言模型中的数据泄露。信息抽取数据集采自 CCF2022 工业知识图谱关系抽取比赛，并针对一个工业制造领域的相关故障文本，抽取 4 种类型的实体（部件单元、性能表征、故障状态和检测工具）以及 4 种类型的关系（部件故障、性能故障、检测工具、组成）。由于数据量较少，在实战过程中，随机抽取 50 条数据作为测试数据，其余数据作为训练数据集。

由于数据较干净，本项目不进行刻意清洗，主要将原始数据格式进行转换，方便大型语言模型进行模型微调与预测。我们对数据进行划分，详见 data_helper.py 文件。具体流程如下。

第一步：遍历原始 JSON 文件。

第二步：从原始文件中抽取三元组内容，三元组内容之间用“_”连接。

第三步：将单个文本对应的多个三元组之间用“\n”连接。

第四步：随机打乱数据集。

第五步：随机抽取 50 条数据存入测试集中，其余数据存入训练集中。

```
def data_process(ori_path, train_path, test_path):
    """
    数据预处理
    Args:
        ori_path:
        train_path:
        test_path:

    Returns:

    """
    # 遍历原始文件
    data = []
    with open(ori_path, "r", encoding="utf-8") as fh:
        for i, line in enumerate(fh):
            sample = json.loads(line.strip())
            # 从原始文件中抽取三元组内容，三元组内容之间用"_"连接
            spo_list = []
            for spo in sample["spo_list"]:
                spo_list.append("_".join([spo["h"]["name"], spo["relation"],
                    spo["t"]["name"]]))
            # 多个三元组之间用"\n"连接
            data.append({"text": sample["text"], "spo": "\n".join(spo_list)})
    # 随机打乱数据集
```

```
    random.shuffle(data)

    fin_0 = open(train_path, "w", encoding="utf-8")
    fin_1 = open(test_path, "w", encoding="utf-8")
    for i, sample in enumerate(data):
        # 随机抽取50条数存入测试集中
        if i < 50:
            fin_1.write(json.dumps(sample, ensure_ascii=False) + "\n")
        # 其余数据存入训练集中
        else:
            fin_0.write(json.dumps(sample, ensure_ascii=False) + "\n")
    fin_0.close()
    fin_1.close()
```

设置原始数据路径和训练集测试集保存路径，运行得到最终数据结果，代码如下。

```
if __name__ == '__main__':
    ori_path = "data/train.json"
    train_path = "data/spo_0.json"
    test_path = "data/spo_1.json"
    data_process(ori_path, train_path, test_path)
```

单个样本示例如下。

```
{
    "text":"故障现象：发动机水温高，风扇始终低速转动，高速挡不工作，开空调尤其如此。",
    "answer":"发动机_部件故障_水温高\n风扇_部件故障_低速转动"
}
```

对于模型微调，需要构建模型所需要的数据类，加载训练数据和测试数据，并将文本数据转化成模型训练可用的索引ID数据。详细代码在data_set.py文件中，数据构造过程具体如下。

第一步：根据模型最大长度和源文本最大长度计算目标文本的最大长度。

第二步：遍历数据文件内容。

第三步：利用json.loads进行数据加载。

第四步：利用分词器对源文本和提示模板进行分词，根据对分词后的源文本进行裁剪。

第五步：对目标文本进行分词，并根据目标文本最大长度进行裁剪。

第六步：将各项分词结果进行拼接，并转换成模型所需的索引ID格式。

第七步：对于训练模型的标签，仅保留目标文本索引ID，其他内容设置成-100，模型不计算对应的损失。

第八步：对最终结果进行填充，填充到模型的最大长度。

第九步：将每个样本进行保存，用于后续训练使用。

```
class Seq2SeqDataSet(Dataset):
    """数据处理函数"""
    def__init__(self, data_path, tokenizer, max_len, max_src_len, prompt_
```

```
            text):
        """
        初始化函数
        Args:
            data_path: 数据文件
            tokenizer: 分词器
            max_len: 模型输入最大长度
            max_src_len: 模型源文本最大长度
            prompt_text: 提示模板
        """
        # 根据模型最大长度和源文本最大长度计算目标文本的最大长度
        max_tgt_len = max_len - max_src_len - 3
        self.all_data = []
        # 遍历数据文件内容
        with open(data_path, "r", encoding="utf-8") as fh:
            for i, line in enumerate(fh):
                # 利用 json.loads 进行数据加载
                sample = json.loads(line.strip())
                # 利用分词器对源文本和提示模板进行分词
                src_tokens = tokenizer.tokenize(sample["text"])
                prompt_tokens = tokenizer.tokenize(prompt_text)
                # 根据对分词后的源文本进行裁剪
                if len(src_tokens) > max_src_len - len(prompt_tokens):
                    src_tokens = src_tokens[:max_src_len - len(prompt_
                        tokens)]
                # 对目标文本进行分词，并根据目标文本最大长度进行裁剪
                tgt_tokens = tokenizer.tokenize(sample["answer"])
                if len(tgt_tokens) > max_tgt_len:
                    tgt_tokens = tgt_tokens[:max_tgt_len]
                # 将各项分词结果进行拼接，并转换成模型所需的索引 ID 格式
                tokens = prompt_tokens + src_tokens + ["[gMASK]", "<sop>"] +
                    tgt_tokens + ["<eop>"]
                input_ids = tokenizer.convert_tokens_to_ids(tokens)
                # 对于训练模型的标签，仅保留目标文本索引 ID，其他内容设置成 -100，模型不计
                  算对应的损失
                context_length = input_ids.index(tokenizer.bos_token_id)
                mask_position = context_length - 1
                labels = [-100] * context_length + input_ids[mask_position + 1:]
                # 对最终结果进行填充，填充到模型的最大长度
                pad_len = max_len - len(input_ids)
                input_ids = input_ids + [tokenizer.pad_token_id] * pad_len
                labels = labels + [-100] * pad_len
                # 将每个样本进行保存，用于后续训练使用
                self.all_data.append(
                    {"text": sample["text"], "answer": sample["answer"],
                        "input_ids": input_ids, "labels": labels})

    def __len__(self):
        return len(self.all_data)

    def __getitem__(self, item):
```

```
        instance = self.all_data[item]
        return instance
```

6.5.3 Freeze 微调模块

Freeze 方法是指对原始模型部分参数进行冻结操作，仅训练部分参数，从而在单卡上也可以对大型语言模型进行训练。微调代码见 finetuning_freeze.py 文件，详细步骤如下。

第一步：设置模型训练参数。

第二步：设置训练参数，仅训练模型最后 5 层（23、24、25、26、27 层）。

第三步：打印模型总参数及训练参数占比，并打印可训练参数的名称。

第四步：实例化 Tokenizer。

第五步：设置 DeepSpeed 配置参数并初始化。

第六步：加载训练数据。

第七步：开始模型训练。

第八步：获取每个训练批次的损失结果。

第九步：判断是否进行梯度累积，如果进行，则将损失值除以累积步数。

第十步：进行损失反向传播。

第十一步：当训练步数整除累积步数时，进行参数优化。

第十二步：如果步数整除 log_steps，则打印损失值，以便观察。

第十三步：每轮训练结束后，保存模型。

```
def main():
    # 设置模型训练参数
    args = set_args()

    # 实例化 ChatGLM，并用半精度加载模型
    model = ChatGLMForConditionalGeneration.from_pretrained(args.model_dir)
    model = model.half().cuda()

    # 设置训练参数，仅训练模型第 23、24、25、26、27 层
    for name, param in model.named_parameters():
        if not any(nd in name for nd in ["layers.27", "layers.26",
            "layers.25", "layers.24", "layers.23"]):
            param.requires_grad = False

    # 打印模型总参数及训练参数占比，并打印可训练参数名称
    print_trainable_parameters(model)
    for name, param in model.named_parameters():
        if param.requires_grad == True:
            print(name)

    # 实例化 Tokenizer
    tokenizer = ChatGLMTokenizer.from_pretrained(args.model_dir)
```

```
# 设置 DeepSpeed 配置参数，并进行 DeepSpeed 初始化
conf = {"train_micro_batch_size_per_gpu": args.train_batch_size,
        "gradient_accumulation_steps": args.gradient_accumulation_steps,
        "optimizer": {
            "type": "Adam",
            "params": {
                "lr": 1e-5,
                "betas": [
                    0.9,
                    0.95
                ],
                "eps": 1e-8,
                "weight_decay": 5e-4
            }
        },
        "fp16": {
            "enabled": True
        },
        "zero_optimization": {
            "stage": 1,
            "offload_optimizer": {
                "device": "cpu",
                "pin_memory": True
            },
            "allgather_partitions": True,
            "allgather_bucket_size": 2e8,
            "overlap_comm": True,
            "reduce_scatter": True,
            "reduce_bucket_size": 2e8,
            "contiguous_gradients": True
        },
        "steps_per_print": args.log_steps
        }

model_engine, optimizer, _, _ = deepspeed.initialize(config=conf,
    model=model, model_parameters=model.parameters())
model_engine.train()

# 加载训练数据
train_dataset = Seq2SeqDataSet(args.train_path, tokenizer, args.max_len,
    args.max_src_len, args.prompt_text)
train_dataloader = DataLoader(train_dataset,
                              batch_size=conf["train_micro_batch_size_
                                  per_gpu"],
                              sampler=RandomSampler(train_dataset),
                              collate_fn=coll_fn,
                              drop_last=True,
                              num_workers=0)
# 开始模型训练
global_step = 0
for i_epoch in range(args.num_train_epochs):
    train_iter = iter(train_dataloader)
```

```
    for step, batch in enumerate(train_iter):
        # 获取训练结果
        input_ids = batch["input_ids"].cuda()
        labels = batch["labels"].cuda()
        outputs = model_engine.forward(input_ids=input_ids, labels=labels)
        loss = outputs[0]
        # 判断是否进行梯度累积，如果进行，则将损失值除以累积步数
        if conf["gradient_accumulation_steps"] > 1:
            loss = loss / conf["gradient_accumulation_steps"]
        # 将损失进行回传
        model_engine.backward(loss)
        torch.nn.utils.clip_grad_norm_(model.parameters(), 1.0)
        # 当训练步数整除累积步数时，进行参数优化
        if (step + 1) % conf["gradient_accumulation_steps"] == 0:
            model_engine.step()
            global_step += 1
        # 如果步数整除 log_steps，则打印损失值，以便观察
        if global_step % args.log_steps == 0:
            print("loss:{}, global_step:{}".format(float(loss.item()),
                global_step))
    # 每一轮模型训练结束，进行模型保存
    save_dir = os.path.join(args.output_dir, f"global_step-{global_
        step}")
    model_engine.save_pretrained(save_dir)
    copy(os.path.join(args.model_dir, "tokenizer_config.json"), os.path.
        join(save_dir, "tokenizer_config.json"))
    copy(os.path.join(args.model_dir, "ice_text.model"), os.path.
        join(save_dir, "ice_text.model"))
```

在模型训练时，可以在文件中修改相关配置信息，也可以通过命令行运行 finetuning_freeze.py 文件时指定相关配置信息。配置信息如表 6-4 所示。

表 6-4　模型训练配置信息

配置项名称	含义	默认值
train_path	信息抽取训练数据	data/spo_0.json
model_dir	GLM 模型预训练模型路径	ChatGLM-6B/
output_dir	模型输出路径	output_dir_freeze
max_len	模型最大长度	768
max_src_len	源文本最大长度	450
train_batch_size	训练批次大小	2
num_train_epochs	训练轮数	5
gradient_accumulation_steps	梯度累计步数	1
log_steps	日志打印步数	10
prompt_text	提示模板	你现在是一个信息抽取模型，请你帮我抽取出关系内容为\"性能故障\",\"部件故障\",\"组成\"和\"检测工具\"的相关三元组，三元组内部用\"_\"连接，三元组之间用\\n分割。文本：

模型训练命令如下。

```
CUDA_VISIBLE_DEVICES=0 deepspeed finetuning_freeze.py --num_train_epochs 5
    --train_batch_size 2 --output_dir output_dir_freeze/ --max_len 768 --max_
    src_len 450
```

运行状态如图 6-10 所示。

```
[root@localhost LLMFTProj]# CUDA_VISIBLE_DEVICES=1 deepspeed --master_port 5555 finetuning_freeze.py
[2023-04-07 09:55:46,300] [WARNING] [runner.py:186:fetch_hostfile] Unable to find hostfile, will proceed with trai
ning with local resources only.
Detected CUDA_VISIBLE_DEVICES=1: setting --include=localhost:1
[2023-04-07 09:55:46,338] [INFO] [runner.py:548:main] cmd = /usr/local/python3/bin/python3.8 -u -m deepspeed.launc
her.launch --world_info=eyJsb2NhbGhvc3QiOiBbMV19 --master_addr=127.0.0.1 --master_port=5555 --enable_each_rank_log
=None finetuning_freeze.py
[2023-04-07 09:55:52,614] [INFO] [launch.py:142:main] WORLD INFO DICT: {'localhost': [1]}
[2023-04-07 09:55:52,615] [INFO] [launch.py:148:main] nnodes=1, num_local_procs=1, node_rank=0
[2023-04-07 09:55:52,615] [INFO] [launch.py:161:main] global_rank_mapping=defaultdict(<class 'list'>, {'localhost'
: [0]})
[2023-04-07 09:55:52,615] [INFO] [launch.py:162:main] dist_world_size=1
[2023-04-07 09:55:52,615] [INFO] [launch.py:164:main] Setting CUDA_VISIBLE_DEVICES=1
Loading checkpoint shards: 100%|████████████████████████████████████████| 8/8 [00:24<00:00,  3.03s/it]
trainable params: 1006899200 || all params: 6255206400 || trainable%: 16.09697803097273
transformer.layers.23.input_layernorm.weight
transformer.layers.23.input_layernorm.bias
transformer.layers.23.attention.query_key_value.weight
transformer.layers.23.attention.query_key_value.bias
transformer.layers.23.attention.dense.weight
transformer.layers.23.attention.dense.bias
transformer.layers.23.post_attention_layernorm.weight
transformer.layers.23.post_attention_layernorm.bias
transformer.layers.23.mlp.dense_h_to_4h.weight
transformer.layers.23.mlp.dense_h_to_4h.bias
transformer.layers.23.mlp.dense_4h_to_h.weight
transformer.layers.23.mlp.dense_4h_to_h.bias
transformer.layers.24.input_layernorm.weight
transformer.layers.24.input_layernorm.bias
transformer.layers.24.attention.query_key_value.weight
transformer.layers.24.attention.query_key_value.bias
transformer.layers.24.attention.dense.weight
transformer.layers.24.attention.dense.bias
transformer.layers.24.post_attention_layernorm.weight
transformer.layers.24.post_attention_layernorm.bias
transformer.layers.24.mlp.dense_h_to_4h.weight
transformer.layers.24.mlp.dense_h_to_4h.bias
transformer.layers.24.mlp.dense_4h_to_h.weight
transformer.layers.24.mlp.dense_4h_to_h.bias
transformer.layers.25.input_layernorm.weight
```

图 6-10　Freeze 微调运行状态

训练过程所需显存大小为 24GB，训练参数占总参数比为 16.10%。如果没有足够大的显卡，可以缩短模型最大长度、源文本最大长度，或者减少训练层数。模型训练完成后，可以进行单条或批量测试，测试文件为 predict_freeze.py，主要涉及以下步骤。

第一步：设置预测的配置参数。

第二步：实例化模型以及 Tokenizer。

第三步：判断是单条预测还是批量预测。

第四步：如果是单条预测，则在命令框中输入文本内容，并打印结果。

第五步：如果是批量预测，则遍历文件中所有内容，进行逐条预测，计算 F1 值及总耗时。

模型单条推理命令如下。

```
python3 predict_freeze.py --predict_one True
```

执行推理如图 6-11 所示。

```
[root@localhost LLMFTProj]# python3 predict_freeze.py --predict_one True
Loading checkpoint shards: 100%|████████████████████████████████████████| 2/2 [01:
开始对文本进行信息抽取，输入CTRL + C，则退出
待抽取文本：
```

图 6-11　Freeze 推理

对训练好的 Freeze 模型进行推理测试，针对待抽取文本内容生成三元组抽取结果，测试样例如下。

样例 1：

待抽取文本：故障现象：发动；机怠速不规则抖动，故障灯亮。

抽取三元组内容：['故障灯_部件故障_亮','机怠速_性能故障_不规则抖动']

样例 2：

待抽取文本：现象 6: 更换干式水表中换好水表与密封圈后，还出现渗漏故障。（1）故障原因分析：1）上表法兰片时，用力不均匀使法兰片倾斜。2）密封圈处有泥砂。（2）处理措施：1）上表法兰片时，应对角平衡上紧螺栓。2）密封圈处泥砂要擦干净。

抽取三元组内容：['密封圈_部件故障_有泥砂','法兰片_部件故障_有泥砂']

模型批量推理命令如下。

```
python3 predict_freeze.py --predict_one False
```

最终在测试集上得到 F1 值为 0.567 5。

6.5.4　LoRA 微调模块

自然语言处理的一个重要范式是对一般领域数据进行大规模预训练，以及对特定任务或领域进行微调。在自然语言处理的重要范式中，对领域数据进行大规模预训练和针对特定任务进行微调是必要的。随着模型的不断迭代，以 GPT-3 175B 为例，部署微调模型的独立实例，参数规模达到 1 750 亿。当我们尝试对更大的模型进行预训练时，完全微调所有模型参数的训练变得不太可行。因此，如何制定有效的策略进行大型语言模型微调变得十分重要。微软公司在 2021 年由 Edward 发表的论文“LoRA: Low-Rank Adaptation of Large Language Models”中提出了一种低秩自适应大型语言模型，即 LoRA。

LoRA 的核心思想是通过冻结预训练的模型权重，在原始模型框架中新增一个旁路，利用矩阵运算对参数进行先升维再降维的操作。在训练时，只须固定原始模型的参数，训练降维矩阵与升维矩阵即可。由于训练的秩分解矩阵注入到了 Transformer 架构的每一层中，因此下游任务的可训练参数量大大减少。

与使用 Adam 微调的 GPT-3 175B 相比，LoRA 可以将可训练参数的数量减少 10 000 倍，并将 GPU 内存需求减少 3 倍。尽管 LoRA 具有较少的可训练参数、较高的训练吞吐量，且与适配器不同，没有额外的推理延迟，但在 RoBERTa、DeBERTa、GPT-2 和 GPT-3 上的模型质量性能方面，LoRA 的表现与微调相当甚至更好。对于整个模型来说，输入、输出不变显著减少了存储需求和任务切换开销。在使用自适应优化器时，由于最大程度地减少了参与计算梯度的参数规模，LoRA 可以使训练更加高效，对硬件的开销也相应减少。同时，LoRA 的设计只是注入了更小规模的低秩矩阵，是一种简单的线性变换，因此在模型训练时可训练矩阵与冻结权重合并。与全量参数训练的模型相比，该方法理论上也不会增加推理延迟。

利用 LoRA 进行微调的详细步骤及代码如下。

第一步：设置模型训练参数。当没有参数输入时，采用默认参数。

第二步：实例化 ChatGLM 模型，并初始化 LoRA 模型。

第三步：打印模型总参数、训练参数占比及可训练参数名称。

第四步：设置 DeepSpeed 配置参数，并进行 DeepSpeed 初始化。

第五步：加载训练数据。

第六步：进行模型训练。

第七步：获取每个训练批次的损失值，并进行梯度回传。

第八步：每一轮模型训练结束后，保存 LoRA 方法的新增参数。

```
def main():
    # 设置模型训练参数
    args = set_args()

    # 实例化 ChatGLM 模型，并初始化 LoRA 模型
    model = ChatGLMForConditionalGeneration.from_pretrained(args.model_dir)
    config = LoraConfig(r=args.lora_r, lora_alpha=32, target_modules=["query_
        key_value"],
                        lora_dropout=0.1, bias="none", task_type="CAUSAL_LM",
                            inference_mode=False, )
    model = get_peft_model(model, config)
    model = model.half().cuda()

    # 打印模型总参数，以及训练参数占比，并打印可训练参数名称
    print_trainable_parameters(model)
    for name, param in model.named_parameters():
        if param.requires_grad == True:
            print(name)
    # 实例化 Tokenizer
    tokenizer = ChatGLMTokenizer.from_pretrained(args.model_dir)

    # 设置 DeepSpeed 配置参数，并进行 DeepSpeed 初始化
    conf = {"train_micro_batch_size_per_gpu": args.train_batch_size,
            "gradient_accumulation_steps": args.gradient_accumulation_steps,
            "optimizer": {
```

```
                "type": "Adam",
                "params": {
                    "lr": 1e-5,
                    "betas": [ 0.9, 0.95 ],
                    "eps": 1e-8,
                    "weight_decay": 5e-4
                }
            },
            "fp16": {
                "enabled": True
            },
            "zero_optimization": {
                "stage": 1,
                "offload_optimizer": {
                    "device": "cpu",
                    "pin_memory": True
                },
                "allgather_partitions": True,
                "allgather_bucket_size": 2e8,
                "overlap_comm": True,
                "reduce_scatter": True,
                "reduce_bucket_size": 2e8,
                "contiguous_gradients": True
            },
            "steps_per_print": args.log_steps
            }
model_engine, optimizer, _, _ = deepspeed.initialize(config=conf,
    model=model, model_parameters=model.parameters())
model_engine.train()

# 加载训练数据
train_dataset = Seq2SeqDataSet(args.train_path, tokenizer, args.max_len,
    args.max_src_len, args.prompt_text)
train_dataloader = DataLoader(train_dataset, batch_size=conf["train_
    micro_batch_size_per_gpu"],
                              sampler=RandomSampler(train_dataset),
                                  collate_fn=coll_fn, drop_last=True,
                                  num_workers=0)

# 开始模型训练
global_step = 0
for i_epoch in range(args.num_train_epochs):
    train_iter = iter(train_dataloader)
    for step, batch in enumerate(train_iter):
        # 获取训练结果
        input_ids = batch["input_ids"].cuda()
        labels = batch["labels"].cuda()
        outputs = model_engine.forward(input_ids=input_ids, labels=labels)
        loss = outputs[0]
        # 判断是否进行梯度累积，如果进行，则将损失值除以累积步数
```

```
            if conf["gradient_accumulation_steps"] > 1:
                loss = loss / conf["gradient_accumulation_steps"]
            # 将损失进行回传
            model_engine.backward(loss)
            torch.nn.utils.clip_grad_norm_(model.parameters(), 1.0)
            # 当训练步数整除累积步数时，进行参数优化
            if (step + 1) % conf["gradient_accumulation_steps"] == 0:
                model_engine.step()
                global_step += 1
            # 如果步数整除 log_steps，则打印损失值，以便观察
            if global_step % args.log_steps == 0:
                print("loss:{}, global_step:{}".format(float(loss.item()),
                    global_step))
        # 每一轮模型训练结束，进行模型保存
        save_dir = os.path.join(args.output_dir, f"global_step-{global_
            step}")
        model_engine.save_pretrained(save_dir)
```

在模型训练时，可以在文件中修改相关配置信息，也可以通过命令行运行 finetuning_lora.py 文件时指定相关配置信息。配置信息如表 6-5 所示。

表 6-5　LoRA 微调训练模型配置信息

配置项名称	含义	默认值
train_path	信息抽取训练数据	data/spo_0.json
model_dir	GLM 模型预训练模型路径	ChatGLM-6B/
output_dir	模型输出路径	output_dir_lora
max_len	模型最大长度	768
max_src_len	源文本最大长度	450
train_batch_size	训练批次大小	2
num_train_epochs	训练轮数	5
gradient_accumulation_steps	梯度累计步数	1
log_steps	日志打印步数	10
lora_r	低秩矩阵维度	8
prompt_text	提示模板	你现在是一个信息抽取模型，请你帮我抽取出关系内容为 \" 性能故障 \"，\" 部件故障 \"，\" 组成 \" 和 \" 检测工具 \" 的相关三元组，三元组内部用 \"_\" 连接，三元组之间用 \\n 分割。文本：

模型训练命令如下。

```
CUDA_VISIBLE_DEVICES=0 deepspeed finetuning_lora.py --num_train_epochs 5 --train_
    batch_size 2 --output_dir output_dir_lora/ --max_len 768 --max_src_len 450
    --lora_r 8
```

运行状态如图 6-12 所示。

```
[root@localhost chatGml]# CUDA_VISIBLE_DEVICES=3 deepspeed --master_port 5555 finetuning_lora.py
[2023-04-19 22:11:46,081] [WARNING] [runner.py:186:fetch_hostfile] Unable to find hostfile, will proceed with training with local resources only.
Detected CUDA_VISIBLE_DEVICES=3: setting --include=localhost:3
[2023-04-19 22:11:46,117] [INFO] [runner.py:548:main] cmd = /usr/local/python3/bin/python3.8 -u -m deepspeed.launcher.launch --world_info=eyJsb2NhbGhvc3QiOiBbM119 --master_addr=127.0.0.1 --master_port=5555 --enable_e
ach_rank_log=None finetuning_lora.py
[2023-04-19 22:11:48,959] [INFO] [launch.py:142:main] WORLD INFO DICT: {'localhost': [3]}
[2023-04-19 22:11:48,959] [INFO] [launch.py:148:main] nnodes=1, num_local_procs=1, node_rank=0
[2023-04-19 22:11:48,959] [INFO] [launch.py:161:main] global_rank_mapping=defaultdict(<class 'list'>, {'localhost': [0]})
[2023-04-19 22:11:48,959] [INFO] [launch.py:162:main] dist_world_size=1
[2023-04-19 22:11:48,959] [INFO] [launch.py:164:main] Setting CUDA_VISIBLE_DEVICES=3
Loading checkpoint shards: 100%|████████████████████| 8/8 [00:14<00:00,  1.85s/it]
/usr/local/python3/lib/python3.8/site-packages/peft/tuners/lora.py:173: UserWarning: fan_in_fan_out is set to True but the target module is not a Conv1D. Setting fan_in_fan_out to False.
  warnings.warn(
trainable params: 3670016 || all params: 6258876416 || trainable%: 0.05863697820615348
base_model.model.transformer.layers.0.attention.query_key_value.lora_A.weight
base_model.model.transformer.layers.0.attention.query_key_value.lora_B.weight
base_model.model.transformer.layers.1.attention.query_key_value.lora_A.weight
base_model.model.transformer.layers.1.attention.query_key_value.lora_B.weight
base_model.model.transformer.layers.2.attention.query_key_value.lora_A.weight
base_model.model.transformer.layers.2.attention.query_key_value.lora_B.weight
base_model.model.transformer.layers.3.attention.query_key_value.lora_A.weight
base_model.model.transformer.layers.3.attention.query_key_value.lora_B.weight
base_model.model.transformer.layers.4.attention.query_key_value.lora_A.weight
base_model.model.transformer.layers.4.attention.query_key_value.lora_B.weight
base_model.model.transformer.layers.5.attention.query_key_value.lora_A.weight
base_model.model.transformer.layers.5.attention.query_key_value.lora_B.weight
base_model.model.transformer.layers.6.attention.query_key_value.lora_A.weight
base_model.model.transformer.layers.6.attention.query_key_value.lora_B.weight
base_model.model.transformer.layers.7.attention.query_key_value.lora_A.weight
base_model.model.transformer.layers.7.attention.query_key_value.lora_B.weight
base_model.model.transformer.layers.8.attention.query_key_value.lora_A.weight
base_model.model.transformer.layers.8.attention.query_key_value.lora_B.weight
base_model.model.transformer.layers.9.attention.query_key_value.lora_A.weight
base_model.model.transformer.layers.9.attention.query_key_value.lora_B.weight
base_model.model.transformer.layers.10.attention.query_key_value.lora_A.weight
base_model.model.transformer.layers.10.attention.query_key_value.lora_B.weight
base_model.model.transformer.layers.11.attention.query_key_value.lora_A.weight
base_model.model.transformer.layers.11.attention.query_key_value.lora_B.weight
base_model.model.transformer.layers.12.attention.query_key_value.lora_A.weight
base_model.model.transformer.layers.12.attention.query_key_value.lora_B.weight
base_model.model.transformer.layers.13.attention.query_key_value.lora_A.weight
base_model.model.transformer.layers.13.attention.query_key_value.lora_B.weight
base_model.model.transformer.layers.14.attention.query_key_value.lora_A.weight
base_model.model.transformer.layers.14.attention.query_key_value.lora_B.weight
base_model.model.transformer.layers.15.attention.query_key_value.lora_A.weight
base_model.model.transformer.layers.15.attention.query_key_value.lora_B.weight
base_model.model.transformer.layers.16.attention.query_key_value.lora_A.weight
base_model.model.transformer.layers.16.attention.query_key_value.lora_B.weight
base_model.model.transformer.layers.17.attention.query_key_value.lora_A.weight
base_model.model.transformer.layers.17.attention.query_key_value.lora_B.weight
base_model.model.transformer.layers.18.attention.query_key_value.lora_A.weight
base_model.model.transformer.layers.18.attention.query_key_value.lora_B.weight
```

图 6-12 LoRA 运行状态示意图

训练过程所需的显存大小为 39GB，训练参数占总参数的比为 0.058 6%。如果没有足够大的显卡，可以缩短模型和源文本的最大长度。完成模型训练后，可以进行单条或批量测试。测试文件为 predict_lora.py，主要涉及以下步骤。

第一步：设置预测的配置参数。

第二步：实例化模型，并加载 LoRA 模型和 Tokenizer。

第三步：判断是否为单条预测或批量预测。

第四步：如果是单条预测，则在命令框中接收文本内容，并打印结果。

第五步：如果是批量预测，则遍历文件中所有内容，逐条进行预测，计算 F1 值和总耗时。

模型单条推理命令如下。

```
python3 predict_lora.py --predict_one True
```

运行推理代码，如图 6-13 所示。

```
[root@localhost LLMFTProj]# python3 predict_lora.py --predict_one True
Loading checkpoint shards: 100%|████████████████████| 8/8 [00:26<00:00,  3.28s/it]
/usr/local/python3/lib/python3.8/site-packages/peft/tuners/lora.py:173: UserWarning: fan_in_fan_out is set to True but the target module is not a Conv1D. Setting fan_in_
fan_out to False.
  warnings.warn(
开始对文本进行信息抽取，输入CTRL + C，则退出
待抽取文本：
```

图 6-13 LoRA 推理

对训练好的 LoRA 模型进行推理测试，针对待抽取文本内容生成三元组抽取结果，测试样例如下。

样例 1：

待抽取文本：故障现象：奔腾 B70 做 PDI 检查时车辆无法启动。

抽取三元组内容：['车_部件故障_无法启动']

样例 2：

待抽取文本：处理原则：1）检查当地监控系统告警及动作信息，相关电流、电压数据，若相应极未闭锁，应将其紧急停运。2）立即向值班调控人汇报，及时通知消防部门。3）应注意单极闭锁对另一极的影响，及时配合调控对直流输送功率及运行方式进行调整。4）检查记录控制保护及自动装置动作信息，核对设备动作情况，检查设备着火情况。5）将着火的直流分压器设备转为检修，并在保证人身安全的前提下，用灭火器材灭火抽取三元组内容：['单极_部件故障_闭锁', '设备_部件故障_着火', '极_部件故障_未闭锁']

模型批量推理命令如下。

```
python3 predict_lora.py --predict_one False
```

最终在测试集上得到 F1 值为 0.535 9。

6.5.5 P-Tuning v2 微调模块

预训练语言模型可以提高广泛的自然语言理解（Natural Language Understanding，NLU）任务的效果。通过微调语言模型，可以进一步优化模型在相关任务上的表现。尽管微调能够获得良好的效果，但在整个训练和微调过程中，整个模型都需要进行优化，因此训练成本会不断增加，且微调后的模型在其他任务上的效果也会不断下降。

在介绍 P-tuning 之前，我们先简单回顾一下提示学习。在采用提示学习进行模型训练时，通过冻结预训练模型的所有参数，并使用自然语言来进行提示学习的模型训练。例如，在进行相关任务场景时，我们可以将一个样本与提示学习内容与掩码进行结合，采用原始模型参数对掩码进行预测。随着任务复杂度的增加，也可以进行提示调优（Prompt Tuning）。提示调优是一种连续提示的思想。训练方式是在原始输入词嵌入序列中添加可训练的连续嵌入。尽管提示调优比许多任务的提示更好，但当模型规模较小，特别是小于 1000 亿个参数时，效果仍然不佳。为了解决这个问题，清华大学的团队提出了 P-Tuning v2 方法，该方法是一种针对深度提示调优的优化和适应性实现。

最显著的改进来自对预训练模型的每一层应用连续提示，而不仅仅是输入层。深度提示调优增加了连续提示的能力，并缩小了在各种设置之间进行微调的差距，特别是对于小型模型和困难的任务。此外，该方法还提供了一系列优化和实现的关键细节，以确保可进行微调的性能。P-Tuning v2 在 300MB 到 10B 参数的不同模型尺度下，以及在提取性问题回答和命名实体识别等自然语言处理任务上，都能与传统微调的性能相匹敌，且训练成本大大降低。

P-Tuning v2 方法是一种针对大型模型的 soft-prompt 方法，主要是将大型模型的词嵌入层和每个 Transformer 网络层前都加上新的参数。微调代码见 finetuning_pt.py 文件，详细步骤和代码如下。

第一步：设置模型训练参数，当无参数输入时，采用默认参数。

第二步：实例化 ChatGLMConfig 文件，设置 pre_seq_len 和 prefix_projection 参数。

第三步：实例化 ChatGLM 模型，并用半精度加载模型，设置仅训练 prefix_encoder 层参数。

第四步：打印模型总参数，以及训练参数占比，并打印可训练参数名称。

第五步：设置 DeepSpeed 配置参数，并进行 DeepSpeed 初始化。

第六步：加载训练数据。

第七步：进行模型训练。

第八步：获取每个训练批次的损失值，并进行梯度回传。

第九步：每一轮模型训练结束后进行模型保存。

```
def main():
    # 设置模型训练参数
    args = set_args()
    # 实例化 ChatGLMConfig 文件，设置 pre_seq_len 和 prefix_projection 参数
    config = ChatGLMConfig.from_pretrained(args.model_dir)
    config.pre_seq_len = args.pre_seq_len
    config.prefix_projection = args.prefix_projection

    # 实例化 ChatGLM 模型，并用半精度加载模型
    model = ChatGLMForConditionalGeneration.from_pretrained(args.model_dir,
        config=config)
    model = model.half().cuda()
    model.gradient_checkpointing_enable()

    # 设置仅训练 prefix_encoder 层参数
    for name, param in model.named_parameters():
        if not any(nd in name for nd in ["prefix_encoder"]):
            param.requires_grad = False

    # 打印模型总参数，以及训练参数占比，并打印可训练参数名称
    print_trainable_parameters(model)
    for name, param in model.named_parameters():
        if param.requires_grad == True:
            print(name)

    # 实例化 Tokenizer
    tokenizer = ChatGLMTokenizer.from_pretrained(args.model_dir)

    # 设置 DeepSpeed 配置参数，并进行 DeepSpeed 初始化
    conf = {"train_micro_batch_size_per_gpu": args.train_batch_size,
            "gradient_accumulation_steps": args.gradient_accumulation_steps,
            "optimizer": {
                "type": "Adam",
                "params": {
```

```
                "lr": 1e-5,
                "betas": [ 0.9, 0.95 ],
                "eps": 1e-8,
                "weight_decay": 5e-4
            }
        },
        "fp16": {
            "enabled": True
        },
        "zero_optimization": {
            "stage": 1,
            "offload_optimizer": {
                "device": "cpu",
                "pin_memory": True
            },
            "allgather_partitions": True,
            "allgather_bucket_size": 2e8,
            "overlap_comm": True,
            "reduce_scatter": True,
            "reduce_bucket_size": 2e8,
            "contiguous_gradients": True
        },
        "steps_per_print": args.log_steps
        }

model_engine, optimizer, _, _ = deepspeed.initialize(config=conf,
    model=model, model_parameters=model.parameters())
model_engine.train()

# 加载训练数据
train_dataset = Seq2SeqDataSet(args.train_path, tokenizer, args.max_len, args.
    max_src_len, args.prompt_text)
train_dataloader = DataLoader(train_dataset, batch_size=conf["train_
    micro_batch_size_per_gpu"],
                              sampler=RandomSampler(train_dataset),
                                  collate_fn=coll_fn, drop_last=True,
                                  num_workers=0)

# 开始模型训练
global_step = 0
for i_epoch in range(args.num_train_epochs):
    train_iter = iter(train_dataloader)
    for step, batch in enumerate(train_iter):
        # 获取训练结果
        input_ids = batch["input_ids"].cuda()
        labels = batch["labels"].cuda()
        outputs = model_engine.forward(input_ids=input_ids, labels=labels,
            use_cache=False)
        loss = outputs[0]
        # 判断是否进行梯度累积，如果进行，则将损失值除以累积步数
```

```
            if conf["gradient_accumulation_steps"] > 1:
                loss = loss / conf["gradient_accumulation_steps"]
            # 将损失进行回传
            model_engine.backward(loss)
            torch.nn.utils.clip_grad_norm_(model.parameters(), 1.0)
            # 当训练步数整除累积步数时，进行参数优化
            if (step + 1) % conf["gradient_accumulation_steps"] == 0:
                model_engine.step()
                global_step += 1
            # 如果步数整除 log_steps，则打印损失值，以便观察
            if global_step % args.log_steps == 0:
                print("loss:{}, global_step:{}".format(float(loss.item()),
                    global_step))
        # 每一轮模型训练结束后进行模型保存
        save_dir = os.path.join(args.output_dir, f"global_step-{global_
            step}")
        model.save_pretrained(save_dir)
        copy(os.path.join(args.model_dir, "tokenizer_config.json"), os.path.
            join(save_dir, "tokenizer_config.json"))
        copy(os.path.join(args.model_dir, "ice_text.model"), os.path.
            join(save_dir, "ice_text.model"))
```

在模型训练时，可以在文件中修改相关配置信息，也可以通过命令行运行 finetuning_pt.py 文件时指定相关配置信息。配置信息如表 6-6 所示。

表 6-6　模型训练配置信息

配置项名称	含义	默认值
train_path	信息抽取训练数据	data/spo_0.json
model_dir	GLM 模型预训练模型路径	ChatGLM-6B/
output_dir	模型输出路径	output_dir_pt
max_len	模型最大长度	768
max_src_len	源文本最大长度	450
train_batch_size	训练批次大小	2
num_train_epochs	训练轮数	5
gradient_accumulation_steps	梯度累计步数	1
log_steps	日志打印步数	10
pre_seq_len	软模板长度	16
prefix_projection	是否在模型层添加参数	True
prompt_text	提示模板	你现在是一个信息抽取模型，请你帮我抽取出关系内容为\"性能故障\", \"部件故障\", \"组成\"和\"检测工具\"的相关三元组，三元组内部用\"_\"连接，三元组之间用\\n分割。文本：

模型训练命令如下。

```
CUDA_VISIBLE_DEVICES=0 deepspeed finetuning_pt.py --num_train_epochs 5 --train_
    batch_size 2 --output_dir output_dir_lora/ --max_len 768 --max_src_len 450
    --pre_seq_len 8 --prefix_projection True
```

运行状态如图 6-14 所示。

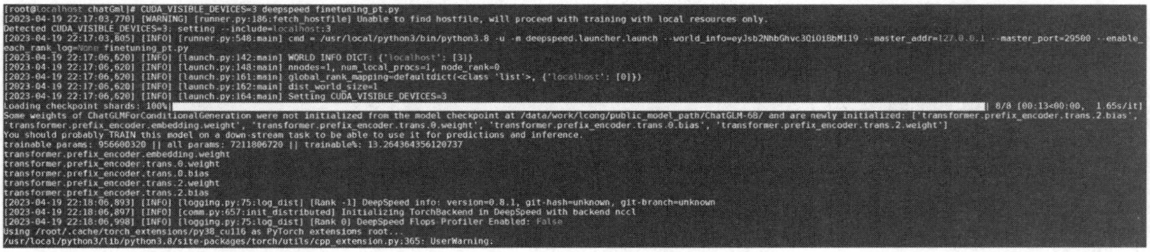

```
[root@localhost chatGml]# CUDA_VISIBLE_DEVICES=3 deepspeed finetuning_pt.py
[2023-04-19 22:17:03,770] [WARNING] [runner.py:186:fetch_hostfile] Unable to find hostfile, will proceed with training with local resources only.
Detected CUDA_VISIBLE_DEVICES=3: setting --include=localhost:3
[2023-04-19 22:17:03,805] [INFO] [runner.py:548:main] cmd = /usr/local/python3/bin/python3.8 -u -m deepspeed.launcher.launch --world_info=eyJsb2NhbGhvc3QiOiBbM119 --master_addr=127.0.0.1 --master_port=29500 --enable_
each_rank_log=None finetuning_pt.py
[2023-04-19 22:17:06,620] [INFO] [launch.py:142:main] WORLD INFO DICT: {'localhost': [3]}
[2023-04-19 22:17:06,620] [INFO] [launch.py:148:main] nnodes=1, num_local_procs=1, node_rank=0
[2023-04-19 22:17:06,620] [INFO] [launch.py:161:main] global_rank_mapping=defaultdict(<class 'list'>, {'localhost': [0]})
[2023-04-19 22:17:06,620] [INFO] [launch.py:162:main] dist_world_size=1
[2023-04-19 22:17:06,620] [INFO] [launch.py:164:main] Setting CUDA_VISIBLE_DEVICES=3
Loading checkpoint shards: 100%|██████████| 8/8 [00:13<00:00,  1.65s/it]
Some weights of ChatGLMForConditionalGeneration were not initialized from the model checkpoint at /data/work/lcong/public_model_path/ChatGLM-6B/ and are newly initialized: ['transformer.prefix_encoder.trans.2.bias',
'transformer.prefix_encoder.embedding.weight', 'transformer.prefix_encoder.trans.0.weight', 'transformer.prefix_encoder.trans.0.bias', 'transformer.prefix_encoder.trans.2.weight']
You should probably TRAIN this model on a down-stream task to be able to use it for predictions and inference.
trainable params: 956600320 || all params: 7211806720 || trainable%: 13.264364356120737
transformer.prefix_encoder.embedding.weight
transformer.prefix_encoder.trans.0.weight
transformer.prefix_encoder.trans.0.bias
transformer.prefix_encoder.trans.2.weight
transformer.prefix_encoder.trans.2.bias
[2023-04-19 22:18:06,893] [INFO] [logging.py:75:log_dist] [Rank -1] DeepSpeed info: version=0.8.1, git-hash=unknown, git-branch=unknown
[2023-04-19 22:18:06,897] [INFO] [comm.py:657:init_distributed] Initializing TorchBackend in DeepSpeed with backend nccl
[2023-04-19 22:18:06,998] [INFO] [logging.py:75:log_dist] [Rank 0] DeepSpeed Flops Profiler Enabled: False
Using /root/.cache/torch_extensions/py38_cu116 as PyTorch extensions root...
/usr/local/python3/lib/python3.8/site-packages/torch/utils/cpp_extension.py:365: UserWarning:
```

图 6-14　P-Tuning 运行状态

训练过程所需显存大小为 30GB，训练参数占总参数比为 13.26%。同时，开启 gradient_checkpointing_enable() 可以使得模型显存占用变小，但训练时长会增加。如果没有足够大的显卡，可以缩短模型最大长度和源文本最大长度。模型训练完成后，可以使用 predict_pt.py 文件进行单条或批量测试。它的主要流程与 Freeze 方法和 LoRA 方法基本相同。

模型单条推理命令如下。

```
python3 predict_pt.py --predict_one True
```

运行 P-Tuning 推理如图 6-15 所示。

```
[root@localhost LLMFTProj]# python3 predict_pt.py --predict_one True
Loading checkpoint shards: 100%|██████████| 2/2 [02:00<00:00, 60.23s/it]
开始对文本进行信息抽取，输入CTRL + C，则退出
待抽取文本：
```

图 6-15　运行 P-Tuning 推理

对训练好的 P-Tuning v2 模型进行推理测试，针对待抽取文本内容生成三元组抽取结果，测试样例如下。

样例 1：

待抽取文本：故障现象：发动机噪声大。

抽取三元组内容：[' 发动机 _ 部件故障 _ 噪音大 ']

样例 2：

待抽取文本：原因分析：夜行灯，照明灯由同一开关 (大灯组合开关 TNS 挡位) 控制。保险丝由一条共用主保险 120A 和照明灯独立保险 5A、夜行灯独立保险 15A 组成 (线路图见附件二)。室内照明灯线路分布：手自一体开关、自动空调控制器、危险警报开关、音响控制单元、方向盘音响开关、组合仪表等仪表台照明灯。夜行灯线路分布：左右前位置灯、左右后行车灯和牌照灯。可能原因：手自一体开关、自动空调控制器、危险警报开关、音响控制单元、方向盘音响开关、组合仪表等故障，线路故障。解决措施：处理方向盘音响按扭线束。

抽取三元组内容：['危险警报开关_部件故障_故障','线路_组成_照明灯','音响控制单元_部件故障_故障','接线_组成_手自一体开关','组合仪表_部件故障_故障','方向盘音响开关_部件故障_故障','夜行灯线路_部件故障_故障','手自一体开关_部件故障_故障','自动空调控制器_部件故障_故障']

模型批量推理命令如下。

```
python3 predict_pt.py --predict_one False
```

最终在测试集上得到 F1 值为 0.628 3。

6.6　本章小结

本章主要介绍了预训练模型中的常用 Tokenizer 方法，并介绍了分布式训练中的并行范式及常见框架，最后针对大型语言模型预训练和大型语言模型微调进行了实战。

CHAPTER 7

第 7 章

GPT 系列模型分析

上下同欲者胜。

——孙武

OpenAI 一直秉承数据至上、参数至上的思想，GPT（Generative Pre-Training，生成式预训练）系列模型从 GPT-1 模型到 GPT-3 模型再到目前大火的 ChatGPT 模型，一直坚守 Transformer-Decoder 结构的预训练语言模型，通过从海量数据中学到语言的通用表达，使得在下游子任务中可以获得更优异的结果。到目前为止，主流的超大型语言模型大多采用 Transformer-Decoder 结构，并发现 Transformer-Decoder 结构模型在参数量和训练数据足够大时，会涌现极强的推理能力。

本章首先介绍 GPT 系列模型的发展过程，然后介绍 ChatGPT 模型的孪生兄弟 InstructGPT 模型，最后进行实战练习，带领读者通过文本摘要数据集构建基于 GPT-2 模型的生成式文本摘要模型。

7.1 GPT-1～GPT-4 系列模型分析

预训练语言模型自问世以来，已成为自然语言处理任务中占据各项榜单的主导。GPT 系列模型也一直在不断发展，每一代模型都有其独特的理念。GPT 系列有很多模型，自从 GPT 模型被提出后，OpenAI 又推出了一系列衍生模型。本节主要介绍 GPT-1、GPT-2、GPT-3、GPT-3 衍生的 Code-X 模型和 GPT-4 模型的发展历程以及每个模型的原理。

7.1.1 GPT-1 和 GPT-2 模型

GPT-1 模型由 OpenAI 于 2018 年提出，是首个基于 Transformer 结构的预训练语言模型。BERT 模型出现后，GPT 模型逐渐被人遗忘。于是在 2019 年，OpenAI 又推出了 15 亿参数量的 GPT-2 模型。

GPT-2 模型主要在无监督数据预训练后实现模型，在下游任务中不进行微调也可以获取较好的效果。GPT-2 模型认为，在无监督数据中包含很多有监督的任务内容。如果在无监督数据上学习得足够充分，就无需下游任务进行微调，只需将任务输入进行转化，并增加对应的提示信息，就能够进行下游任务预测。例如，在解决英译法的翻译任务时，将输入变成"翻译成法语，英文文本，法语文本"；在解决机器阅读理解任务时，将输入变成"回答问题，文档内容，问题，答案"。

因此，无监督数据的规模和质量就显得尤为重要。GPT-2 模型构建了一个高质量的、多领域的、带有任务性质的 WebText 数据集。该数据集主要爬取 Reddit 网站中 Karma 大于 3 的网页，并从中抽取文本内容。最终，该模型获取了 800 万个文档，总计 40GB 文本。

以英译法的翻译任务为例，如图 7-1 所示，在 WebText 数据集中可以发现相似内容的表达，也充分证明了在无监督数据中包含各种有监督任务数据。但是，这些数据以片段或隐含的方式体现。

"I'm not the cleverest man in the world, but like they say in French: **Je ne suis pas un imbecile [I'm not a fool].**

In a now-deleted post from Aug. 16, Soheil Eid, Tory candidate in the riding of Joliette, wrote in French: **"Mentez mentez, il en restera toujours quelque chose,"** which translates as, **"Lie lie and something will always remain."**

"I hate the word **'perfume,"'** Burr says. 'It's somewhat better in French: **'parfum.'**

If listened carefully at 29:55, a conversation can be heard between two guys in French: **"-Comment on fait pour aller de l'autre coté? -Quel autre coté?"**, which means **"- How do you get to the other side? - What side?"**.

If this sounds like a bit of a stretch, consider this question in French: **As-tu aller au cinéma?**, or **Did you go to the movies?**, which literally translates as Have-you to go to movies/theater?

"Brevet Sans Garantie Du Gouvernement", translated to English: **"Patented without government warranty"**.

图 7-1　无监督 WebText 数据中存在英译法的翻译任务的片段数据

GPT-2 模型采用 Transformer 的 Decoder 结构，但做了一些微小的改动，具体如下。

- 将归一化层移动到每个模型的输入前，并在每个自注意力模块后额外添加一个归一化层。
- 采用了更好的模型参数初始化方法，残差层的参数初始化随着模型深度的改变而改变。具体缩放值为 $1/\sqrt{N}$，其中 N 为层数。
- 采用了更大的词表，将词表大小扩展到 50 257。此外，模型接受的最大长度由 512 扩展到 1 024，并在模型训练时将批次扩大到 512。

随着模型的增大，无论是文本摘要任务还是问答任务，其效果都随之增加。这也使得 OpenAI 更加坚信“参数至上”的原则，从而 GPT-3 模型应运而生。

7.1.2　GPT-3 模型

虽然在许多 NLP 任务和基准测试上，通过在大量文本语料库上进行预训练，再对特定任务进行微调，取得了实质性的进展，但如果需要在特定任务上实现强大的性能，则必须在特定于任务的数千到数十万的数据集上进行微调。然而，这种方法存在以下问题。

- 在真实场景中，如果每个新任务都需要标注大量训练数据，则语言模型的实用性受到限制。NLP 任务有很多，从纠错任务到生成任务，对于某些任务或语言来说，收集大量监督数据集也是一件困难的事情。
- 预训练模型在大量数据上进行训练，再经过少量数据进行微调，可能会导致模型的泛化能力变差，模型知识广度变窄。虽然目前很多微调模型的指标在特定数据集上达到了人类水平，但这可能是夸张的说法。

人类在学习大多数任务时不需要大量的监督数据，往往通过简单的指令或个别的例子就可以学习一个新的任务。如果 NLP 的预训练语言模型也具有这种灵活性和通用性，会怎么样呢？ 2020 年，OpenAI 提出了具有 1 750 亿参数的 GPT-3 模型。

GPT-3 模型为了更好地挖掘预训练语言模型本身的能力，在下游任务中不使用任何数据进行模型微调，通过情景学习或上下文学习来完成任务。在不更新语言模型参数的前提下，仅通过给定的自然语言指示和任务上的几个演示示例，预测真实测试示例的结果。根据演示示例的个数，可以将其分为以下 3 种，如图 7-2 所示。

- 少样本学习（Few-shot）：允许在给定上下文窗口范围内尽可能多地放入演示示例。
- 单样本学习（One-shot）：仅允许放入一个演示示例。
- 零样本学习（Zero-shot）：即不允许放入任何演示示例，仅给模型一个自然语言指令。

GPT-3 模型的结构与 GPT-2 模型一致，包括模型初始化方法、归一化标准、分词器等。然而，GPT-3 在全连接和局部带状稀疏注意模块方面借鉴了 Sparse Transformer 模型，并设计了 8 个大小不同的模型，如表 7-1 所示。在这些模型中，模型越大时，训练的批次就越大，并且学习率也同时下降。

The three settings we explore for in-context learning

Zero-shot

The model predicts the answer given only a natural language description of the task. No gradient updates are performed.

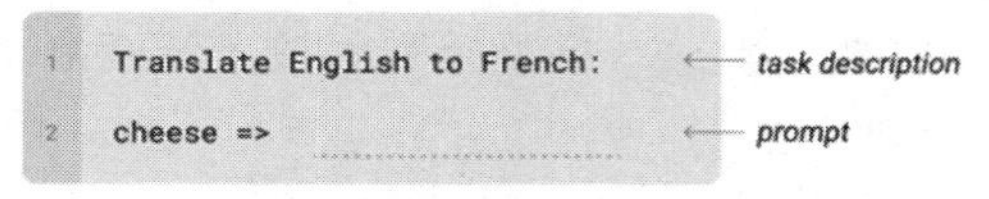

a）零样本学习

One-shot

In addition to the task description, the model sees a single example of the task. No gradient updates are performed.

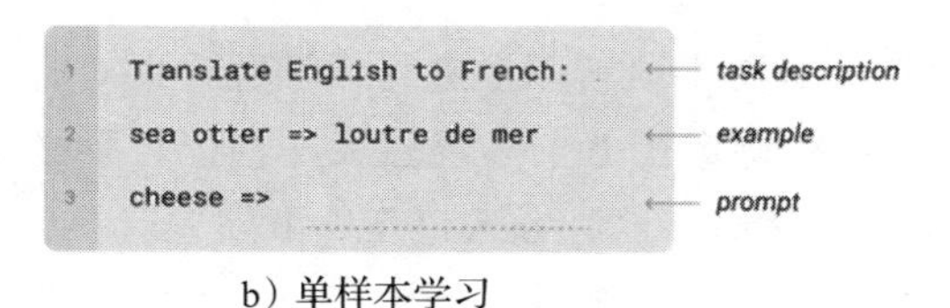

b）单样本学习

Few-shot

In addition to the task description, the model sees a few examples of the task. No gradient updates are performed.

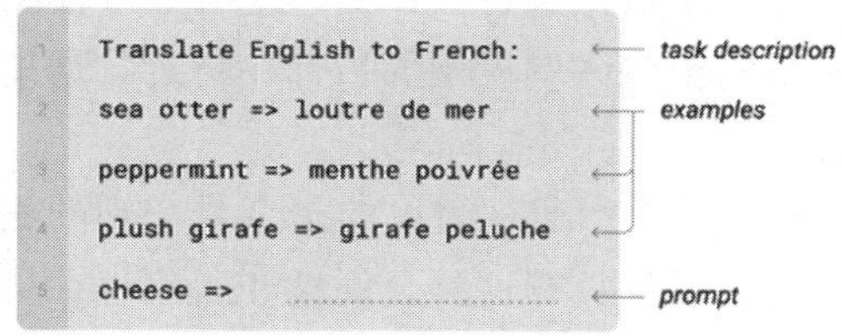

c）少样本学习

Traditional fine-tuning (not used for GPT-3)

Fine-tuning

The model is trained via repeated gradient updates using a large corpus of example tasks.

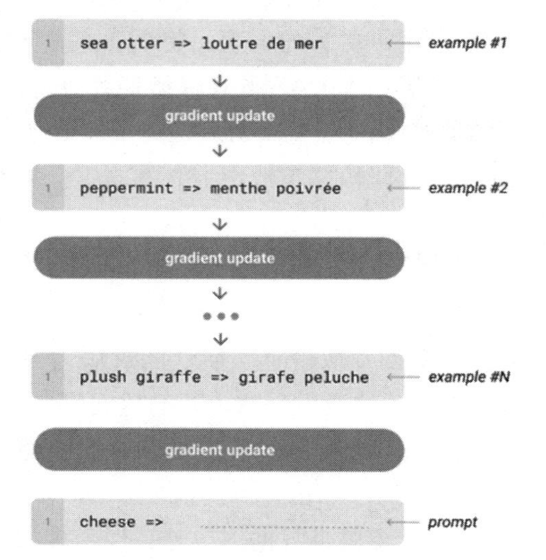

d）传统微调的训练流程

图 7-2　少样本学习、单样本学习、零样本学习及传统微调的训练流程

表 7-1　GPT-3 模型的不同尺度的模型参数细节

模型名称	模型参数	模型层数	模型隐藏层维度	模型头的个数	训练批次（以 Token 个数为单位）	学习率
GPT-3 Small	125M①	12	768	12	0.5M	6.0×10^{-4}
GPT-3 Medium	350M	24	1 024	16	0.5M	3.0×10^{-4}
GPT-3 Large	760M	24	1 536	16	0.5M	2.5×10^{-4}
GPT-3 XL	1.3B②	24	2 048	24	1M	2.0×10^{-4}
GPT-3 2.7B	2.7B	32	2 560	32	1M	1.6×10^{-4}
GPT-3 6.7B	6.7B	32	4 096	32	2M	1.2×10^{-4}
GPT-3 13B	13B	40	5 140	40	2M	1.0×10^{-4}
GPT-3 175B	175B	96	12 288	96	3.2M	0.6×10^{-4}

① M 表示百万个。
② B 表示十亿个。

训练一个拥有 1 750 亿参数的庞大模型需要更大规模的训练语料。主要数据来自 Common Crawl 数据集，但由于该数据集质量偏低，因此需要进行数据清洗，具体步骤如下。

第一步：对原始 Common Crawl 数据集进行过滤，即通过 GPT-2 的高质量数据集和现有的 Common Crawl 数据集构建正负样本，使用逻辑回归分类器训练，再使用分类器对 Common Crawl 数据集进行判断，获取质量较高的数据集。

第二步：对过滤后的内容进行重复数据过滤，即通过 Spark 中的 MinHashLSH 方法找出一个与数据集中相似的文档，并将模糊重复内容进行删除，进一步提高模型训练数据质量和防止过拟合。

第三步：加入已知高质量 GPT-2 模型所使用的训练数据集。

从 45TB 的 Common Crawl 数据集中清洗了 570GB，相当于 4 000 多亿个 Token。在模型预训练过程中，训练集数据并不是按照数据集大小进行采样的，质量较高的数据集的采样频率会更高。详细情况如表 7-2 所示，Common Crawl 和 Books2 数据集在训练过程中采样少于 1 次，但其他数据集采样 2～3 次。这是通过一定过拟合的代价来换取更高质量数据集的学习。

表 7-2　GPT-3 模型预训练过程中各数据集分布情况

数据集	数量（Token）	训练占比
Common Crawl	4 100 亿	60%
WebText2	190 亿	22%
Books1	120 亿	8%
Books2	550 亿	8%
Wikipedia	30 亿	3%

模型训练采用 Adam 优化器，其中 β_1 和 β_2 的值分别为 0.9 和 0.95，采用余弦衰减学习率到 10%。模型最大接受总长度为 2 048，当文档中句子总长度小于 2 048 时，将多个文档采用停止符拼接，以提高模型的训练效率。模型在微软提供的高带宽 V100 GPU 集群的上进行训练。

在模型验证阶段，基于 ICL 策略，从训练集中随机抽取 K 个示例作为输入，范围为 10～100，K 越大效果越好。K 可通过在测试集上进行验证来取值。对于存在候选项的任务，将 K 个示例与待评测文本和候选词进行拼接，通过提示语“Answer：”或者“A：”生成候选词作为答案。对于二分类任务，则将 0 和 1 的答案变成 True 和 False。对于其他任务，直接用束为 4 和长度衰减为 0.6 的束搜索（Beam-Search）解码进行答案生成，通过 F1 或者 Blue 等进行评价。最终 GPT-3 模型无模型训练情况下，在零样本甚至少样本上都达到十分显著的效果。

由于 GPT-3 模型参数过于庞大，训练成本过高，实际上无法进行微调训练以适应具体的下游任务。但正是由于如此大的参数量和训练数据，该模型可以通过情景学习的概念，将示例拼接到待评测样本之前进行模型预测，体现了预训练语言模型的能力和泛化性。

自 GPT-3 的 1 750 亿参数的模型问世后，模型参数无限增大，没有最大只有更大。这使得各大公司展开了军备竞赛。如此庞大的模型参数需要无限的训练资源，并相应地也会产生巨大的碳排放量，因此，大型语言模型对环境也存在一定程度的污染。

7.1.3 GPT-3 的衍生模型：Code-X

GitHub 在 2021 年发布了 Copilot 服务，该服务通过模型辅助编程，引起了广泛的讨论。Copilot 服务由 OpenAI 的 Code-X 模型提供支持，该模型是在 GPT-3 模型的基础上，通过对代码数据进行再次训练而得到的。虽然对于强大的 GPT-3 模型来说，它可以解决一些简单的代码问题，但由于训练数据以纯文本数据为主，因此在处理复杂问题时，GPT-3 模型的效果并不理想。因此，OpenAI 从 GitHub 上爬取了大量的 Python 代码数据，并通过进一步微调模型，使得模型可以仅通过提示的字符串就生成独立执行的 Python 函数。在仅生成单个结果的情况下，单元测试代码的执行正确率高达 28.8%。可以说，这项工作的出现给许多程序员带来了便利，但同时也带来了危机。

Code-X 由于代码生成内容与文本不同，采用原始的生成模型的评价指标（如 BLUE、ROUGE 等）并不能很好地对其进行评价。即使生成的代码内容与标签相似程度很高，BLUE 值也很高，但如果代码不能运行，则对于使用者来说是无效的。因此，在 OpenAI 使用 pass@k 指标（即在 k 个生成结果中，如果存在一个生成结果可以通过单元测试执行，则认为代码通过，否则不通过）对代码生成结果进行评价。每次进行评测时，生成内容的结果不一致，就会导致模型结果不稳定。针对每个问题，OpenAI 预测会有 n 个结果，其中 n 远大于 k（n 一般为 200，k 一般小于 100），计算通过单元测试的结果个数 c，最终计算公式如下。

$$\text{pass}@k:=E\left[1-\frac{\binom{\text{n}-c}{k}}{\binom{n}{k}}\right]$$

具体实现如下。

```
def pass_at_k(n, c, k):
    """
    :param n: total number of samples
    :param c: number of correct samples
    :param k: k in pass@$k$
    """
    if n - c < k: return 1.0
    return 1.0 - np.prod(1.0 - k / np.arange(n - c + 1, n + 1))
```

模型的训练数据来自 2020 年 5 月前在 GitHub 上托管的 5 499 万个公开仓库，共计 179GB 数据。对其文件进行过滤，去除自动生成的、平均行数大于 100 行、行内最大长度超过 1 000、字母占比较低的 Python 文件，最终保留了 159GB 数据。为了保证测试的公平性并避免从网络上获取的问题和代码污染训练数据集，构建了手写评价（HumanEval）数据集，共包含 164 个问题，每个问题包含一个函数名、函数解释字符串和多个（平均 7.7）测试单元。

在模型训练阶段，采用 GPT-3 模型进行参数初始化。可能由于微调数据量太大，无论是否使用 GPT-3 模型初始化，对最终测试结果影响不大，但模型的收敛速度会更快。模型训练采用 Adam 优化器，其中 β_1 和 β_2 的值分别为 0.9 和 0.95。由于代码中包含很多种空格符，因此通过引入一组特殊字符来代替不同种类的空格，提高分词器的效率。在模型生成过程中使用 Top-P 解码，当遇到 "\nclass""\ndef""\n#""\nif" 或 "\nprint" 时停止生成。如图 7-3 所示，随着参数量的增加，模型的效果也逐渐提高。

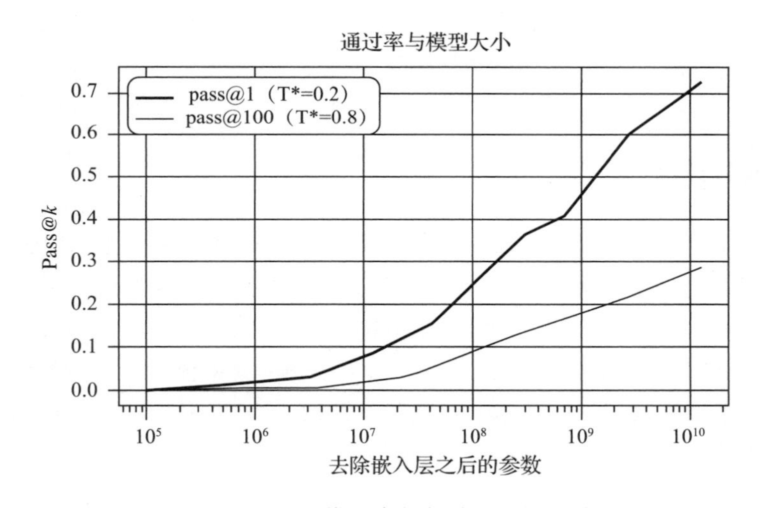

图 7-3　Code-X 模型参数与效果之间的关系

虽然 Code-X 模型已经具有强大的能力，但也存在一定的局限性：训练数据过于庞大，数据的有效性不够。此外，编写提示模板的方法至关重要，不同的模板会生成不同的代码。在进行精确复杂的数学计算时，模型的效果可能会有所欠缺。

虽然 Code-X 模型可以减轻程序员的工作，但也会带来一系列问题。如果程序员过度依赖模型，模型有时候会生成表面看上去正确而实际存在 Bug 或安全隐患的程序，新手程序员很难排查。由于训练数据来自 GitHub，男性用户居多，因此代码中可能存在性别偏见。此外，在使用模型生成的结果时，难免会进行抄袭。如果用户不了解情况就使用这些代码，会出现法律和安全问题。

7.1.4　GPT-4 模型

2023 年 3 月 14 日，OpenAI 发布了 GPT-4 模型，为 AIGC 带来了重大的贡献。GPT-4 是一个多模态模型，相比于 ChatGPT 模型，它不仅可以接受文本输入，还可以接受图像输入，并输出文本内容。GPT-4 模型可以很好地理解输入图片所包含的语义内容。此外，GPT-4 模型在生成编造内容、偏见内容以及生成内容安全问题上均有较大的提升，可以以前 10% 的成绩通过模拟律师资格考试。

OpenAI 始终坚持“数据至上、参数至上”的思想，将模型接受上下文窗口长度提高至 8 000 到 3.2 万。许多人猜测 GPT-4 模型的参数量可以达到 1 万亿甚至 100 万亿，当然 GPT-4 模型在训练和推理时需要更多的硬件资源。虽然 OpenAI 同步发布了关于 GPT-4 的技术报告，但这篇报告仅介绍了 GPT-4 模型的效果，没有提及模型细节和参数，仅说明 GPT-4 的训练方式与 ChatGPT 的技术路线一致，采用了人工反馈强化学习方法。OpenAI 还发布了一个大型语言模型的评测框架，用于发现大型语言模型的不足，从而帮助研究者改进。

OpenAI 表示，GPT-4 模型初版是在 2022 年 8 月完成的，并经过了半年的优化微调。因此，GPT-5 模型可能也会在不久的将来发布。

7.2 InstructGPT 模型分析

自 2022 年 11 月底发布以来，ChatGPT 模型因其流畅的对话表达、极强的上下文存储、丰富的知识创作及全面解决问题的能力而风靡全球，刷新了大众对人工智能的认知，并使人们对人工智能的发展重拾信心。尽管 ChatGPT 模型的论文一直未公开，但根据 OpenAI 官网的介绍，ChatGPT 模型实际上是 InstructGPT 模型的兄弟模型，二者的训练流程基本一致，主要区别在于训练数据不同。本节将从数据获取、模型训练等方面对 InstructGPT 模型进行分析，以便更深入地了解 ChatGPT 模型的原理。

7.2.1 模型简介

InstructGPT 模型是 OpenAI 在 2022 年 3 月提出的，其目的是使得大型语言模型能够更好地遵循用户意图。目前，大型语言模型可以在给定一些任务的输入例子和提示信息的情况下，解决一系列的自然语言处理任务。然而，这些模型经常会生成编造的信息、偏见或具有安全隐患的文本，或者不遵循用户意图。换言之，生成的内容并不是用户想要的内容，其主要原因是大型语言模型通常采用语言模型方式作为模型优化目标，也就是通过文本内容预测下一个 Token 的内容。而这与根据用户指示生成有帮助、安全的内容的目标是不一致的，即模型的输出与用户之间没有对齐。

InstructGPT 模型则通过人类反馈进行模型微调，按照用户的意图（明确意图和隐含意图）进行模型训练。这使得语言模型与用户意图在广泛的任务中保持一致，并具有 3H 特性，即 Helpful（有用的，可能帮助用户解决他们的任务）、Honest（真实的，不应该编造信息误导用户）和 Harmless（无害的，不应该对人或环境造成身体、心理或社会伤害）。具体流程请回看图 2-7。

第一步：收集示例数据并训练一个监督学习模型。从提示数据集中抽取一个提示内容，再由标注人员编写答案，最后使用监督学习方法微调 GPT-3 模型。

第二步：收集比较数据并训练一个奖励模型（Reward Model，RM）。对于一个提示内容，使用模型预测多个结果，然后由标注人员对答案进行排序，最后将这些数据用于训练奖励模型，以判断答案的具体分值。

第三步：通过强化学习——近端策略优化（Proximal Policy Optimization，PPO）方法进行模型优化。从提示库中抽取一些新的提示，然后根据模型策略生成一些结果，再根据奖励模型打分，最后采用 PPO 方法更新模型生成策略。这使得 GPT-3 模型生成的内容与特定人群（标注人员和研究人员）的偏好相一致。

第二步和第三步可以持续迭代，当第三步收集到更多的比较数据时，可用于训练一个新的奖励模型，并将其用于新的策略更新。

经过上述语言模型与用户指示的对齐操作后，虽然在当前 NLP 任务榜单上模型效果没有明显变化，但通过用户的真实评价，可以发现 13 亿参数量的 InstructGPT 模型的输出结果优于 1 750 亿参数量的 GPT-3 模型的输出结果。这也说明了当前 NLP 任务中，很多任务数据和评价指标与真实世界的用户使用感受存在较大的差距。

7.2.2　数据收集

提示数据集的来源主要有两个部分：标注人员编写的提示数据和 API 收集到的提示数据。首先，根据标注人员编写的提示数据训练出第一个 InstructGPT 模型，将其进行部署，开放给用户使用，并收集用户真实的提示数据；然后，根据全部数据重新训练新的 InstructGPT 模型。对于标注人员第一批编写的提示数据，主要依赖以下规则。

- Plain：让标注人员任意编写任务提示，但要保证任务的多样性。
- Few-shot：让标注人员编写一个指示，然后针对该指示存在的多个问题和回答进行编写。
- User-based：让标注人员根据用户对 API 提供的一些任务列表进行任务提示的编写。

模型上线后，根据 API 收集的用户真实提示数据，为了保证提示的有效性和多样性，根据提示的最大公共子串长度、是否存在敏感信息等进行提示数据的清洗，并针对每个用户最多采用 200 个提示数据。在模型训练、验证、测试时，API 数据按照用户 ID 进行数据划分。用户真实提示的样例如表 7-3 所示。

表 7-3　用户真实提示的样例

用户样例	提示内容
头脑风暴	列出 5 个对事业重拾热情的方法
	在学习古希腊文学时，我应该知道哪些要点？
	在阅读用户指南后，用户可能会有哪 4 个问题？ {用户指南内容}
	我接下来应该读的 10 本科幻小说是什么？

（续）

<table>
<tr><th>用户样例</th><th>提示内容</th></tr>
<tr><td rowspan="4">分类</td><td>这是一个微博列表，以及它们属于的情绪类别。
微博：{ 微博文本 1}
情绪：{ 情绪类别 }
微博：{ 微博文本 2}
情绪：{ 情绪类别 }</td></tr>
<tr><td>{Java 代码 }
上面的代码是用什么语言写的？</td></tr>
<tr><td>为下面的文字进行讽刺程度打分，分值范围是 1～10 分，1 表示完全没有，10 表示非常讽刺。
{ 文本 }
等级：</td></tr>
<tr><td>你是一个非常严肃的教授，会检查论文是否有遗漏的引用。给定一篇文章，说出它是否缺少一个重要的引用（是 / 否）及哪些句子需要引用。
{ 论文文本 }</td></tr>
<tr><td rowspan="3">抽取</td><td>从下表中提取所有课程名称：
| Title | Lecturer | Room |
| Calculus 101 | Smith | Hall B |
| Art History | Paz | Hall A |</td></tr>
<tr><td>从下面的文章中提取所有地名：
{ 新闻文章 }</td></tr>
<tr><td>给出下列电影片名，写出片名中任意一个城市的名字。
{ 电影标题 }</td></tr>
<tr><td rowspan="4">生成</td><td>为下面产品写一个创意广告，投放在 Meta 上，目标受众是父母：
产品名称：{ 产品说明 }</td></tr>
<tr><td>写一个小故事，讲述一只棕熊去海滩，和一只海豹交朋友，然后回家。</td></tr>
<tr><td>帮我写一封求职信。</td></tr>
<tr><td>根据这篇新闻文章中提到的话题写说唱歌词：
{ 新闻内容 }</td></tr>
<tr><td rowspan="2">开放式问答</td><td>谁建造了自由女神像？</td></tr>
<tr><td>如何对 sin 函数求导？</td></tr>
<tr><td rowspan="2">摘要</td><td>给一个二年级的学生总结一下：
{ 文本 }</td></tr>
<tr><td>{ 聊天记录 }
总结以上客户和客户助理之间的对话。</td></tr>
</table>

根据上述收集的提示数据，构造 3 种不同的数据集。

- SFT 数据集（带有结果标签）：用于训练一阶段的微调模型。
- RM 数据集（带有排序标签）：用于训练二阶段的奖励模型。
- PPO 数据集（无标签）：采用人工反馈强化学习训练三阶段的模型。

数据分布如表 7-4 所示，SFT 数据集包含大约 13 000 提示数据（来自标注人员和 API），RM 数据集包含大约 33 000 提示数据（来自标注人员和 API），PPO 数据集包含大约 31 000 提示数据（仅来自 API）。

表 7-4 InstructGPT 模型各训练阶段数据分布

SFT 数据			RM 数据			PPO 数据		
数据	来源	大小	数据	来源	大小	数据	来源	大小
训练集	标注员	11 295	训练集	标注员	6 623	训练集	用户	31 144
训练集	用户	1 430	训练集	用户	26 584	验证集	用户	16 185
验证集	标注员	1 550	验证集	标注员	3 488			
验证集	用户	103	验证集	用户	14 399			

数据集中提示数据的长度分布如表 7-5 所示。分析 API 中各任务占比情况如表 7-6 所示，发现生成任务占比最高，为 45.6%，开放式问答任务占比为 12.4%，头脑风暴任务占比为 11.2%，聊天数据仅占 8.4%，这应该是与 ChatGPT 模型数据构成的主要差别。数据中 96% 为英文数据，剩余少部分数据包含至少 20 种语言，如西班牙语、法语、德语、葡萄牙语、意大利语、荷兰语、汉语、日语、韩语等。

表 7-5 数据集中提示数据的长度分布

模型	数据	总数	均值	标准差	最小值	25% 分位数	50% 分位数	75% 分位数	最大值
STF	训练集	12 725	408	433	1	37	283	632	2 048
	验证集	1 653	401	433	4	42	234	631	2 048
RM	训练集	33 207	199	334	1	20	64	203	2 032
	验证集	17 887	209	327	1	26	77	229	2 039
PPO	训练集	31 144	166	278	2	19	62	179	2 044
	验证集	16 185	186	292	1	24	71	213	2 039
	测试集	3 196	115	194	1	17	49	127	1 836

表 7-6 API 中各任务占比情况

任务类型	占比
生成	45.6%
开放式问答	12.4%
头脑风暴	11.2%
聊天	8.4%
改写	6.6%
摘要	4.2%
分类	3.5%
其他	3.5%
闭域问答	2.6%
抽取	1.9%

高质量的训练数据是 InstructGPT 模型甚至是 ChatGPT 模型成功道路上不可缺少的因

素。InstructGPT 模型的数据标注人员经过了一系列的筛选，最终选择出对不同人群的偏好敏感，并且擅长识别潜在有害的输出的 40 人标注团队。筛选规则如下。

- 同意敏感内容标记。研究者创建了一个提示和补全的数据集，对其中一些提示或补全的敏感内容（即任何可能引发强烈负面情绪的内容）进行敏感性标记，测量研究者和标注人员之间的一致性。
- 同意内容排序。研究者将一些提示内容通过 API 进行预测，让标注人员对生成内容进行排序，测量研究者和标注人员之间的一致性。
- 敏感内容写作。研究者创建一组敏感的提示，标注人员进行内容编写，然后通过 1～7 的李克特量对每个标注人员进行打分。
- 对不同人群敏感内容的自我评估。希望标注团队可以在广泛的领域上识别敏感内容。研究者让标注人员自行回答："你能轻松识别哪些话题或文化群体的敏感言论？"并以此作为领域广度的选择项。

在模型训练和模型评估两个阶段，模型与用户意图之间的对齐存在偏差。在标注训练数据时，优先考虑对用户的有用性（高于真实性和无害性），而在最终评价中，优先考虑对用户的真实性和无害性。因为在标注人员收集数据时，如果考虑太多因素，会给数据标注带来很多困难，并可能导致模型过度泛化，拒绝回答无害质量的内容。为了探究模型是否符合其他标注人员的偏好，单独聘请了一组标注人员（不进行筛选，且不进行训练数据标注），发现虽然标注任务比较复杂，但训练数据标注人员之间的一致性高达 72.6% ± 1.5%，非训练数据标注人员的一致性高达 77.3% ± 1.3%。

7.2.3　模型原理

在 7.2.1 节已经提到，InstructGPT 模型的工作流程包括 3 个步骤，分别是监督微调（Supervised Fine-Tuning，SFT）、奖励模型（RM）和强化学习。

对于 SFT 模型来说，采用原始 GPT-3 模型进行参数初始化，并在标注数据上进行模型微调。采用余弦学习率衰减，训练 16 个 Epoch。由于模型过大，训练数据过少，发现模型在训练 1 个 Epoch 后存在过拟合现象。神奇的是，虽然 SFT 模型出现了过拟合，但用于 RM 模型初始化后，会使得 RM 模型的效果变好，对人工打分也有帮助。

对于 RM 模型来说，采用 SFT 模型进行参数初始化，并将原来的 LM 输出层替换成一个线性全连接层。在接受提示和响应作为输入后，输出一个标量的奖励值。RM 模型的参数量为 60 亿，一方面可以节省 RM 模型计算成本，另一方面 1 750 亿参数量的 RM 模型在训练时会出现不稳定的情况。

在训练过程中，采用 Pair-Wise 方法进行模型训练，即对于同一个提示内容 x 来说，比较两个不同回应 y_w 和 y_l 之间的差异。假设 y_w 在真实情况下好于 y_l，那么希望 $x+y_w$ 经过模型后的分数比 $x+y_l$ 经过模型后的分数要高，反之亦然。而对于 RM 模型来说，标注人员对每个提示内容生成的 K（取值范围为 4～9）个回应进行排序，那么对于一个提示，就存在

$\frac{K}{2}$ 个 pair 对，具体损失函数如下。

$$\text{loss}(\theta)=-\frac{1}{\binom{K}{2}}E_{(x,y_w,y_l)\sim D}[\log(\sigma(r_\theta(x,y_w)-r_\theta(x,y_l)))]$$

其中，$r_\theta(x, y)$ 为提示内容 x 和回应内容 y 经过 RM 模型的标量奖励值，D 为人工比较数据集。对于强化学习部分，在环境中通过 PPO 策略优化 SFT 模型。在环境中，对随机给出的提示内容进行回复，并更根据 RM 模型决定基于环境中优化的模型的奖励值，从而对模型进行更新；并且在 SFT 模型的每个 Token 输出上增加 KL 散度惩罚，防止奖励模型的过度优化。具体优化函数如下：

$$\text{objective}(\varnothing)=E_{(x,y)\sim D\pi_\varnothing^{\text{RL}}}\left[r_\theta(x,y)-\beta\log\left(\pi_\varnothing^{\text{RL}}(y\mid x)/\pi^{\text{SFT}}(y\mid x)\right)\right]+\gamma_{E_x\sim D_{\text{pretrain}}}[\log(\pi_\varnothing^{\text{RL}}(x))]$$

其中，$\pi_\varnothing^{\text{RL}}$ 为强化学习策略，π^{SFT} 为监督训练模型，$\boldsymbol{D}_{\text{pretrain}}$ 为预训练分布。在加入预训练部分参数进行整体优化时，可以使模型效果更优。

在各步骤模型训练时，有很多细节需要注意。模型在训练时，应提示加上回应的总长度不超过 2 000，且会过滤掉提示长度超过 1 000 和响应长度超过 1 000 的数据。所有模型的优化器采用 Adam 优化器，其中 β_1 和 β_2 的值分别为 0.9 和 0.95。对于 SFT 模型，13 亿参数和 60 亿参数量的模型训练的学习率和批次大小均为 9.65e-6 和 32，而 1 750 亿参数的模型为 5.03e-6 和 8。SFT 模型的选择主要依赖于 RM 模型的分数，这样选择的模型效果比在验证集中选择损失小的模型效果要好。对于 RM 模型，为了保证模型的泛化性，需要将同一个提示的所有回应内容放到一个批次中进行计算，并且学习率和批次大小为 9e-6 和 64。对于强化学习来说，在进行 PPO 训练时，加入 10% 的预训练数据进行微调，并且将 PPO 的值裁剪到 0.2。

7.2.4 模型讨论

InstructGPT 模型主要将模型优化与用户指示进行对齐，其效果明显提高。与 GPT-3 模型相比，13 亿参数量的 InstructGPT 模型的输出更受标注人员（无论是数据标注人员，还是非数据的标注人员）喜欢。InstructGPT 模型在真实性上提高较大，并在毒性[⊖]上减轻 25%，而在偏见性上基本没变。基于人工反馈的强化学习策略，使得模型不仅在训练指令上有较好的效果，在调优分布之外的指令上也显示出了很好的泛化效果。总的来说，使用人类偏好来微调大型语言模型可以显著改善模型在广泛任务上的行为，以提高大型语言模型的安全性和可靠性。

InstructGPT 模型给所有 NLP 从业人员敲响了警钟，对于模型训练来说，高质量的数据是必不可少的，即使模型的参数很庞大及模型的能力很强。

⊖ 如果文本传达的语言是不尊重的、辱骂的、令人不快的或有害的，那么它就被认为是有毒的。

7.3 基于 GPT-2 模型的文本摘要实战

GPT 系列模型以 Transformer-Decoder 结构为基础架构，不仅在生成任务中取得了较好的效果，在零样本甚至少样本的任务中也表现突出。本节通过构建一个基于 GPT-2 的生成式文本摘要模型，深入地了解 GPT 模型的原理，以及如何在真实场景中使用。

7.3.1 项目简介

本项目基于文本摘要数据的 GPT-2 模型进行实战，旨在通过文本摘要任务更深入地理解 GPT-2 模型的架构和模型生成原理。项目代码存储在 GitHub 的 GPT2Proj 项目中，主要结构如下。

- data：存放数据的文件。
  - cls_40k.tsv：原始摘要数据。
  - sample.json：处理后的语料样例。
- summary_model：已训练好的模型路径。
  - config.json。
  - pytorch_model.bin。
  - vocab.txt。
- pretrain_model：预训练文件路径。
  - config.json。
  - pytorch_model.bin。
  - vocab.txt。
- data_helper.py：数据预处理文件。
- data_set.py：模型所需数据类文件。
- model.py：模型文件。
- train.py：模型训练文件。
- generate_sample.py：模型推理文件。

7.3.2 数据预处理模块

本项目的文本摘要数据来自中文科学文献（Chinese Scientific Literature，CSL）数据集，该数据集包含 2010—2020 年发表的 396 209 篇期刊论文，其信息元素包括标题、摘要和关键词等，支持多种任务，如图 7-4 所示。本项目主要用于进行文本摘要任务，为了保证模型训练速度，在实战过程中采用 CSL 数据集的 4 万条的子集进行模型训练和预测。当然，有足够显卡的读者，可以使用全部数据进行训练。对于生成模型来说，数据量越大，模型效果越好。

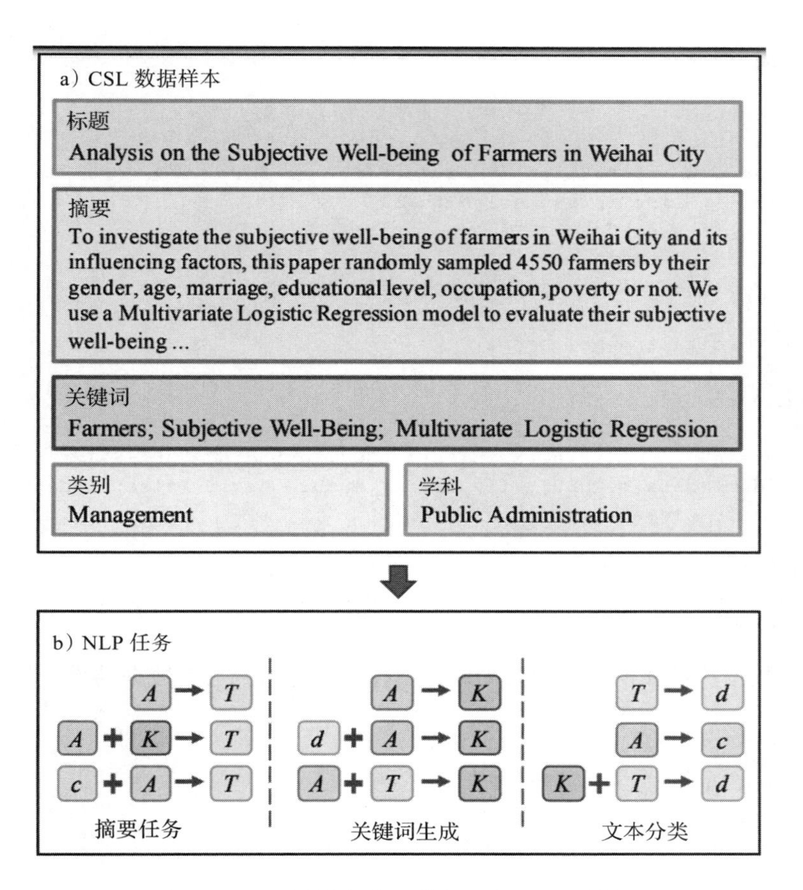

图 7-4 CSL 数据相关字段及适合 NLP 的任务

由于数据较为干净，因此不需要刻意清洗，只需要从原始数据中提取文本摘要所需的数据内容，并将全部数据分成训练集和测试集。具体流程如下。

第一步：遍历文件中的原始内容。

第二步：使用“\t”分割每个数据。

第三步：获取文本数据和摘要数据。

第四步：随机打乱所有数据。

第五步：按数据量保存训练数据和测试数据。

```
def data_process(path, save_train_path, save_test_path):
    """

    Args:
        path:
        save_train_path:
        save_test_path:
```

```
    Returns:

    """
    data = []
    with open(path, "r", encoding="utf-8") as fh:
        for i, line in enumerate(fh):
            if i == 0:
                continue
            line = line.strip().split("\t")
            sample = {"content": line[1], "title": line[0]}
            data.append(sample)

    random.shuffle(data)

    fin_train = open(save_train_path, "w", encoding="utf-8")
    json.dump(data[:-2000], fin_train, ensure_ascii=False, indent=4)
    fin_train.close()

    fin_test = open(save_test_path, "w", encoding="utf-8")
    json.dump(data[-2000:], fin_test, ensure_ascii=False, indent=4)
    fin_test.close()
```

设置原始数据路径和训练集测试集保存路径，运行得到最终数据结果，具体如下。

```
if __name__ == '__main__':
    path = "data/csl_40k.tsv"
    train_path = "data/train.json"
    test_path = "data/test.json"
    data_process(path, train_path, test_path)
```

7.3.3　GPT-2 模型模块

GPT-2 模型主要基于 Transformer 的 Decoder 结构，是一个单向语言模型。它通过前面时刻的内容信息来判断当前时刻的具体内容。本节通过 GPT-2 模型基类构造文本内容生成摘要模型，主要修改模型在计算损失值时仅对摘要部分进行计算。GPT-2 模型的代码详细见 model.py 文件。

在模型训练阶段，通过输入 mask 标记来判断模型输入的文本序列中哪一部分是正文内容，哪一部分是摘要内容。然后计算损失值，为后续模型参数优化做准备。详细步骤如下。

第一步：模型初始化函数，定义模型训练所需的各个模块。

第二步：向前传递函数。

第三步：获取 GPT-2 模型的输出结果及最后一层的隐层节点状态。

第四步：预测隐层节点状态中的每一个 Token 的下一个 Token。

第五步：如果标签不为 None，计算损失值。

第六步：计算 loss 时，通过掩码矩阵，获取新的标签，仅包含摘要部分。

第七步：对预测结果和标签进行偏移操作。

第八步：定义损失函数，获取 title 部分的真实长度，并计算真实 loss。

```
class GPT2LMHeadModel(GPT2PreTrainedModel):
    """GPT-2 模型 """

    def __init__(self, config):
        """
        初始化函数
        Args:
            config: 配置参数
        """
        super().__init__(config)
        self.transformer = GPT2Model(config)
        self.lm_head = nn.Linear(config.n_embd, config.vocab_size, bias=False)
        self.init_weights()

    def forward(self, input_ids=None, labels=None, mask=None):
        """
       前向函数，计算 GPT-2 预测结果值
        Args:
            input_ids: 输入序列在词表中的索引序列，size: [batch_size, sequence_
                length]
            labels: 标签序列，size: [batch_size, sequence_length]，一般情况下，与
                input_ids 相同
            mask: 计算标题 loss 对正文部分进行 mask

        Returns:

        """
        # 获取 GPT-2 模型的输出结果
        transformer_outputs = self.transformer(input_ids)
        # 获取 GPT-2 模型的最后一层的隐层节点状态
        hidden_states = transformer_outputs[0]
        # 预测隐层节点状态中的每一个 Token 的下一个 Token
        lm_logits = self.lm_head(hidden_states)
        # 拼接输出结果
        outputs = (lm_logits,)
        # 如果 labels 不为 None 时，计算损失值 loss，并拼接到输出结果中
        if labels is not None:
            # 计算 loss 时，获取新的标签，size:[batch_size, sequence_length]
            labels = labels * mask
            # 对预测结果和标签进行偏移操作
            # GPT-2 的生成机制为通过前面的 Token 预测下一个 Token，并且 labels 与 input_
                ids 相同
            # input_ids 中的第一个 Token 的预测结果，实际上是标签中的第二个 Token，以此类
                推，最终仅计算 sequence_length-1 个 Token 的 loss
            shift_logits = lm_logits[..., :-1, :].contiguous()
            shift_labels = labels[..., 1:].contiguous()

            # 定义损失函数 CrossEntropyLoss，并且设置忽略计算 loss 的索引，以及返回 loss
               的形式
```

```
            # 忽略 shift_labels 中为 0 的 loss，也就是仅计算 title 部分的损失值
            # 对 loss 的计算方式设为 sum，由于我们仅计算了 title 部分的损失值，如果使用
               mean，会使 loss 变小（实际除的是 sequence_length-1，不是 title 部分的真
               实长度）
            loss_fct = CrossEntropyLoss(ignore_index=0, reduction="sum")
            loss = loss_fct(shift_logits.view(-1, shift_logits.size(-1)),
                shift_labels.view(-1))
            # 获取 title 部分的真实长度，并计算真实 loss
            num = shift_labels.ne(0).long().sum().item()
            loss = loss / num
            outputs = (loss,) + outputs
        return outputs  # (loss), lm_logits
```

7.3.4 模型训练模块

模型训练文件为 train.py，主要包括主函数、模型训练参数设置函数、模型训练函数、模型验证函数等。模型训练主函数的主要步骤如下。

第一步：设置模型训练参数，当无参数输入时采用默认参数。

第二步：设置并获取显卡信息，用于模型训练。同时设置随机种子，方便模型复现。

第三步：实例化 GPT2LMHeadModel 模型。

第四步：实例化 Tokenizer，并在增加空字符的分割符号。

第五步：加载训练数据和测试数据。

第六步：进行模型训练。

```
def set_args():
    """ 设置训练模型所需参数 """
    parser = argparse.ArgumentParser()
    parser.add_argument('--device', default='0', type=str, help='设置训练或测试
        时使用的显卡')
    parser.add_argument('--train_file_path', default='data/train.json',
        type=str, help='摘要生成的训练数据')
    parser.add_argument('--test_file_path', default='data/test.json',
        type=str, help='摘要生成的测试数据')
    parser.add_argument('--pretrained_model_path', default="pretrain_model",
        type=str, help='预训练的 GPT-2 模型的路径')
    parser.add_argument('--data_dir', default='data/', type=str, help='生成缓
        存数据的存放路径')
    parser.add_argument('--num_train_epochs', default=5, type=int, help='模型
        训练的轮数')
    parser.add_argument('--train_batch_size', default=16, type=int, help='训
        练时每个 batch 的大小')
    parser.add_argument('--test_batch_size', default=8, type=int, help='测试时
        每个 batch 的大小')
    parser.add_argument('--learning_rate', default=5e-5, type=float, help='模
        型训练时的学习率')
    parser.add_argument('--warmup_proportion', default=0.1, type=float,
        help='warm up 概率，即训练总步长的百分之多少，进行 warm up')
```

```
    parser.add_argument('--adam_epsilon', default=1e-8, type=float, help='Adam
        优化器的 epsilon 值 ')
    parser.add_argument('--logging_steps', default=5, type=int, help=' 保存训练
        日志的步数 ')
    parser.add_argument('--gradient_accumulation_steps', default=1, type=int,
        help=' 梯度积累 ')
    parser.add_argument('--max_grad_norm', default=1.0, type=float, help='')
    parser.add_argument('--output_dir', default='output_dir/', type=str,
        help=' 模型输出路径 ')
    parser.add_argument('--seed', type=int, default=42, help=' 随机种子 ')
    parser.add_argument('--max_len', type=int, default=512, help=' 输入模型的最
        大长度，要比 config 中 n_ctx 小 ')
    parser.add_argument('--title_max_len', type=int, default=64, help=' 生成摘
        要的最大长度，要比 max_len 小 ')
    return parser.parse_args()


def main():
    # 设置模型训练参数
    args = set_args()
    # 设置显卡信息
    os.environ["CUDA_DEVICE_ORDER"] = "PCI_BUS_ID"
    os.environ["CUDA_VISIBLE_DEVICES"] = args.device
    # 获取 device 信息，用于模型训练
    device = torch.device("cuda" if torch.cuda.is_available() and int(args.
        device) >= 0 else "cpu")
    # 设置随机种子，方便模型复现
    if args.seed:
        torch.manual_seed(args.seed)
        random.seed(args.seed)
        np.random.seed(args.seed)

    # 实例化 GPT2LMHeadModel 模型
    model = GPT2LMHeadModel.from_pretrained(args.pretrained_model_path)

    # 实例化 Tokenizer
    tokenizer = BertTokenizer.from_pretrained(args.pretrained_model_path, do_
        lower_case=True)
    # 将 [unused11] 作为一个分割整体，例如: " 我爱 [unused11] 中国。", 使用原始 tokenizer
          分词结果为 "[' 我 ', ' 爱 ', '[', 'unused11', ']', ' 中 ', ' 国 ', '。']";
    # 增加分割符号后的结果为 "[' 我 ', ' 爱 ', '[unused11]', ' 中 ', ' 国 ', '。']"
    tokenizer.add_tokens("[unused11]", special_tokens=True)
    # 创建模型的输出目录
    if not os.path.exists(args.output_dir):
        os.mkdir(args.output_dir)
    # 加载训练数据和测试数据
    train_data = GPT2DataSet(tokenizer, args.max_len, args.title_max_len,
        args.data_dir, "train", args.train_file_path)
    test_data = GPT2DataSet(tokenizer, args.max_len, args.title_max_len,
        args.data_dir, "test", args.test_file_path)
```

```
    # 开始训练
    train(model, device, train_data, test_data, args, tokenizer)
```

采用摘要生成模型所需的数据类需要加载训练数据和测试数据，包括初始化函数、数据加载函数和数据处理函数等。详细代码在 data_set.py 文件中。数据构造过程如下。

第一步：通过参数（如数据最大长度、摘要最大长度、数据路径和数据集名称）初始化数据类中所需的变量。判断是否已存在缓存文件。如果存在，则直接加载处理后的数据。如果不存在，则对原始数据进行处理操作，并将处理后的数据存储成缓存文件。

第二步：加载原始数据。遍历文件中的每一行，获取原始数据内容。

第三步：对文本内容和摘要进行 Tokenizer 处理。摘要中存在的空格字符被替换为“[unused11]”标记。

第四步：对文本内容和摘要进行截取，以确保模型能够输入。

第五步：生成模型所需的输入内容，包括 input_ids 和 mask。

```
class GPT2DataSet(Dataset):
    """摘要生成模型所需要的数据类"""

    def__init__(self, tokenizer, max_len, title_max_len, data_dir, data_set_
        name, path_file=None, is_overwrite=False):
        """
       初始化函数
        Args:
            tokenizer: 分词器
            max_len: 数据的最大长度
            title_max_len: 生成摘要的最大长度
            data_dir: 保存缓存文件的路径
            data_set_name: 数据集名字
            path_file: 原始数据文件
            is_overwrite: 是否重新生成缓存文件
        """
        self.tokenizer = tokenizer
        # space_id表示空格标记，由于一些标题中带有空格，如果直接使用Tokenizer进行分词，
            会导致空格消失，显得标题很奇怪
        # 但是又不方便统一替换成任意一个标点，因此将其用[unused11]替换
        self.space_id = self.tokenizer.convert_tokens_to_ids("[unused11]")
        self.max_len = max_len
        self.title_max_len = title_max_len
        cached_feature_file = os.path.join(data_dir, "cached_{}_{}".
            format(data_set_name, max_len))
        # 判断缓存文件是否存在，如果存在，则直接加载处理后数据
        if os.path.exists(cached_feature_file) and not is_overwrite:
            logger.info("已经存在缓存文件{}，直接加载".format(cached_feature_
                file))
            self.data_set = torch.load(cached_feature_file)["data_set"]
        # 如果不存在，则对原始数据进行数据处理操作，并将处理后的数据存成缓存文件
        else:
            logger.info("不存在缓存文件{}，进行数据预处理操作".format(cached_
```

```
            feature_file))
        self.data_set = self.load_data(path_file)
        logger.info("数据预处理操作完成，将处理后的数据存到 {} 中，作为缓存文件
            ".format(cached_feature_file))
        torch.save({"data_set": self.data_set}, cached_feature_file)

def load_data(self, path_file):
    """
    加载原始数据，生成数据处理后的数据
    Args:
        path_file: 原始数据路径
    Returns:
    """
    self.data_set = []
    with open(path_file, "r", encoding="utf-8") as fh:
        data = json.load(fh)
        for idx, sample in enumerate(tqdm(data, desc="iter", disable=
             False)):
            # 使用 convert_feature 函数，对正文和摘要进行索引化，生成模型所需数据格式
            input_ids, token_type_ids = self.convert_feature(sample)
            self.data_set.append({"input_ids": input_ids, "mask": token_
                type_ids})
    return self.data_set

def convert_feature(self, sample):
    """
    数据处理函数
    Args:
        sample: 一个字典，包含正文和摘要，格式为 {"content": content, "title":
            title}
    Returns:
    """
    # 对正文进行 tokenizer.tokenize 分词
    content_tokens = self.tokenizer.tokenize(sample["content"])
    # 对摘要进行 tokenizer.tokenize 分词，注意 tokenizer 中已经将 [unused11] 作为一
      个分隔符，不会切割成多个字符
    title_tokens = self.tokenizer.tokenize(sample["title"].replace(" ",
        "[unused11]"))
    # 如果摘要过长，则进行截断
    if len(title_tokens) > self.title_max_len:
        title_tokens = title_tokens[:self.title_max_len]
    # 如果正文过长，则进行截断
    if len(content_tokens) > self.max_len - len(title_tokens) - 3:
        content_tokens = content_tokens[:self.max_len - len(title_tokens)
            - 3]
    # 生成模型所需的 input_ids 和 mask

    input_ids = [self.tokenizer.cls_token_id] + self.tokenizer.convert_
        tokens_to_ids(content_tokens) + [
        self.tokenizer.sep_token_id] + self.tokenizer.convert_tokens_to_
```

```
                ids(title_tokens) + [
                    self.tokenizer.sep_token_id]
        mask = [0] * (len(self.tokenizer.convert_tokens_to_ids(content_
            tokens)) + 1) + [1] * (
                len(self.tokenizer.convert_tokens_to_ids(title_tokens)) + 2)
        # 判断input_ids与mask长度是否一致
        assert len(input_ids) == len(mask)
        # 判断input_ids长度是否小于等于最大长度
        assert len(input_ids) <= self.max_len
        return input_ids, mask

    def __len__(self):
        return len(self.data_set)

    def __getitem__(self, idx):
        instance = self.data_set[idx]
        return instance
```

模型训练的主要步骤如下。

第一步：构造用于训练的data_loader。

第二步：获取模型的所有参数，并设置训练所需的优化器。

第三步：将模型调整为训练状态，循环进行数据训练。

第四步：获取每次训练所需的数据内容，传入模型后，获取损失结果。

第五步：判断是否需要进行梯度累加，如果需要则将损失值除以累加步数，并将损失进行回传。

第六步：使用优化器更新模型参数。

第七步：每个Epoch结束后，进行一次验证集预测，结果包括验证集损失和摘要部分的准确率，并保存模型。

```
def train(model, device, train_data, test_data, args, tokenizer):
    """
    训练模型
    Args:
        model:模型
        device:设备信息
        train_data:训练数据类
        test_data:测试数据类
        args:训练参数配置信息
    Returns:
    """
    tb_write = SummaryWriter()
    if args.gradient_accumulation_steps < 1:
        raise ValueError("gradient_accumulation_steps参数无效，必须大于等于1")
    # 计算真实的训练batch_size大小
    train_batch_size = int(args.train_batch_size / args.gradient_accumulation_
        steps)
```

```
train_sampler = RandomSampler(train_data)
train_data_loader = DataLoader(train_data, sampler=train_sampler,
                               batch_size=train_batch_size, collate_
                                   fn=collate_func)
total_steps = int(len(train_data_loader) * args.num_train_epochs / args.
    gradient_accumulation_steps)
logger.info("总训练步数为:{}".format(total_steps))
model.to(device)
# 获取模型所有参数
param_optimizer = list(model.named_parameters())
no_decay = ['bias', 'LayerNorm.bias', 'LayerNorm.weight']
optimizer_grouped_parameters = [
    {'params': [p for n, p in param_optimizer if not any(
        nd in n for nd in no_decay)], 'weight_decay': 0.01},
    {'params': [p for n, p in param_optimizer if any(
        nd in n for nd in no_decay)], 'weight_decay': 0.0}
]
# 设置优化器
optimizer = AdamW(optimizer_grouped_parameters,
                  lr=args.learning_rate, eps=args.adam_epsilon)
scheduler = get_linear_schedule_with_warmup(optimizer, num_warmup_
    steps=int(args.warmup_proportion * total_steps), num_training_
    steps=total_steps)
# 清空 cuda 缓存
torch.cuda.empty_cache()
# 将模型调至训练状态
model.train()
tr_loss, logging_loss, min_loss = 0.0, 0.0, 0.0
global_step = 0
# 开始训练模型
for iepoch in trange(0, int(args.num_train_epochs), desc="Epoch",
     disable=False):
    iter_bar = tqdm(train_data_loader, desc="Iter (loss=X.XXX)",
        disable=False)
    for step, batch in enumerate(iter_bar):
        input_ids = batch["input_ids"].to(device)
        mask = batch["mask"].to(device)
        # 获取训练结果
        outputs = model.forward(input_ids=input_ids, labels=input_ids,
            mask=mask)
        loss = outputs[0]
        tr_loss += loss.item()
        # 将损失值放到 Iter 中，方便观察
        iter_bar.set_description("Iter (loss=%5.3f)" % loss.item())
        # 判断是否进行梯度累积，如果进行，则将损失值除以累积步数
        if args.gradient_accumulation_steps > 1:
            loss = loss / args.gradient_accumulation_steps
        # 损失进行回传
        loss.backward()
        torch.nn.utils.clip_grad_norm_(model.parameters(), args.max_grad_
            norm)
```

```
            # 当训练步数整除累积步数时，进行参数优化
            if (step + 1) % args.gradient_accumulation_steps == 0:
                optimizer.step()
                scheduler.step()
                optimizer.zero_grad()
                global_step += 1
                # 如果步数整除 logging_steps，则记录学习率和训练集损失值
                if args.logging_steps > 0 and global_step % args.logging_
                     steps == 0:
                    tb_write.add_scalar("lr", scheduler.get_lr()[0], global_
                        step)
                    tb_write.add_scalar("train_loss", (tr_loss - logging_
                        loss) / (args.logging_steps * args.gradient_
                        accumulation_steps), global_step)
                    logging_loss = tr_loss

        # 每个 Epoch 对模型进行一次测试，记录测试集的损失
        eval_loss, eval_acc = evaluate(model, device, test_data, args)
        tb_write.add_scalar("test_loss", eval_loss, global_step)
        tb_write.add_scalar("test_acc", eval_acc, global_step)
        print("test_loss: {}, test_acc:{}".format(eval_loss, eval_acc))
        model.train()
        # 每个 Epoch 结束后，保存模型
        output_dir = os.path.join(args.output_dir, "checkpoint-{}".
            format(global_step))
        model_to_save = model.module if hasattr(model, "module") else model
        model_to_save.save_pretrained(output_dir)
        tokenizer.save_pretrained(output_dir)
        # 清空 cuda 缓存
        torch.cuda.empty_cache()
```

在每个 Epoch 训练完成后，需要对模型进行验证，主要是评估模型在其他数据上的效果，以保证模型的泛化能力。具体的模型验证流程如下。

第一步：构建验证集的 DataLoader。

第二步：对验证集数据进行遍历，将模型设置为验证状态，并关闭梯度。

第三步：对模型输入进行预测，包括损失值和 logits。

第四步：对模型损失进行累加，并对预测正确和真实摘要字数进行预测和累加。

第五步：计算最终验证集的损失和准确率。

```
def evaluate(model, device, test_data, args):
    """
    对测试数据集进行模型测试
    Args:
        model: 模型
        device: 设备信息
        test_data: 测试数据类
        args: 训练参数配置信息
    Returns:
```

```
    """
    # 构造测试集的 DataLoader
    test_sampler = SequentialSampler(test_data)
    test_data_loader = DataLoader(test_data, sampler=test_sampler, batch_
        size=args.test_batch_size, collate_fn=collate_func)
    iter_bar = tqdm(test_data_loader, desc="iter", disable=False)
    total_loss, total = 0.0, 0.0
    total_correct, total_word = 0.0, 0.0
    # 进行测试
    for step, batch in enumerate(iter_bar):
        # 模型设为 eval
        model.eval()
        with torch.no_grad():
            input_ids = batch["input_ids"].to(device)
            mask = batch["mask"].to(device)
            # 获取预测结果
            outputs = model.forward(input_ids=input_ids, labels=input_ids,
                mask=mask)
            loss = outputs[0]
            loss = loss.item()
            # 对 loss 进行累加
            total_loss += loss * len(batch["input_ids"])
            total += len(batch["input_ids"])
            # 对摘要部分预测正确字数以及真实摘要字数进行累加
            n_correct, n_word = calculate_acc(outputs[1], input_ids, mask)
            total_correct += n_correct
            total_word += n_word
    # 计算最终测试集的 loss 和 acc 结果
    test_loss = total_loss / total
    test_acc = total_correct / total_word
    return test_loss, test_acc


def calculate_acc(logits, labels, mask):
    """
    计算摘要部分预测正确字数及真实摘要字数
    Args:
        logits:
        labels:
        mask:

    Returns:

    """
    logits = logits[..., :-1, :].contiguous().view(-1, logits.size(-1))
    labels = labels[..., 1:].contiguous().view(-1)
    mask = mask[..., 1:].contiguous().view(-1).eq(1)
    _, logits = logits.max(dim=-1)
    n_correct = logits.eq(labels).masked_select(mask).sum().item()
```

```
    n_word = mask.sum().item()
    return n_correct, n_word
```

在模型训练时，可以通过文件修改相关配置信息，也可以在命令行中运行 train.py 文件时指定相关配置信息。模型训练参数配置信息如表 7-7 所示。

表 7-7　模型训练参数配置

配置项名称	含义	默认值
device	训练时设备信息	0
data_dir	生成缓存数据的存放路径	data/
train_file_path	摘要生成的训练数据	data/train.json
test_file_path	摘要生成的测试数据	data/test.json
pretrained_model_path	GPT-2 预训练模型路径	pretrain_model/
output_dir	模型输出路径	output_dir
max_len	输入模型的最大长度	512
title_max_len	生成摘要的最大长度	64
train_batch_size	训练批次大小	16
test_batch_size	验证批次大小	8
learning_rate	学习率	5e-5
num_train_epochs	训练轮数	10
seed	随机种子	42
gradient_accumulation_steps	梯度累计步数	1

模型训练命令如下。

```
python3 train.py --device 0 --data_dir "data/" --train_file_path "data/train.
    json" --test_file_path "data/test.json" --pretrained_model_path "pretrain_
    model/"--max_len 512 --title_max_len 64 --train_batch_size 16 --test_
    batch_size 8 --num_train_epochs 5
```

运行状态如图 7-5 所示。

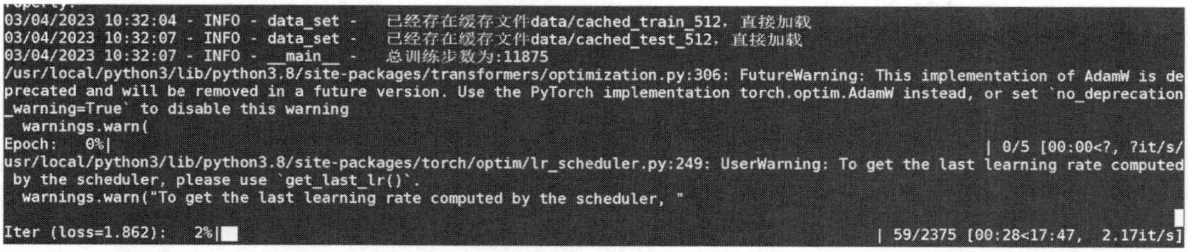

```
03/04/2023 10:32:04 - INFO - data_set -   已经存在缓存文件data/cached_train_512，直接加载
03/04/2023 10:32:07 - INFO - data_set -   已经存在缓存文件data/cached_test_512，直接加载
03/04/2023 10:32:07 - INFO - __main__ -   总训练步数为:11875
/usr/local/python3/lib/python3.8/site-packages/transformers/optimization.py:306: FutureWarning: This implementation of AdamW is de
precated and will be removed in a future version. Use the PyTorch implementation torch.optim.AdamW instead, or set `no_deprecation
_warning=True` to disable this warning
  warnings.warn(
Epoch:   0%|                                                                                          | 0/5 [00:00<?, ?it/s/
usr/local/python3/lib/python3.8/site-packages/torch/optim/lr_scheduler.py:249: UserWarning: To get the last learning rate computed
 by the scheduler, please use `get_last_lr()`.
  warnings.warn("To get the last learning rate computed by the scheduler, "

Iter (loss=1.862):   2%|█                                                                  | 59/2375 [00:28<17:47,  2.17it/s]
```

图 7-5　模型运行状态

模型训练完成后，可以根据使用 tensorboard 查看损失下降情况，如图 7-6 所示。

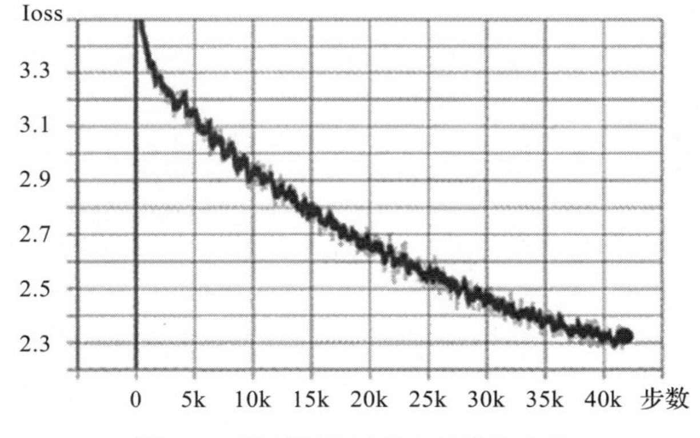

图 7-6 模型训练过程中的损失变化

7.3.5 模型推理模块

模型推理文件为 generate_sample.py，主要涉及参数设置函数、TopK-TopP 解码策略函数、单样本预测函数和主入口函数等。推理过程如下。

第一步：设置预测的配置参数。当无参数输入时，采用默认参数。

第二步：获取设备信息。

第三步：实例化推理模型和 Tokenizer，并将模型设置到指定设备上。

第四步：获取输入正文内容，并通过单样本预测函数预测出对应的多个摘要。

```
def set_args():
    """设置模型预测所需参数"""
    parser = argparse.ArgumentParser()
    parser.add_argument('--device', default='0', type=str, help='设置预测时使用
        的显卡，使用 CPU 设置成 -1 即可')
    parser.add_argument('--model_path', default='summary_model/', type=str,
        help='模型文件路径')
    parser.add_argument('--batch_size', default=6, type=int, help='生成摘要的个
        数')
    parser.add_argument('--generate_max_len', default=64, type=int, help='生
        成摘要的最大长度')
    parser.add_argument('--repetition_penalty', default=1.4, type=float,
        help='重复处罚率')
    parser.add_argument('--top_k', default=8, type=float, help='解码时保留概率
        最高的多少个标记')
    parser.add_argument('--top_p', default=0.95, type=float, help='解码时保留概
        率累加大于多少的标记')
    parser.add_argument('--max_len', type=int, default=512, help='输入模型的最
        大长度，要比 config 中 n_ctx 小')
    return parser.parse_args()

def main():
```

```
    """ 主函数 """
    # 设置预测的配置参数
    args = set_args()
    # 获取设备信息
    os.environ["CUDA_DEVICE_ORDER"] = "PCI_BUS_ID"
    os.environ["CUDA_VISIBLE_DEVICES"] = args.device
    device = torch.device("cuda" if torch.cuda.is_available() and int(args.
        device) >= 0 else "cpu")
    print(device)
    # 实例化 Tokenizer 和 model
    tokenizer = BertTokenizer.from_pretrained(args.model_path, do_lower_
        case=True)
    model = GPT2LMHeadModel.from_pretrained(args.model_path)
    model.to(device)
    model.eval()
    print('开始对文本生成摘要，输入 CTRL + C，则退出')

    while True:
        content = input("输入的正文为：")
        titles = predict_one_sample(model, tokenizer, device, args, content)
        for i, title in enumerate(titles):
            print("生成的第{}个摘要为：{}".format(i + 1, title))
```

单样本预测的具体步骤如下。

第一步：对正文内容进行预处理，判断是否超长，如果超长则进行截断处理。

第二步：将 Token 内容进行索引化，变成模型所需格式；根据摘要预测个数将其进行扩充，再转化成 Tensor 格式。

第三步：对摘要的最大长度进行遍历，通过前面的信息内容预测下一个标记内容。

第四步：对 Batch 的输出进行概率惩罚、"[UNK]"标记置无穷小等操作。

第五步：通过 TopK-TopP 解码规则对预测结果进行筛选。

第六步：判断是否存在序列预测标记为停止符。

第七步：当全部序列都存在停止符时，则预测停止，否则继续预测。

第八步：当全部预测完成后，遍历存储预测结果的列表，将其转化成汉字序列。

```
def top_k_top_p_filtering(logits, top_k, top_p, filter_value=-float("Inf")):
    """
    TopK-TopP 解码策略，仅保留 top_k 个或累积概率到达 top_p 的标记，其他标记设为 filter_
        value，后续在选取标记的过程中会取不到值设为无穷小。
    Args:
        logits: 预测结果，即预测成为词典中每个词的分数
        top_k: 只保留概率最高的 top_k 个标记
        top_p: 只保留概率累积达到 top_p 的标记
        filter_value: 过滤标记值
    Returns:
    """
    # logits 的维度必须为 2，即 size:[batch_size, vocab_size]
    assert logits.dim() == 2
```

```
    # 获取top_k和字典大小中较小的一个，也就是说，如果top_k大于字典大小，则取字典大小个标记
    top_k = min(top_k, logits[0].size(-1))
    # 如果top_k不为0，则将在logits中保留top_k个标记
    if top_k > 0:
        # 由于有batch_size个预测结果，因此对其遍历，选取每个预测结果的top_k标记
        for logit in logits:
            indices_to_remove = logit < torch.topk(logit, top_k)[0][..., -1,
                None]
            logit[indices_to_remove] = filter_value
    # 如果top_p不为0，则将在logits中保留概率值累积达到top_p的标记
    if top_p > 0.0:
        # 对logits进行递减排序
        sorted_logits, sorted_indices = torch.sort(logits, descending=True,
            dim=-1)
        # 对排序后的结果使用softmax归一化，再获取累积概率序列
        # 例如：原始序列[0.1, 0.2, 0.3, 0.4]，则变为：[0.1, 0.3, 0.6, 1.0]
        cumulative_probs = torch.cumsum(F.softmax(sorted_logits, dim=-1),
            dim=-1)

        # 删除累积概率高于top_p的标记
        sorted_indices_to_remove = cumulative_probs > top_p
        # 将索引向右移动，使第一个标记也保持在top_p之上
        sorted_indices_to_remove[..., 1:] = sorted_indices_to_remove[...,
            :-1].clone()
        sorted_indices_to_remove[..., 0] = 0
        for index, logit in enumerate(logits):
            # 由于有batch_size个预测结果，因此对其遍历,.选取每个预测结果的累积概率达到
                top_p的标记
            indices_to_remove = sorted_indices[index][sorted_indices_to_
                remove[index]]
            logit[indices_to_remove] = filter_value
    return logits

def predict_one_sample(model, tokenizer, device, args, content):
    """
    对单个样本进行预测
    Args:
        model：模型
        tokenizer：分词器
        device：设备信息
        args：配置项信息
        content：正文
    Returns:
    """
    # 对正文进行预处理，并判断如果超长则进行截断
    content_tokens = tokenizer.tokenize(content)
    if len(content_tokens) > args.max_len - 3 - args.generate_max_len:
        content_tokens = content_tokens[:args.max_len - 3 - args.generate_
            max_len]
    # 获取unk_id、sep_id值
    unk_id = tokenizer.convert_tokens_to_ids("[UNK]")
    sep_id = tokenizer.convert_tokens_to_ids("[SEP]")
```

```
# 将 tokens 索引化，变成模型所需格式
content_tokens = ["[CLS]"] + content_tokens + ["[SEP]"]
input_ids = tokenizer.convert_tokens_to_ids(content_tokens)
# 将 input_ids 进行扩充，扩充到需要预测摘要的个数，即 batch_size
input_ids = [copy.deepcopy(input_ids) for _ in range(args.batch_size)]
# 将 input_ids 变成 tensor
input_tensors = torch.tensor(input_ids).long().to(device)

# 用于存放每一步解码的结果
generated = []
# 用于存放，完成解码序列的序号
finish_set = set()
with torch.no_grad():
    # 遍历生成摘要最大长度
    for _ in range(args.generate_max_len):
        outputs = model(input_ids=input_tensors)
        # 获取预测结果序列的最后一个标记，next_token_logits size：[batch_size,
            vocab_size]
        next_token_logits = outputs[0][:, -1, :]
        # 对 batch_size 进行遍历，将词表中出现在序列中的词的概率进行惩罚
        for index in range(args.batch_size):
            for token_id in set([token_ids[index] for token_ids in
                generated]):
                next_token_logits[index][token_id] /= args.repetition_
                    penalty
        # 对 batch_size 进行遍历，将词表中的 UNK 值设为无穷小
        for next_token_logit in next_token_logits:
            next_token_logit[unk_id] = -float("Inf")
        # 使用 top_k_top_p_filtering 函数，按照 top_k 和 top_p 的值对预测结果进行筛选
        filter_logits = top_k_top_p_filtering(next_token_logits, top_
            k=args.top_k, top_p=args.top_p)
        # 对 filter_logits 的每一行做一次取值，输出结果是每一次取值时 filter_logits
            对应行的下标，即词表位置（词的 id）
        # filter_logits 中的越大的值，越容易被选中
        next_tokens = torch.multinomial(F.softmax(filter_logits, dim=-1),
            num_samples=1)
        # 如果哪个序列的预测标记为 sep_id 时，则加入 finish_set
        for index, token_id in enumerate(next_tokens[:, 0]):
            if token_id == sep_id:
                finish_set.add(index)
        # 如果 finish_set 包含全部的序列序号，则停止预测，否则继续预测
        finish_flag = True
        for index in range(args.batch_size):
            if index not in finish_set:
                finish_flag = False
                break
        if finish_flag:
            break
        # 将预测标记添加到 generated 中
        generated.append([token.item() for token in next_tokens[:, 0]])
        # 将预测结果拼接到 input_tensors 和 token_type_tensors 上，继续下一次预测
```

```
            input_tensors = torch.cat((input_tensors, next_tokens), dim=-1)
        # 用于存储预测结果
        candidate_responses = []
        # 对 batch_size 进行遍历，并将 token_id 变成对应汉字
        for index in range(args.batch_size):
            responses = []
            for token_index in range(len(generated)):
                # 当出现 sep_id 时，停止在该序列中添加 token
                if generated[token_index][index] != sep_id:
                    responses.append(generated[token_index][index])
                else:
                    break
            # 将 token_id 序列变成汉字序列，去除 "##"，并将 [unused11] 替换成空格
            candidate_responses.append("".join(tokenizer.convert_ids_to_
                tokens(responses)).replace("##", "").replace("[unused11]", " "))
    return candidate_responses
```

在进行模型推理时，可以通过修改文件中的相关配置信息，或者在命令行中运行 generate_sample.py 文件时指定相关配置信息。配置信息如表 7-8 所示，可以通过调节 topk、topp 和 repetition_penalty 等参数来修改模型生成效果。

表 7-8 模型预测参数配置

配置项名称	含义	默认值
device	训练时设备信息	0
topk	取前 k 个词	8
topp	取超过 p 的词	0.95
model_path	模型路径	summary_model/
repetition_penalty	重复词的惩罚项	1.4
max_len	模型输入最大长度	512
batch_size	生成摘要个数	4
generate_max_len	生成摘要的最大长度	64

模型推理命令如下，运行后如图 7-7 所示。

```
python3 generate_sample.py --device 0 --topk 8 --topp 0.95 --max_len 512
    --generate_max_len 64
```

```
[root@localhost GPT2Proj]# python3 generate_sample.py
cuda
开始对文本生成摘要，输入CTRL + C，则退出
输入的正文为:
```

图 7-7 模型推理示意图

对训练好的文本摘要模型进行推理测试，针对每个文本内容生成 4 个摘要，测试样例如下。

样例 1：

输入正文：在设计防火建筑时，大型木构件燃烧缓慢的特性很早就被认识到。在美国，用木材来建造安全防火的建筑已有一个多世纪的成功历史。本文对在美国如何进行暴露木结构的防火设计进行了概述。

生成的第 1 个摘要：暴露木结构的防火设计概述。

生成的第 2 个摘要：美国的暴露木结构防火设计。

生成的第 3 个摘要：浅议木材在建筑中的应用。

生成的第 4 个摘要：美国暴露木结构的防火设计概述。

样例 2：

输入的正文：随着我国农业机械化水平的不断提高，节能问题成为焦点。为此，从若干方面论述了农业机械化节能的方法和途径。

生成的第 1 个摘要：节能技术与农机化水平。

生成的第 2 个摘要：农业机械化节能方法探析。

生成的第 3 个摘要：农业机械化节能方法的现状与对策。

生成的第 4 个摘要：农业机械化节能方法及其对我国的启示。

样例 3：

输入的正文：在研究国际商事仲裁的运作规律、法律适用的基础上，对国际体育的强制性仲裁形式进行了比较与分析，认为：1. 较国际民商事仲裁而言，国际体育强制性仲裁形式在对于法律的适用方面既具有一种原承性，亦具有一种独创性；2. 民商事仲裁程序法的适用规则与体育强制性仲裁形式的特有性质生成冲突；3. 体育强制性仲裁实体法的适用应在民商事仲裁实践经验的积累中进行挖掘与提升。

生成的第 1 个摘要：国际体育强制性仲裁形式比较与分析。

生成的第 2 个摘要：论体育强制性仲裁形式的特点与效用。

生成的第 3 个摘要：体育强制性仲裁形式的比较与分析。

生成的第 4 个摘要：论我国体育强制性仲裁形式的适用。

样例 4：

输入的正文：在钢筋混凝土软化桁架模型的基础上，本文推导出一套通过验算节点核心区混凝土抗压强度和钢筋抗拉强度来进行节点设计的方法，并给出了算例。该方法充分利用了节点核心区混凝土的强度。通过 6 个梁柱节点计算值与试验值的比较，验证了本文提出的设计方法的可靠性。通过本文提出的节点设计方法与 GBJ 10—89 中节点设计方法的比较，指出了 GBJ 10—89 中关于梁柱设计方法的不足之处。

生成的第 1 个摘要：基于节点核心区混凝土抗压强度和钢筋抗拉强度的设计方法研究。

生成的第 2 个摘要：钢筋混凝土软化桁架结构节点设计。

生成的第 3 个摘要：基于混凝土抗压强度的钢筋混结构节点设计方法研究。

生成的第 4 个摘要：一种基于强度和钢筋抗拉能力的混凝土节点设计方法。

7.4　本章小结

本章主要介绍了 GPT 系列中常见的模型，并基于 GPT-2 模型进行代码实战操作，构建一个简单的生成式文本摘要模型。

CHAPTER 8

第 8 章

PPO 算法与 RLHF 理论实战

人学始知道，不学非自然。

——孟郊《劝学》

从 GPT 版本迭代的进程中，我们可以看出参数规模与高质量数据样本对模型的重要性。然而，真正让模型产生质变并成功突破的原因是加入强化学习的机制。在此之前，已有人尝试将强化学习与自然语言处理相融合，但均未获得显著进展。那么，ChatGPT 又是如何打破这一壁垒的？ PPO（Proximal Policy Optimization，近端策略优化）算法与其他强化学习算法存在哪些异同？基于人工反馈的强化学习整体框架如何设计？本章将重点探讨上述问题。

8.1 PPO 算法简介

PPO 算法是 OpenAI 团队在 2017 年 8 月提出的一种强化学习算法。该算法一经提出，便刷新了包括实体机器人运动、电子游戏在内的多项强化学习任务的最佳效果。而在 OpenAI 的 InstructGPT 中，又将 PPO 算法与 RLHF（Reinforcement Learning from Human Feedback，基于人工反馈的强化学习）框架相结合，再次让 PPO 算法回到聚光灯下。

8.1.1 策略梯度算法回顾

强化学习的核心目的是让智能体（Agent）寻找出最佳的策略（Policy），从而在任意时刻 T 都能给出对应的行动（Action），最终实现整体奖励（Reward）最大化。这里存在两种主要的学习模式：价值学习与策略学习。

价值学习是希望智能体能够通过分析行动的价值函数找到更好的策略，进而趋利避害。

策略学习则是希望智能体绕过价值函数，直接基于策略进行建模，通过计算结果的损失函数，梯度更新策略模型对应参数，让策略模型基于真实样本不断优化。

策略学习的关键在于以下 3 个方面：

1）构建策略模型 $\pi_\theta(x)$。不同于价值学习基于价值函数建模，策略学习直接针对策略进行建模，这要求策略模型本身是连续可微（可以求导）的。目前，由于深度学习的广泛应用，绝大多数的策略模型均采用深度神经网络进行表示建模。

2）构建评价函数 $J(\theta) = J(\pi_\theta(x))$。仅有策略模型是不够的，一定要针对不同条件开展对策略的可靠评价，评价越准确越有利于我们挑选出好的策略模型。

3）梯度更新策略模型 $\theta = \theta + \alpha\Delta_\theta J(\theta)$。一旦完成策略模型与评价函数，只须在后续行动中利用梯度更新的方式就可以完成对于策略模型的更新。在策略学习算法体系中，使用梯度上升方法改变 θ，使其向我们的评价函数 $J(\theta)$ 更大的方向前进，其中对应的梯度便是 $\Delta_\theta J(\theta)$。

下面从蒙特卡洛与演员评论家策略梯度入手，帮助读者加深对策略梯度算法的理解。

策略学习的核心在于策略建模的方法，目前绝大多数的策略学习都采用深度神经网络建模，运用梯度更新进行参数优化，然后不同策略学习采用的建模策略不同。蒙特卡洛策略梯度 (Monte-Carlo Policy Gradient) 算法核心是利用蒙特卡洛的方法来估计汇报，使用回合制的方式更新策略函数。算法伪代码流程如下。

```
初始化评价函数相关参数
for 一组行为 {s1,a1,r2,...,ST-1,AT-1,rT} in 服从策略模型的行为集合:
    for t = 1 to T-1:
        θ = θ+αΔθlogπθ(St, at) Gt
    end for
end for
返回评价函数相关参数
```

其中，G_t 是基于真实采样的行为序列进行计算得到的，因为它依赖行为序列的整条链路，所以将其称为蒙特卡洛方法。G_t 的计算方式如下。

$$G_t = \sum_{k=t+1}^{T} \gamma^{k-t-1} R_k$$

其中，R_k 表示第 k 次的奖励回报，γ 表示影响因子（即离当前行为越长远的奖励回报对当前策略影响越小）。蒙特卡洛策略梯度算法是最基础的策略梯度算法，后续相关算法均是在其基础上进行优化调整的。值得注意的是，若针对连续的行为空间，通常会使用高斯策略构建评价函数。

演员评论家策略梯度（Actor Critic Policy Gradient，AC 策略梯度）与单纯的策略学习有所不同。AC 策略梯度融合了策略学习和价值学习的模块，并基于二者相互学习提升强化学习整体模型效果。仅面向价值学习的强化学习算法将建模重点放在如何让行动迎合高价值的奖励，相当于聚焦短期回报。仅面向策略学习的强化学习算法将建模重点放在如何学习整体最优的策略方式，相当于聚焦长远回报，并不能直观感受到当下价值利弊。

AC 策略梯度利用训练更好的价值模型来辅助构建更好的策略模型，从而让系统兼顾策略长远方针与当下价值重点。其中，演员就是策略模型，也是强化学习算法的主角，将执行智能体的每个行动。评论家则是价值模型，是强化学习算法的监督者，将不断调整主角的行动策略，使演员在舞台上展现最出彩的一面。演员评论家策略梯度的模型较为成熟，具体算法伪代码如下。

```
初始化策略评价函数相关参数、价值评价函数相关参数；
for t = 1 to T-1:
     采样当前价值 r_t；
     获得下一个状态 S_{t+1}；
     基于状态 S_{t+1} 与策略模型 π_θ，获得下一个行动 a_{t+1}；
     更新策略参数：θ = θ + α_θ Q_w(s,a) Δ_θ log_{π_θ}(a_t|s_t)；
     计算演员得分值（TD error）：δ_t = r_t + γQ_w(s',a')−Q_w(s,a)；
     更新评价参数：ω=ω+α_ω δ_t Δ_ω Q_ω(s,a)；
end for
返回评价函数相关参数、价值评价函数相关参数；
```

其中，$Q_w(s,a)$ 是评论家模型，$\pi_\theta(a_t|s_t)$ 是演员模型。可以看出，AC 策略梯度是将两个模型同时更新，先基于评论家模型的得分梯度更新演员模型参数，再使用梯度误差更新评论家模型参数，最终在多轮迭代后实现两类模型的持续增强。值得说明的是，这种双模型驱动的框架在后续很多算法上都可以看到，PPO 算法整体框架也采用了演员 – 评论家模式。

进一步来看，InstructGPT 第一阶段的提示训练相当于训练一个演员模型，然而第二阶段的奖励模型训练相当于训练一个很好的评论家模型，最终在第三阶段利用 PPO 算法完成演员模型与评论家模型的双向增强。从强化学习的视角来看，InstructGPT 的 3 个阶段就是参考演员评论家策略梯度的整体训练流程，采用的强化学习算法是 PPO 算法。

8.1.2 PPO 算法原理剖析

PPO 算法属于策略梯度算法，是 OpenAI 团队成员 John Schulman 针对置信域策略优化（Trust Region Policy Optimization，TRPO）算法进行优化的算法。TRPO 算法创新性地利用 KL 离散度作为正则项，限制梯度更新的程度，进而避免由于模型参数变化过大所导致的效果不稳定问题。与传统的策略优化算法相比，TRPO 算法更加稳定，达到预期效果所需要支撑的样本数量相对较少。

然而，TRPO 算法存在许多不足。

- 计算量过大。由于 TRPO 是在线更新算法，每单步梯度更新时都需要额外计算 KL 离散度，导致 TRPO 的计算耗时远高于原有模型。
- 无法直接使用 SGD（Stochastic Gradient Descent，随机梯度下降）算法进行梯度更新。TRPO 算法没办法直接用 SGD，主要原因是 TRPO 算法采用的超参数——KL 离散度惩罚因子 β 需要固定，但固定参数后 SGD 梯度效果很差，所以 TRPO 算法最终采用约束条件替代固定惩罚因子，作为最终对损失函数的约束。然而，这种限制导致其无法直接使用 SGD，使模型收敛速度大打折扣。

❑ 收敛速度较慢。TRPO 算法每步都需计算梯度，效率明显低于离线更新算法。

PPO 算法通过损失策略优化、梯度裁剪、样本重采样 3 个方面实现了 TRPO 算法的升级，成功实现了批量训练、稳定迭代、快速收敛的目标。下面详细讲解优化思路。

1. 损失策略优化

损失策略优化是指 PPO 算法在计算整体损失时，避免使用原先 TRPO 算法所采用的条件约束算法，而是通过优化损失函数，使得 KL 离散度惩罚因子 β 可以随着训练过程不断变化。因此，PPO 算法可以使用 SGD 算法进行梯度更新，这极大地提高了梯度更新的效率与鲁棒性。PPO 算法的损失计算方式如下。

$$L^{\text{KLPEN}}(\theta)=\hat{\mathbb{E}}_t\left[\frac{\pi_\theta(a_t \mid s_t)}{\pi_{\theta_{\text{old}}}(a_t \mid s_t)}\hat{A}_t-\beta\text{KL}[\pi_{\theta_{\text{old}}}(\cdot|s_t),\pi_\theta(\cdot \mid s_t)]\right]$$

随着模型训练，超参数 β 会不断调整，通过计算 KL 离散度的值（α），可进一步计算 β 的更新策略，具体内容如下。

$$d=\hat{\mathbb{E}}_t[\text{KL}[\pi_{\theta_{\text{old}}}(\cdot|s_t),\pi_\theta(\cdot \mid s_t)]]$$

- 当 $d<d_{\text{targ}}/1.5$ 时，$\beta \leftarrow \beta/2$
- 当 $d<d_{\text{targ}}/1.5$ 时，$\beta \leftarrow \beta \times 2$

其中 d_{targ} 是我们对于 KL 离散度的期望值，从上述公式可以看出，当 d 小于 KL 离散预期的 2/3 时，我们将惩罚因子 β 缩小至一半，进而拉高后续 KL 离散度。当 d 大于 KL 离散预期的 1.5 倍时，我们将惩罚因子 β 放大到 2 倍，进而调低后续 KL 离散度。这种动态调整训练超参数的方法有别于传统的单向参数衰减 / 增强的优化思路，更符合强化学习本身样本及环境带来的多样性，使模型更具有鲁棒性。

2. 梯度裁剪

梯度裁剪是 PPO 算法在 TRPO 算法基础上的第二个优化方向，主要是将原先的梯度更新加以约束，避免训练过程的参数大幅扰动。PPO 算法先计算参数更新前后的策略行动概率比值，即

$$r_t(\theta)=\frac{\pi_\theta(a_t \mid s_t)}{\pi_{\theta_{\text{old}}}(a_t \mid s_t)}$$

此时，基于梯度裁剪的损失函数如下。

$$L^{\text{CLIP}}(\theta)=\hat{\mathbb{E}}_t[\min(r_t(\theta)\hat{A}_t,\text{clip}(r_t(\theta),1-\varepsilon,1+\varepsilon)\hat{A}_t)]$$

PPO 算法通过引入 CLIP 函数完成梯度裁剪，其主要目的就是当奖励为正时，约束奖励的上限，当奖励为负时，收紧损失的底线。具体效果如图 8-1 所示。

从图 8-1 可以看出，当奖励为正（A>0）时，r 比值大于 1+ε 后，损失值保持在 r=1+ε 时。当奖励为负（A<0）时，r 比值小于 1−ε 后，损失值保持在 r=1−ε 时。这种裁剪保证梯度更新

的震荡范围在（1–ε，1+ε）之间，ε 的经验取值为 0.2。这种优化方式将避免模型在样本空间中过度优化，且其计算量远小于 KL 离散度，作为惩罚正则项，模型训练效率进一步提升。

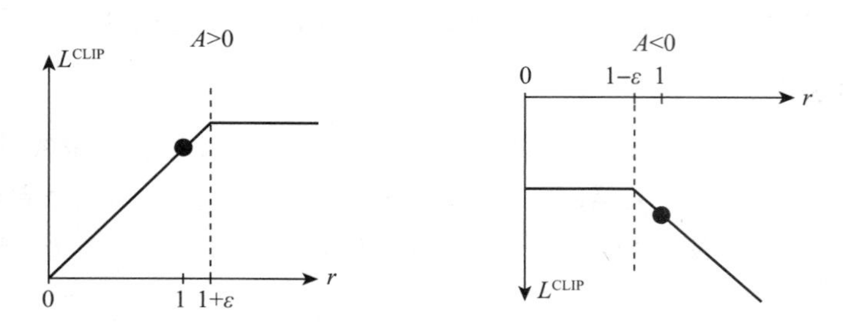

图 8-1　PPO 梯度裁剪效果图

3. 样本重采样

样本重采样旨在解决单步在线更新效率较低的问题。具体而言，可以使用估计优势函数（Generalized Advantage Estimation，GAE）实现。GAE 采用回放缓存的方式，即执行多步环境行动后，损失统一综合计算。当共执行 T 步操作后，整体策略梯度的计算方式如下。

$$\delta_t = r_t + \gamma V(s_{t+1}) - V(s_t)$$

$$\hat{A}_t = \delta_t = (r\lambda)\delta_{t+1} + \cdots + (\gamma\lambda)^{T-t+1}\delta_{T-1}$$

其中，λ 取值为 1，$V(s_t)$ 代表在 S_t 状态下的评价取值。通过上述公式可以批量方式实现损失计算，进一步提高模型的学习效率与参数更新稳定性。

PPO 算法的流程伪代码如下。

```
初始化策略评价函数相关参数 θ;
for iteration=1,2,..., do:
    for 行动步骤 =1,2, ..., N do:
        基于当前策略函数计算 T 个时间戳下行为;
        计算 T 个时间戳下行为对应价值;
    end for
    基于损失策略优化或梯度裁剪计算在 K 个批量下的整体 M 个样本的整体梯度;
    基于上述梯度更新策略评价函数相关参数 θ;
end for
返回评价函数相关参数 θ;
```

原始 PPO 算法并没有考虑优化价值评价模型相关参数，这意味着 PPO 算法将重点放在优化策略模型参数本身上，但并不代表价值评价模型的参数不能参与训练。事实上，在算法论文中，作者明确表示 PPO 算法的流程是典型的演员评论家策略梯度风格，因此可以使用演员 – 评论家框架应用于 PPO 算法。在 8.3 节的实践中，我们将仅针对策略模型（即生成模型）进行参数优化，基于论文描述内容进行实现。

8.1.3　PPO 算法对比与评价

DQN 算法和 PPO 算法都是利用深度学习进行强化学习建模的方法。由于深度神经网络模型具有模拟复杂模型的能力，它们从结构上解决了传统机器学习建模表征相对较弱的问题。DQN算法属于价值学习算法，而PPO算法综合运用了价值学习和策略学习的算法，并且使用价值评价模型进一步优化策略评价模型，最终构建更加优异的策略模型以直接指导智能体展开行为。这样做的优势在于策略建模比评价建模更加直观，使得智能体更关注于策略本身。此外，在PPO算法中使用梯度裁剪技术让模型在可控范围内稳步优化，进一步避免了强化学习模型效果的波动性。

在PPO算法的论文中，作者明确指出PPO算法可以按照Actor-Critic方式展开算法流程，因此，PPO和AC算法可以属于同源算法。然而，基于8.1.2节对PPO算法的深入剖析不难发现，PPO算法并不会优化价值学习模型相关参数，更多的是将价值函数看作一个近似完美的“评论家”，直接基于其评判结果优化“演员”模型对应参数。这种方式与AC算法本身框架有所不同，原有的AC算法会同时优化演员模型和评论家模型。AC算法并非被PPO算法全面取代，相反，在许多简单强化学习应用场景中，相对于复杂的PPO算法，AC算法具有训练收敛更快、效果更稳定的优势。

此外，值得注意的是，笔者研究目前已经开源复现的PPO算法框架时发现，不同框架对这一细节的处理并不相同。OpenAI团队自身开源的TRL（Transformer Reinforcement Learning）库中延续了论文中对PPO算法的定义，基于成熟的价值评估模型仅优化策略模型对应参数。然而，微软的DeepSpeed框架则延续了AC算法的特点，同时优化评价模型和策略模型。

在DeepSpeed中，强化学习阶段构建了4个模型：使用演员模型冻结参数构建参考模型，使用观察者模型冻结参数构建奖励模型。在PPO算法迭代更新时，将演员和观察者模型参数分阶段优化。因此，PPO算法可以优化演员模型参数，这取决于不同实现者对算法的理解。

通过对上述两个开源项目对PPO算法的实践分析可知，我们不能成为开源的“拿来主义者”，只有在认真对比不同框架的异同点后，进行实验测试并基于真实数据验证不同框架的效果指标与精度指标，最终选出适合当前场景的对应框架。

PPO算法是TRPO算法的升级和优化。AC算法在部分简单的强化学习场景中比TRPO算法更具优势，然而PPO算法几乎在所有场景中都优于TRPO算法。PPO算法通过优化损失函数解决了TRPO算法无法使用SDG梯度更新算法的问题，通过梯度裁剪解决了TRPO算法效果波动性过大的问题，通过样本重采样解决了TRPO算法因单步在线更新导致的训练周期过长的问题。PPO算法的这些突破已经完成了针对TRPO算法的全面升级，使其算法底层设计概念得以充分展现。

PPO算法是目前主流强化学习中表现较出众的算法之一。它完美继承了演员评论家的算法框架，并结合损失函数优化、梯度剪裁Clipped和样本重采样等相关优势，实现了强化学习建模优化升级。相比于原先的强化学习算法，特别是策略梯度类强化学习算法，PPO算法在效果上有明显提升。

由于不需要理解环境，PPO算法的建模相对简单。其行动重点取决于策略而非价值本身，可以直接计算当前状态下每个行动的概率值，并支持连续行动场景，在训练时梯度可导，使得模型参数学习更加容易。

此外，PPO 算法属于离线单步更新模型，训练方式也更为简单。然而 PPO 模型本身也并非完美，由于其单步学习的特点，使得模型更加莽撞且缺乏长远策略记忆能力，同时受环境的影响，在缺乏良好环境反馈评价体系时效果往往大打折扣，这是演员 – 评价者框架系列模型的通用问题。基于人工反馈的强化学习就是尝试弥补因环境评价匮乏所带来的问题，我们将在 8.2 节中重点介绍。

8.2 RLHF 框架简介

基于人工反馈的强化学习的第一篇论文是 OpenAI 公司前成员在入职 Anthropic 公司后于 2022 年 4 月提出的，此时 PPO 算法已经诞生 4 年多了。从时间上可以看出，并非先有 RLHF 框架后有实战算法，而是先有算法后有训练框架。原因是基于人工反馈的强化学习是强化学习的一个分支，而 PPO 算法的适用场景更广泛。在 RLHF 的场景下，我们仍然可以使用大部分强化学习算法，例如在 DeepMind 团队开发 Sparrow 时使用 A2C 算法 ,OpenAI 团队开发 InstructGPT 时使用 PPO 算法。

由此可见，RLHF 框架并不等同于 PPO 算法，只不过因为 ChatGPT 的巨大成功，许多人将二者联系起来。本节将从 RLHF 的理论出发，进一步介绍其核心思想，并比较其诞生前后所带来的差异。

8.2.1 RLHF 内部剖析

图 8-2 展示了 InstructGPT 中体现 RLHF 价值的实验效果对比。

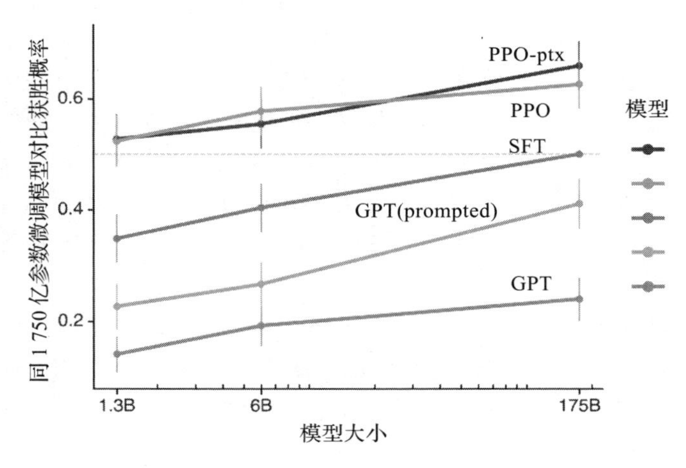

图 8-2 InstructGPT 中不同策略下效果对比图

如图 8-2 所示，横坐标表示模型参数规模，主要关注在 13 亿参数、60 亿参数以及 1 750 亿参数这 3 个规模下模型精度效果对比。纵坐标表示当前模型效果与 1 750 亿参数全量监督学习参数微调对比得分，值越大表明效果越好，越接近全量 SFT 效果。

或许有读者会问：既然我们都知道全量 SFT 效果最优，为什么还要测试这么多种方法？直接基于任务 SFT 不就可以了吗？需要说明的是，全量 SFT 对标注数据、训练时间、场景规模、训练资源等方面都有极为严苛的要求。因此，论文作者希望避免全量 SFT，通过实验验证并结合不同优化技巧，发现在仅使用少量资源情况下达到与全量 SFT 相似的效果。

InstructGPT 提出的优化策略包括基于指示学习的 GPT、针对部分任务的 SFT、PPO 强化学习及混合语言模型预训练与 PPO 的综合策略。由图 8-2 可知，最基础的 GPT 模型效果表现最差，上述优化策略都从不同程度上提高了原本 GPT 模型的效果。这也正是 GPT 3.5+ 与原先 GPT-3 模型的差异。其中，PPO 与 PPO+ 预训练的整体效果表现最为亮眼。在 PPO 的训练下，1.3B 模型的表现甚至优于 175B 微调模型。由此可见，PPO 策略具有巨大优势。论文中介绍了 RLHF 的整体流程，如图 8-3 所示。

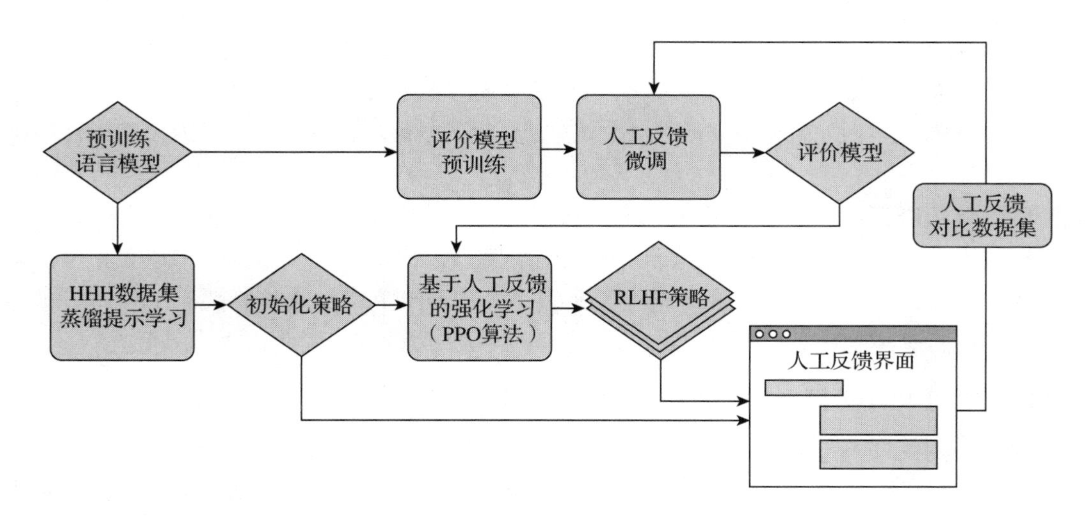

图 8-3　RLHF 流程框架图

RLHF 是通过预训练语言模型来开展行为模型与评价模型的建模。在行为模型的建模过程中，利用人工指导的满足 3H 要求的数据进行指导学习。在评价模型中，利用人工反馈进行模型微调。最后，在迭代环节采用 PPO 强化学习算法，对上述两个模型进行参数更新，更新方式就是利用人工反馈的交互界面。人工在界面中评价模型不同维度内容，包括模型生成质量、内容相关度、多条生成结果的排序值、模型生成结果是否有害等。

以上便是 RLHF 的整体流程，通过相关板块的联动，并利用人工反馈的方式弥补了生成模型缺乏环境反馈的问题。

值得思考的是：RLHF 解决了什么问题？通过本书的相关介绍，我们都明白监督学习的必要性。强化学习算法在实际中的表现非常出色，但在已有监督学习建模训练的场景下，强化学习发挥了什么作用，需要引起我们的高度重视。本质上，强化学习的过程也是一种学习，不同于监督学习的亲手指导，强化学习更多地要求模型在环境中感知，从反馈中学习。因此，RLHF 本质上想要解决的并非精准问题，而是对齐问题。即模型可以通过监督学习实现精度的提高，而通过强化学习实现生成对齐。其中，对齐的对象便是人类。

我们在体验 ChatGPT 的过程中会发现，当它遇到不会回答的问题时，总会一本正经地胡说八道，这种求生欲极高的回答就好像求职者在被面试时遇到不会回答的问题，仍然会编造一个答案。强化学习的加入，是为了让模型生成的结果更像人的回答，而并不是关注答案本身。这也提醒着我们，或许 ChatGPT 回答的并不准确，而是我们期待它回答的内容。

8.2.2 RLHF 价值分析

1. 弱化人类的干预

OpenAI 在其官方报告中表明，当前 GPT-4 的训练已经完全弱化了对第一阶段（即人工标注提示样本）的依赖，仅依靠第二阶段（即人工标注模型生成的多样本的优劣）和第三阶段（即 PPO 强化学习）就可以实现模型的稳步优化。这极大地降低了人类为模型标注数据的成本。

回顾自然语言处理的发展历程，从 Bert 模型在同等样本情况下精度全面领先传统机器学习模型，再到小样本、元学习对样本的大幅下降，进而到当今预训练大型语言模型出现的零样本、ICL 情况下的智能涌现，最终到 GPT-4 对于 SFT 本身的弱依赖及其同 PPO 的全面拥抱，我们惊喜地发现人工干预逐步减少，模型对人类的依赖同时也逐步降低。

2. 实现强化学习同大型语言模型的价值联动

很长一段时间内，自然语言处理方向的从业者并不看好强化学习在自身领域的应用，因为它缺乏客观稳定的评价函数。RLHF 框架的出现创新地利用人工填补了这个缝隙，使得强化学习得以应用在大型语言模型的研制过程中。

从结果来看，加入强化学习后大型语言模型的整体效果带来了惊喜。ChatGPT 以及 GPT-4 的成功将极大鼓舞相关从业者，基于前车之鉴，敢于在自身任务中加入人工反馈机制，运用强化学习机制实现模型的自我优化。这也将使得更多人投身于强化学习的研究中，相信会产生出更多更加适应现实场景变化的全新模型与算法框架。

3. 机器同人类的认知对齐

正如 8.2.1 节所述，RLHF 的本质是希望实现机器生成结果与人类本身认知的对齐。经过最近几个月针对 ChatGPT 与 GPT-4 的体验，越来越多人发现，虽然大型语言模型仍然无法保证答案的事实准确性，但其思考问题的方式、回答问题的表达方式与人类极其相似。我们可以将 ChatGPT 看作一个智者，它比我们绝大多数人储备的知识更加全面，逻辑更加清晰，表达更加合理，但人无完人，智者也会犯常识性错误，更何况它作为刚诞生不久的智能体。

机器生成结果与人类预期的一致性将让更多人接受、拥抱 AIGC 模型，同时思考未来如何与其共存，并利用它实现自身效率的全方位提升。就像我们已经无法想象没有搜索引擎的互联网时代，也许在不远的未来，我们也无法想象没有 AIGC 的互联网时代。

8.2.3 RLHF 问题分析

1. 优化效果影响不显著问题

OpenAI 在其关于 GPT-4 的分析报告中指出，通过预训练语言模型的学习，GPT-4 模型可以达到评价任务 73.7% 的评测指标，而 RLHF 阶段仅将结果提升了 74%。初看这个结果我们可能非常失望，因为其模型的主要贡献来源于预训练语言模型的学习与提示指令学习，强化学习收效甚微。但我们需要关注的是，强化学习的目标并不是提高模型精度，而是让模型效果与人类表述实现对齐。因此，在生成更加拟人化的表述同时，还可以实现生成效果的保持甚至提升，本身已经非常难能可贵。

2. 人工反馈标注成本过高问题

OpenAI 花费最大的精力并不是在算力资源或算法架构上，而是投入大量人力进行标注。在绝大多数公司还在苦恼监督学习标注样本过少的问题时，OpenAI 已经展开对于模型生成答案的评价反馈，并基于此反馈开展强化学习建模。这里人工反馈标注成本极高，虽然我们从直观上来看，人工反馈生成效果的好坏较为容易，但在标注过程中，如何统一标准，如何确保标注人员对问题答案的理解足够专业，如何确保标注人员的个人偏好和倾向与大众保持一致等问题都需要解决。值得庆幸的是，OpenAI 作为优秀的榜样，已经验证了技术路线的整体可行性，成本过高的问题也可以参考斯坦福的 Alpaca（羊驼）等一系列新模型的建模思路。

3. 最佳实践的效果难以复现问题

伴随着 GPT-4 的全面闭源，我们难以得知其模型的参数规模、训练细节、网络结构等一系列内容，这给我们开展大型语言模型训练带来了进一步挑战。如果方向选错，可能面临着数月的成果付诸东流。在模型训练的过程中，不了解方向更容易导致研发人员怀疑自己的选择，难以判断是模型优化的问题还是数据治理的问题。但是，OpenAI 的团队之前也面临过这些挫折，而他们原来走的路更加充满未知，因此不能因难以复现而放弃研究。相反，我们要在不断的研究中，分析加入人工反馈强化学习的模型究竟带来了什么改变。

8.3　基于 PPO 的正向情感倾向性生成项目实战

本节将从实战出发，通过强化学习 PPO 算法优化原有 GPT-2 生成模型效果，从而生成更具有正向情感的评论文本。通过本项目的学习，读者可加深对 PPO 算法的了解，学会运用强化学习方法解决真实场景问题。

8.3.1　项目任务与数据集分析

本项目结合强化学习和自然语言处理生成任务，使用强化学习干预模型生成效果，使生成结果更具有正向情感倾向。本项目借鉴 TRL 库官方示例代码，不同之处在于，本项目针对中文数据集进行可控强化生成训练。本项目使用经过中文 CLUE 数据集微调的 GPT-2 模型 gpt2-chinese-cluecorpussmall 作为生成模型，使用针对短文本优化的情感分析模型 IDEA-CCNL 作为判别模型，强化学习算法选择 PPO 算法。

本次数据集采集了来源于亚马逊的商品评论，时间跨度从 2015 年 11 月 1 日至 2019 年 11 月 1 日，包含中文、英文等 4 种语言。每条数据样本都包括亚马逊商品评论的文本内容、评价标题、评价星级（1～5 星）、评论者的匿名 ID、商品的匿名 ID，以及评论商品品类。在训练集、验证集、测试集中，每种语言都分别包含 200 000、5 000 以及 5 000 条数据。

本项目选取了亚马逊中文评价数据作为生成样本的范本数据。需要解释的是，我们会将一条真实评价数据随机截取 10 个字符以内的内容，然后让模型基于此内容开展模型训练，用以拟合真实评价剩余内容。在这个过程中，我们使用评论家模型为生成的内容打分，并给予生成正向情感的内容高分值评价回报。基于此反馈内容，我们迭代生成模型，使其更倾向于生成具有正向情感的文本。需要指出的是，评论家模型与 PPO 算法的加入，并不是为了生成更高质量的样本，而是为了生成更具正向情感倾向的样本。如果我们想要训练更高质量的样本，完全可以持续开展基于现有数据的微调工作。因此，强化学习的介入是为了加入更多维度的对齐。下面将针对项目相关模块逐一进行介绍。

8.3.2　数据预处理模块

数据预处理模块代码参见 data_set.py 文件，主要涉及构建情感评价生成数据集 ReviewQueryDataset 类与数据转换函数 collate_func，其中数据集类包含初始化、分词、预处理函数。

ReviewQueryDataset 类初始化代码如下。

```
def__init__(self, tokenizer_name="uer/gpt2-chinese-cluecorpussmall",dataset_
    name='amazon_reviews_multi', max_len=50,query_min_len=2, query_max_len=8):
    """
    初始化函数
    Args:
        tokenizer: 分词器
```

```
            dataset_name: 数据集名字
            max_len: 数据的最大长度
            query_min_len: 生成评价输入的最小长度
            query_max_len: 生成评价输入的最大长度
        """
        self.query_min_len=query_min_len
        self.query_max_len=query_max_len
        self.dataset_name = dataset_name
        self.tokenizer_name = tokenizer_name
        self.max_len = max_len
        self.input_size =  LengthSampler(self.query_min_len, self.query_max_len)
        self.tokenizer = BertTokenizer.from_pretrained(self.tokenizer_name)
        logger.info('load dataset...')
        self.dataset = load_dataset(path=self.dataset_name, name="zh")
        self.preprocess()
```

数据分词的步骤如下。

第一步：利用 LengthSampler 函数计算当下随机生成原始样本长度。

第二步：利用内置分词器编码函数实现对切分数据编码并存入 input_ids 字段中。

第三步：调用内置分词器结果函数实现生成内容解码并存入 query 字段中。

第四步：返回 input 结果。

```
def tokenize(self, input):
        """
        加载原始数据，完成原始样本转换
        即将原始样本抽取前 [min,max] 个 Token
        默认为 [2-8] 个 Token
        Args:
            input: 原始数据样本

        Returns:
            input: 增加 input_ids 和 query 字段的样本
        """
        input["input_ids"] = self.tokenizer.encode(input["review_body"][:self.
            input_size()])
        input["query"] = self.tokenizer.decode(input["input_ids"])
        return input
```

数据预处理阶段的具体步骤如下。

第一步：过滤掉文本内容大于超参 max_len 取值的样本。

第二步：利用 tokenizer 函数，将原始评价样本进行截断，抽取原始评价前 [min,max] 长度样本。

第三步：将数据格式同意转换成 torch 数据类型。

```
def preprocess(self):
    """
    对数据集原始文本开展数据预处理:
```

```
    -1. 过滤过短文本（低于 max_len 字符评论）
    -2. 保留原始评价前（min,max）长度样本
    Returns:
    """
    logger.info('start preprocess...')
    self.dataset = self.dataset.filter(lambda x: len(x["review_body"])>self.
        max_len, batched=False)
    self.dataset = self.dataset.map(self.tokenizer, batched=False)
    self.dataset.set_format(type='torch')
    logger.info('preprocess finish!')
```

数据转换函数 collate_func 的代码如下。

```
def collate_func(batch_data):
    """
    DataLoader 所需的 collate_fun 函数，将数据处理成所需形式
    Args:
        batch_data: batch 数据
    Returns:
    """
    return dict((key, [d[key] for d in batch_data]) for key in batch_data[0])
```

至此，我们完成了对原始评价数据的转换。将原始数据中文本过长样本丢弃，随机截断评价内容，构造放置在生成模型内的生成语料数据集。

8.3.3　模型训练模块

模型训练模块代码参见 train.py 文件，主要包括模型训练配置参数设置函数、模型加载函数、PPO 训练初始化配置函数、模型训练函数和主入口函数等。

模型加载函数代码如下。

```
def load_models(args, device):
    """
    加载模型
    Args:
        args: 训练参数配置信息
        device: 设备信息
    Returns:
    """
    actor_tokenizer = AutoTokenizer.from_pretrained(args.actor_model_name)
    actor_model = AutoModelForCausalLMWithValueHead.from_pretrained(args.
        actor_model_name).to(device)
    ref_actor_model = AutoModelForCausalLMWithValueHead.from_pretrained(args.
        actor_model_name)
    critic_tokenizer=BertTokenizer.from_pretrained(args.critic_model_name)
    critic_model=BertForSequenceClassification.from_pretrained(args.critic_
        model_name).to(device)
    return actor_model, ref_actor_model, actor_tokenizer, critic_model,
        critic_tokenizer
```

PPO 训练初始化配置函数代码如下。

```
def init_ppo(args, actor_model, ref_actor_model, actor_tokenizer, dataset):
    """
    初始化 PPO 配置
    Args:
        args: 训练参数配置信息
        actor_model: 演员模型
        ref_actor_model: 参考模型
        actor_tokenizer: 演员模型分词器
        dataset: 构建好的数据集

    Returns:
    """
    config = PPOConfig(
        model_name=args.actor_model_name,
        learning_rate=args.learning_rate,
        ppo_epochs=args.num_train_epochs,
    )
    ppo_trainer = PPOTrainer(config, actor_model, ref_actor_model, actor_
        tokenizer, dataset=dataset['train'], data_collator=collate_func)
    return ppo_trainer
```

模型训练的具体步骤如下。

1）利用 LengthSampler 定义输出样本长度函数。

2）进行模型迭代，每一轮迭代细节如下。

- 从演员模型生成文本。
- 利用裁判模型计算其情感得分。
- 结合生成文本及其情感得分，运用 PPO 完成生成参数梯度更新。

```
def train(actor_tokenizer, critic_model, critic_tokenizer, device, ppo_trainer,
     args):
    """
    训练模型
    Args:
        actor_tokenizer: 演员模型分词器
        critic_model: 裁判模型
        critic_tokenizer: 裁判模型分词器
        device: 设备信息
        ppo_trainer: PPO 训练器
        args: 训练参数配置信息
    Returns:
    """
    generation_kwargs = {
        "min_length":-1,
        "top_k": 0.0,
        "top_p": 1.0,
        "do_sample": True,
```

```
        "pad_token_id": actor_tokenizer.pad_token_id
    }
    # 定义输出样本长度函数
    output_size_sampler = LengthSampler(args.generate_min_len, args.generate_
        max_len)

    for epoch, batch in tqdm(enumerate(ppo_trainer.dataloader)):
        query_tensors = batch['input_ids']

        #### 从演员模型生成文本
        response_tensors = []
        for query in query_tensors:
            gen_len = output_size_sampler()
            generation_kwargs["max_new_tokens"] = gen_len
            response = ppo_trainer.generate(query.to(device), **generation_
                kwargs)
            response_tensors.append(response.squeeze()[-gen_len:])
        batch['response'] = [actor_tokenizer.decode(r.squeeze()) for r in
            response_tensors]

        #### 计算情感得分
        texts = [q + r for q,r in zip(batch['query'], batch['response'])]
        encoded_inputs = critic_tokenizer(texts,padding=True,truncation=True,
            return_tensors='pt').to(device)
        output=critic_model(**encoded_inputs)
        rewards = list(output.logits[:,1].float())
        #### 运行 PPO 流程
        stats = ppo_trainer.step(query_tensors, response_tensors, rewards)
        ppo_trainer.log_stats(stats, batch, rewards)
```

至此，我们完成了模型训练的核心代码介绍。通过使用 TRL 类库中的 PPOTrainer 配置，将 GPT-2 生成模型与 Bert 情感模型相结合，实现了 PPO 的完整训练。

8.3.4　模型生成模块

模型生成模块代码参见 generate_sample.py，主要涉及配置参数设置函数、单样本预测函数和主入口函数等。单样本生成预测的具体步骤及代码如下。

第一步：对正文进行预处理，截断过长文本。

第二步：对文本内容进行编码，获取模型所需的索引输入。

第三步：调用模型的 generate 函数生成结果。

第四步：将生成的结果组装为答案并返回。

```
def predict_one_sample(model, tokenizer, device, args, content, output_size_
     sampler, gen_kwargs):
    """
    对单个样本进行预测
    Args:
        model: 模型
```

```
        tokenizer: 分词器
        device: 设备信息
        args: 配置项信息
        content: 正文
        output_size_sampler: 输出样本长度函数
        gen_kwargs: 生成相关配置项
    Returns:
    """
    # 对正文进行预处理，并判断如果超长则进行截断
    if len(content) > args.max_len - 3:
        content = content[:args.max_len - 3]
    content_tokens = tokenizer.tokenize(content)
    input_ids = tokenizer.convert_tokens_to_ids(content_tokens)
    # 将 input_ids 进行扩充，扩充到需要预测摘要的个数，即 batch_sizes
    input_ids = [copy.deepcopy(input_ids) for _ in range(args.batch_size)]
    # 将 input_ids 变成 tensor
    input_tensors = torch.tensor(input_ids).long().to(device)
    # 用于存放每一步解码的结果
    generated = []
    with torch.no_grad():
        # 遍历生成摘要最大长度
        output_size = output_size_sampler()
        outputs = model.generate(input_tensors,max_new_tokens=output_size,
            **gen_kwargs).squeeze()
        for output in outputs:
            generated.append(tokenizer.decode(output))
    return generated
```

至此，我们借助训练好的模型完成了新评价样本生成。

8.3.5　模型评估模块

模型评估模块代码参见 generate_sample.py 文件，主要涉及配置参数设置函数、比较函数和主入口函数等。模型训练前后的效果批量评估流程具体步骤及代码如下。

第一步：利用 my_dataset 构建数据集。

第二步：从现有模型与原始模型中续写评价。

第三步：针对调用生成内容对结果内容进行解码。

第四步：利用裁判模型对新老生成模型进行评估。

第五步：将结果写入 dataframe 并返回。

```
def compare(model, ref_model, critic_model, tokenizer, critic_tokenizer, device,
     args, my_dataset, output_size_sampler, gen_kwargs):
    """
    基于训练前后模型效果评估
    Args:
        model: 生成模型
        ref_model: 参考原始模型
```

```
        critic_model：观察者评估模型
        tokenizer：生成模型分词器
        critic_tokenizer：观察者模型分词器
        device：设备信息
        args：配置项信息
        my_dataset：数据集
        output_size_sampler：输出样本长度函数
        gen_kwargs：生成相关配置项
    Returns:
    """
    input_data = dict()
    df_batch = my_dataset['train'][:].sample(args.batch_size)
    input_data['query'] = df_batch['query'].tolist()
    query_tensors = df_batch['input_ids'].tolist()
    response_tensors_ref, response_tensors = [], []
    # 从现有模型与原始模型中续写评价
    for i in range(args.batch_size):
        gen_len = output_size_sampler()
        output = ref_model.generate(torch.tensor(query_tensors[i]).
            unsqueeze(dim=0).to(device), max_new_tokens=gen_len, **gen_
            kwargs).squeeze()[-gen_len:]
        response_tensors_ref.append(output)
        output = model.generate(torch.tensor(query_tensors[i]).
            unsqueeze(dim=0).to(device), max_new_tokens=gen_len, **gen_
            kwargs).squeeze()[-gen_len:]
        response_tensors.append(output)

    # 对结果内容解码
    input_data['response (before)'] = [tokenizer.decode(response_tensors_
        ref[i]) for i in range(args.batch_size)]
    input_data['response (after)'] = [tokenizer.decode(response_tensors[i])
        for i in range(args.batch_size)]

    # 利用裁判模型对新老生成模型进行评估
    texts = [q + r for q,r in zip(input_data['query'], input_data['response
        (before)'])]
    encoded_inputs = critic_tokenizer(texts,padding=True,truncation=True,retu
        rn_tensors='pt').to(device)
    output=critic_model(**encoded_inputs)
    rewards = list(output.logits[:,1].to('cpu').tolist())
    input_data['rewards (before)'] = rewards

    texts = [q + r for q,r in zip(input_data['query'], input_data['response
        (after)'])]
    encoded_inputs = critic_tokenizer(texts,padding=True,truncation=True,retu
        rn_tensors='pt').to(device)
    output=critic_model(**encoded_inputs)
    rewards = list(output.logits[:,1].to('cpu').tolist())
    input_data['rewards (after)'] = rewards
```

```
    # 将结果保存在 dataframe 中
    df_results = pd.DataFrame(input_data)
    return df_results
```

通过对训练前后模型生成效果进行对比，并利用裁判模型计算二者的情感得分，我们可以发现，基于 PPO 强化学习干预后的样本生成情感整体倾向比原有模型更为正向。这与我们的设计初衷保持整体一致。由此可见，借助强化学习训练后的模型生成，可以实现预置的情感可控性。

8.4 问题与思考

前面已介绍强化学习 PPO 算法的具体内容与代码实践，本节分别针对强化学习场景设计与大型语言模型效果提升的关键开展探讨。

问题 1：如何设计合适的强化学习应用场景？

解决这个问题的关键在于如何洞察场景本身。考虑场景中是否存在因行为变化导致一系列环境反馈。如果可以运用一定手段收集环境反馈并能加以评价，则可以进一步评估行为本身。

我们原来都将强化学习受限于相对纯粹的仿真环境，将电子对抗、仿真引擎、沙盘推演看作强化学习应用场景的必要土壤。基于人工反馈的强化学习框架诞生之后，我们将重新审视强化学习本身，环境的客观反馈不一定成为必要条件，甚至只要愿意投入精力，任何行为皆可人工主观评价。换言之，万物皆可强化学习。

然而，现实情况中，因评价的非客观性与人工评价的高额成本，强化学习并不会遍地开花。那么，当下做好的强化学习场景应具备哪些特性呢？

首先是高价值性，即用户愿意为其效果花费大量精力，我们从自动驾驶与 ChatGPT 就可以看出来；其次是效果的易评估性，如果标准难以统一，标注耗时耗力，我们很难短时间内收集大量数据；最后是评估环境的易用性，我们可以看到 Sparrow、ChatGPT 都花费大量精力设计良好的交互体验，力求进一步提升反馈效率。

未来将会有大量应用在其产品设计理念中加入强化学习反馈学习思想，让用户在下意识中完成数据标注反馈，最典型的代表就是利用验证码完成图像目标检测任务的数据标注。

值得引起重视的是，斯坦福大学的羊驼模型给我们提供了全新的思路。羊驼模型是针对 Meta 开源的大型语言模型 LLaMA 进行微调训练生成的。与以往模型的微调思路不同，羊驼模型提供一批用户真实提示输入文本，调用 ChatGPT 生成结果，并将其看作原始输入文本的输出答案，共同喂给 LLaMA 模型加以训练，通过微调的方式缩短 LLaMA 模型与 ChatGPT 模型的差距。

我们可以在羊驼模型的思路上进一步发散，不采用基于人工反馈的强化学习，而采用基于 ChatGPT 反馈的强化学习。相信这样的场景也会逐步被深入挖掘。

问题 2：大型语言模型产生质变的根源是什么？

业界对大型语言模型的智能涌现能力存在争议，并非所有人都认同强化学习是大型语言模型产生质变的核心因素。有学者认为，大型语言模型质变的根源是模型参数规模。更有激进者认为 600 亿参数下的模型很难做到复杂思维和多任务链式处理能力。

在他们看来，虽然不少 10B 以内的模型在某些具体场景下效果优异，但很难与 ChatGPT、GPT-4 等模型相比。这种分析结论将导致各大企业相继开展人工智能的军备竞赛，目前国内几家大型企业的大型语言模型都是千亿以上规模的参数。

另外一批研究人员则将引起大型语言模型质变的原因归为指导学习，尤其在加入大量代码任务的训练后，模型一下子就“开窍”了，完成各种复杂的智力型任务。当然，还有许多学者将人工反馈的强化学习看作模型质变的里程碑。因为加入强化学习后，模型将不再依赖用户指导提示，便可以仅基于反馈不断更新，OpenAI 在报告中表明，目前阶段已经将重点从第一阶段的提示学习转变为第二阶段裁判模型的学习和第三阶段的强化学习，将逐步弱化对人工标注的依赖。

上述内容均对大型语言模型的智能涌现起到正面影响，其他因素有待对模型进一步分析而得出。

8.5 本章小结

本章重点介绍 PPO 强化学习算法与基于人工反馈的强化学习算法框架 RLHF，并开展基于 PPO 算法的正向情感倾向性生成项目实战，旨在运用实战方式加深对 PPO 算法与大型语言模型生成相结合技术方案的理解。

CHAPTER 9

第9章

类 ChatGPT 实战

千里之行，始于足下。

——老子

ChatGPT 模型以其流畅的对话表达、极强的上下文存储和丰富的知识创作能力，在解决各种问题方面得到了广泛的认可。这种优秀的效果不仅源于模型的参数量，还得益于训练时采用的人工反馈强化学习方法，这两者密不可分。InstructGPT 模型已经证明，通过强化学习的优化，相对于仅进行微调的 1 750 亿参数的 GPT-3 模型，它拥有 13 亿参数的模型，更受人们欢迎。此外，强化学习训练过程可以只使用提示信息，减少了大量的人工标注工作。虽然在奖励模型训练时需要人工标注数据，但相比重写生成结果，标注排序数据对标注人员来说要简单得多。

本章通过模拟 ChatGPT 模型的训练过程，介绍文档生成问题任务，帮助读者更深入地理解 ChatGPT 模型训练的 3 个阶段，即监督微调（SFT）、训练奖励模型（RM）和强化学习（RL）。

9.1 任务设计

ChatGPT 模型在 SFT 阶段收集提示 – 答案数据对来训练一个监督学习模型，用于生成答案。在 RM 阶段，标注人员对模型生成结果进行排序，训练一个奖励模型，用于判断生成答案的价值。在 RL 阶段，对提示数据生成答案，根据奖励模型采用强化学习方法更新 SFT 阶段的监督学习模型。

为了让读者在有限的资源下深入理解 ChatGPT 模型的训练过程，以及在指定任务上利用强化学习方法优化自己的模型，我们针对文档生成问题任务，参考 ChatGPT 模型训练流程，设计了一个三阶段模型，以提高文档生成问题任务效果。

在 SFT 阶段，构建文档 – 问题数据集来训练一个基于 GPT-2 模型的问题生成模型，用于问题生成，其中文档内容相当于提示信息，而生成的问题内容相当于答案。文档生成问题模型训练的目标与语言模型任务一致，损失函数如下。

$$L_{\mathrm{SFT}}=\sum_{i}\log P(y_i \mid x_1,\cdots,\ x_k,y_e,\cdots,y_{i-1};\theta)$$

在 RM 阶段，针对文档 – 问题数据集，通过规则的方法构建一个排序数据集，同样基于 GPT-2 模型训练一个奖励模型。奖励模型可以对同一个文档内容生成的不同问题进行打分，用于后续强化学习提升问题生成模型的效果。奖励模型采用 Pair-Wise 方法进行模型训练，即对于同一个文档内容 x 来说，比较两个不同问题 y_w 和 y_l 之间的差异。假设 y_w 在真实情况下好于 y_l，那么希望 $x+y_w$ 经过模型后的分数比 $x+y_l$ 经过模型后的分数要高，反之亦然。具体损失函数如下。

$$L_{\mathrm{RM}}=-\frac{1}{\binom{K}{2}}E_{(x,y_w,y_l)\sim R}[\log(\sigma(r_\theta(x,y_w)-r_\theta(x,y_l)))]$$

其中，$r_\theta(x, y)$ 为文档 x 和问题 y 经过 RM 模型的标量奖励值，R 为规则构建的排序数据集。需要注意的是，RM 阶段模型训练的初始化模型来自 SFT 阶段已训练好的模型。由于强化学习的核心目的是让智能体找出最佳的策略，从而在任意时刻都能给出对应的行动，最终实现整体奖励最大化。因此，在 RM 阶段中，奖励模型的好坏至关重要。模型整体优化目标是使得平均奖励值越来越大。如果奖励模型效果较差，那么平均奖励值就不可靠，最终会导致强化学习效果不理想。

在 RM 阶段中，针对文档数据集，通过强化学习中的 PPO 算法对 SFT 阶段的文档生成问题模型进行优化，以提高原始模型效果。首先，根据 SFT 模型初始化一个演员模型，根据 RM 模型初始化一个评论家模型。动作模型首先根据新的文档内容生成对应的问题，然后通过奖励模型获取优化模型的奖励值，从而对模型进行更新。在原始 SFT 模型的输出上增加 KL 散度惩罚，以防止奖励模型过度优化。具体优化函数如下。

$$L_{\mathrm{RL}}=E_{(x,y)\sim D_{\pi_{\varnothing}^{\mathrm{RL}}}}\left[r_\theta(x,y)-\beta\log\left(\pi_{\varnothing}^{\mathrm{RL}}(y\mid x)/\pi^{\mathrm{SFT}}(y\mid x)\right)\right]$$

其中，$\pi_{\varnothing}^{\mathrm{RL}}$ 为强化学习策略，π^{SFT} 为监督训练模型，$D_{\pi_{\varnothing}^{\mathrm{RL}}}$ 表示强化学习分布。

9.2　数据准备

文档生成问题任务是根据已有文档内容生成可以从文档中找到对应答案的问题，而机器阅读理解任务是根据已有文档和问题找到答案，可以将这两个任务看作可逆任务。本次实战的文档生成问题数据集则来自中文机器阅读理解（Chinese Machine Reading

Comprehension，CMRC）的片段提取数据集。CMRC 数据集由专家人工构建，每个文档内容均经过人工审核，删除包含超过 30% 的非中文字符、很多难以理解的专业词汇、很多特殊字符和符号以及文言文编写的文档；每个文档对应多个问题，并且每个问题均能从文档中找到一个合适的答案。CMRC 数据集可以很好地解决文档生成问题任务的问题事实性和多样性问题。

原始 ChatGPT 模型在训练奖励模型时，数据是人工标注的，但由于人工标注成本过高，对快速验证方法的效果是不友好的，因此笔者通过规则方法针对一个正样本生成 6 种类型负样本，负样本构造规则如下。

- 负样本 1：通过 SFT 阶段已训练好的模型，针对文档生成一个问题，作为待生成问题。
- 负样本 2：从原始数据中其他文档的问题中随机挑选一个问题，作为待生成问题。
- 负样本 3：从文档中随机选取一句话，作为待生成问题。
- 负样本 4：对原始问题进行裁剪，并随机添加额外字符，作为待生成问题。
- 负样本 5：将空字符串内容，作为待生成问题。
- 负样本 6：通过字典随机选取 6～30 个字符，作为待生成问题。

对于文档生成问题的评价标准，笔者认为问题的完整性要比内容的相关性更重要，并且人提出的问题要比模型生成的更好，因此各样本与文档的关联关系为：正样本 > 负样本 1> 负样本 2> 负样本 3> 负样本 4> 负样本 5> 负样本 6。

9.3 基于文档生成问题任务的类 ChatGPT 实战

9.3.1 SFT 阶段

1. 项目简介

本项目为 SFT 阶段实战，通过文档生成问题任务可更加深入理解 ChatGPT 模型在 SFT 阶段的任务流程。代码见 GitHub 中 RLHFProj/SFT 项目。项目的主要结构如下。

- data：存放数据的文件夹。
  - cmrc_train.json：原始机器阅读理解训练数据。
  - cmrc_dev.json：原始机器阅读理解测试数据。
- sft_model：已训练好的模型路径。
  - config.json。
  - pytorch_model.bin。
  - vocab.txt。
- pretrain_model：预训练文件路径。

    - config.json。
    - pytorch_model.bin。
    - vocab.txt。
- data_helper.py：数据预处理文件。
- data_set.py：模型所需数据类文件。
- model.py：模型文件。
- train.py：模型训练文件。
- predict.py：模型推理文件。

本项目从数据预处理、模型训练和模型推理几部分入手，完成一个基于文档内容生成对应问题的 GPT-2 模型。

2. 数据预处理模块

本项目通过机器阅读理解数据构建文档生成问题数据，并且考虑到数据泄露的问题，需要对原始训练数据按照文档内容，分成 SFT 阶段数据和 RL 阶段数据。具体流程如下。

第一步：由于测试数据集不需要切分，因此直接遍历 CMRC 的测试数据集，保存文档和对应问题即可。

第二步：由于训练数据集需要切分为 SFT 阶段使用和 RL 阶段使用，因此在遍历 CMRC 的训练数据集时，需记录文档 ID 以及全部文档 – 问题数据。

第三步：将文档 ID 进行随机打乱，并平均分成两份，一份为 SFT 阶段文档，另一份为 RL 阶段文档。

第四步：遍历所有文档 – 问题数据集，如果文档 ID 在 SFT 阶段中，则保存到 SFT 数据集中，否则保存到 RL 数据集中。

```
def data_process(train_path, test_path, sft_save_path, rl_save_path, test_save_
    path):
    """ 数据处理，从原始阅读理解数据中抽取文档 + 问题数据 """

    content_ids = 0
    # 由于测试数据集不需要切分，所以直接遍历 cmrc 的测试数据集，保存文档和对应问题即可
    fin = open(test_save_path, "w", encoding="utf-8")
    with open(test_path, "r", encoding="utf-8") as fh:
        data = json.load(fh)
        for sample in data["data"]:
            for paras in sample["paragraphs"]:
                content = paras["context"]
                content_ids += 1
                for qas in paras["qas"]:
                    fin.write(json.dumps(
                        {"content": content, "query": qas["question"],
                            "content_id": "content_{}".format(content_ids)},
                        ensure_ascii=False) + "\n")
    fin.close()
```

```
    # 由于训练数据集需要切分为 SFT 阶段使用和 RL 阶段使用，因此在遍历 cmrc 的训练数据集时，需要
      记录文档 ID
    qg_data = []
    content_ids_set = set()
    with open(train_path, "r", encoding="utf-8") as fh:
        data = json.load(fh)
        for sample in data["data"]:
            for paras in sample["paragraphs"]:
                content = paras["context"]
                content_ids += 1
                for qas in paras["qas"]:
                    qg_data.append(
                        {"content": content, "query": qas["question"],
                            "content_id": "content_{}".format(content_ids)})
                    content_ids_set.add("content_{}".format(content_ids))

    content_ids_set = list(content_ids_set)
    # 将文档 ID 进行随机打乱并均分
    random.shuffle(content_ids_set)
    sft_train_ids = content_ids_set[:int(len(content_ids_set) / 2)]
    print(sft_train_ids)
    ppo_train_ids = content_ids_set[int(len(content_ids_set) / 2):]
    print(ppo_train_ids)
    # 遍历所有文档 - 问题数据集，如果文档 ID 在 SFT 阶段中，则保存到 SFT 数据集中，否则保存到 RL
      数据集中
    fin_sft = open(sft_save_path, "w", encoding="utf-8")
    fin_rl = open(rl_save_path, "w", encoding="utf-8")
    for i, sample in enumerate(qg_data):
        if sample["content_id"] in sft_train_ids:
            fin_sft.write(json.dumps(sample, ensure_ascii=False) + "\n")
        elif sample["content_id"] in ppo_train_ids:
            fin_rl.write(json.dumps(sample, ensure_ascii=False) + "\n")
    fin_sft.close()
    fin_rl.close()
```

设置原始数据路径和保存路径，运行得到最终数据结果，具体如下。

```
if __name__ == '__main__':
    ori_train_path = "data/cmrc_train.json"
    ori_test_path = "data/cmrc_dev.json"
    sft_save_path = "data/sft_train.json"
    rl_save_path = "data/ppo_train.json"
    test_save_path = "data/test.json"
    data_process(ori_train_path, ori_test_path, sft_save_path, rl_save_path,
        test_save_path)
```

3. 模型训练模块

文档生成问题模型采用 GPT-2 模型作为基础框架，与第 7 章文本摘要实战部分基本一致。模型结构见 model.py 文件，模型训练所需的数据类见 data_set.py，模型训练见 train.py

文件。模型训练主要步骤如下。

第一步：构造训练所需的 data_loader。

第二步：获取模型所有参数，并设置模型训练所需的优化器。

第三步：将模型调至训练状态，根据 Epoch 数开始数据循环，进行模型训练。

第四步：获取每一次训练所需的数据内容，传入模型后获取损失结果。

第五步：判断是否进行梯度累计。如果是，则将损失值除以累计步数，并将损失进行回传。

第六步：利用优化器对模型的参数进行更新。

第七步：每个 Epoch 后对模型进行一次预测。预测结果包括验证集的损失和准确率，并保存模型。

```
def train(model, device, train_data, test_data, args, tokenizer):
    """
    训练模型
    Args:
        model: 模型
        device: 设备信息
        train_data: 训练数据类
        test_data: 测试数据类
        args: 训练参数配置信息
        tokenizer: 分词器
    Returns:
    """
    tb_write = SummaryWriter()
    if args.gradient_accumulation_steps < 1:
        raise ValueError("gradient_accumulation_steps 参数无效，必须大于等于 1")
    # 计算真实的训练 batch_size 大小
    train_batch_size = int(args.train_batch_size / args.gradient_accumulation_
        steps)
    # 获取模型训练所需的 DataLoader
    train_sampler = RandomSampler(train_data)
    train_data_loader = DataLoader(train_data, sampler=train_sampler, batch_
        size=train_batch_size, collate_fn=collate_func)
    total_steps = int(len(train_data_loader) * args.num_train_epochs / args.
        gradient_accumulation_steps)
    logger.info(" 总训练步数为 :{}".format(total_steps))
    model.to(device)
    # 获取模型所有参数
    param_optimizer = list(model.named_parameters())
    no_decay = ['bias', 'LayerNorm.bias', 'LayerNorm.weight']
    optimizer_grouped_parameters = [
        {'params': [p for n, p in param_optimizer if not any(
            nd in n for nd in no_decay)], 'weight_decay': 0.01},
        {'params': [p for n, p in param_optimizer if any(
            nd in n for nd in no_decay)], 'weight_decay': 0.0}
    ]
```

```
# 设置优化器
optimizer = AdamW(optimizer_grouped_parameters, lr=args.learning_rate,
    eps=args.adam_epsilon)
scheduler = get_linear_schedule_with_warmup(optimizer, num_warmup_
    steps=int(args.warmup_proportion * total_steps), num_training_
    steps=total_steps)
# 清空 cuda 缓存
torch.cuda.empty_cache()
# 将模型调至训练状态
model.train()
tr_loss, logging_loss, min_loss = 0.0, 0.0, 0.0
global_step = 0
# 开始训练模型
for _ in trange(0, int(args.num_train_epochs), desc="Epoch",
     disable=False):

    iter_bar = tqdm(train_data_loader, desc="Iter (loss=X.XXX)",
        disable=False)
    for step, batch in enumerate(iter_bar):
        input_ids = batch["input_ids"].to(device)
        labels = batch["labels"].to(device)
        # 获取训练结果
        outputs = model.forward(input_ids=input_ids, labels=labels)
        loss = outputs[0]
        tr_loss += loss.item()
        # 将损失值放至 Iter 中，以便观察
        iter_bar.set_description("Iter (loss=%5.3f)" % loss.item())
        # 判断是否进行梯度累计，如果进行，则将损失值除以累计步数
        if args.gradient_accumulation_steps > 1:
            loss = loss / args.gradient_accumulation_steps
        # 将损失进行回传
        loss.backward()
        torch.nn.utils.clip_grad_norm_(model.parameters(), args.max_grad_norm)

        # 当训练步数整除累计步数时，进行参数优化
        if (step + 1) % args.gradient_accumulation_steps == 0:
            optimizer.step()
            scheduler.step()
            optimizer.zero_grad()
            global_step += 1
            # 如果步数整除 logging_steps，则记录学习率和训练集损失值
            if args.logging_steps > 0 and global_step % args.logging_
                 steps == 0:

                tb_write.add_scalar("lr", scheduler.get_lr()[0], global_step)
                tb_write.add_scalar("train_loss", (tr_loss - logging_
                    loss) / (args.logging_steps * args.gradient_
                    accumulation_steps), global_step)
                logging_loss = tr_loss
    # 每个 Epoch 对模型进行一次测试，记录测试集的损失
```

```
eval_loss, eval_acc = evaluate(model, device, test_data, args)
tb_write.add_scalar("test_loss", eval_loss, global_step)
tb_write.add_scalar("test_acc", eval_acc, global_step)
print("test_loss: {}, test_acc:{}".format(eval_loss, eval_acc))
model.train()
# 每个 Epoch 完成后，保存模型
output_dir = os.path.join(args.output_dir, "checkpoint-{}".
    format(global_step))
model_to_save = model.module if hasattr(model, "module") else model
model_to_save.save_pretrained(output_dir)
tokenizer.save_pretrained(output_dir)
# 清空 cuda 缓存
torch.cuda.empty_cache()
```

在模型在训练时，可以在文件中修改相关配置信息，也可以通过命令行运行 train.py 文件时指的相关配置信息。配置信息如表 9-1 所示。

表 9-1 SFT 阶段模型训练参数配置信息

配置项名称	含义	默认值
device	设备信息	0
data_dir	缓存数据的存放路径	data/
train_file_path	文档生成问题的训练数据	data/sft_train.json
test_file_path	文档生成问题的测试数据	data/test.json
pretrained_model_path	GPT-2 预训练模型路径	pretrain_model/
output_dir	模型输出路径	output_dir
max_len	输入模型的最大长度	768
query_max_len	生成问题的最大长度	64
train_batch_size	训练批次大小	8
test_batch_size	验证批次大小	8
learning_rate	学习率	5×10^{-5}
num_train_epochs	训练轮数	10
seed	随机种子	42
gradient_accumulation_steps	梯度累计步数	1

模型训练命令如下。

```
python3 train.py --device 0 --data_dir "data/" --train_file_path "data/sft_train.
    json" --test_file_path "data/test.json" --pretrained_model_path "pretrain_
    model/"--max_len 768 --query_max_len 64 --train_batch_size 8 --test_batch_
    size 8 --num_train_epochs 5
```

运行状态如图 9-1 所示。

```
[root@localhost SFT]# python3 train.py --device 1 --data_dir "data/" --train_file_path "data/sft_train.json" --test_file_path "data/test.
json" --pretrained_model_path "pretrain_model/" --max_len 768 --query_max_len 64 --train_batch_size 8 --test_batch_size 8 --num_train_epo
chs 5
04/16/2023 00:00:17 - INFO - data_set -   不存在缓存文件data/cached_train_768，进行数据预处理操作
iter: 5032it [00:21, 230.75it/s]
04/16/2023 00:00:39 - INFO - data_set -   数据预处理操作完成，将处理后的数据存到data/cached_train_768中，作为缓存文件
04/16/2023 00:00:40 - INFO - data_set -   不存在缓存文件data/cached_test_768，进行数据预处理操作
iter: 3219it [00:14, 220.36it/s]
04/16/2023 00:00:54 - INFO - data_set -   数据预处理操作完成，将处理后的数据存到data/cached_test_768中，作为缓存文件
04/16/2023 00:00:55 - INFO - __main__ -   总训练步数为:3145
/usr/local/python3/lib/python3.8/site-packages/transformers/optimization.py:306: FutureWarning: This implementation of AdamW is deprecate
d and will be removed in a future version. Use the PyTorch implementation torch.optim.AdamW instead, or set `no_deprecation_warning=True`
 to disable this warning
  warnings.warn(
Epoch:   0%|                                                                                          | 0/5 [00:00<?, ?it/s]
Iter (loss=2.565):   1%|▌                                                                       | 4/629 [00:04<08:38,  1.20it/s]
```

图 9-1 SFT 阶段模型训练示意图

模型训练完成后，可以使用 tensorboard 查看损失下降情况，如图 9-2 所示。

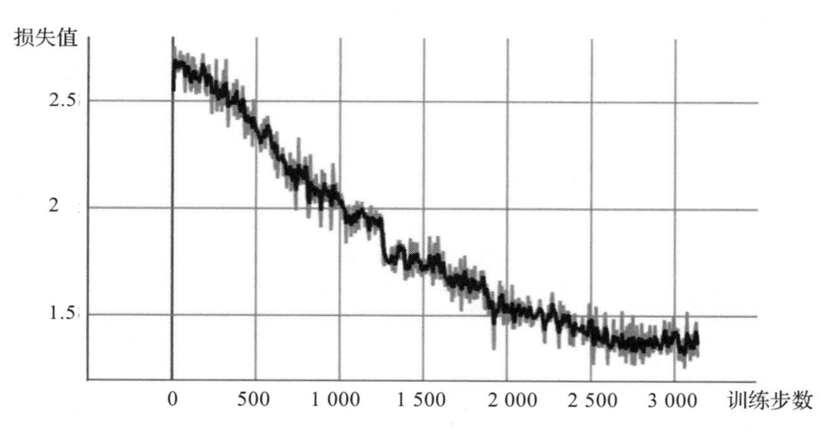

图 9-2 SFT 阶段模型训练损失变化示意图

4. 模型推理模块

模型推理文件为 predict.py 文件，主要涉及参数设置函数、单样本预测函数和主入口函数等。单样本预测的具体步骤如下。

第一步：设置模型生成内容的配置信息，包括最短长度、最大长度、生成个数、重复惩罚因子、Top-P 解码概率等。

第二步：对文本内容进行编码，获取模型所需的索引输入。

第三步：调用模型的 generate 函数生成结果。

第四步：将生成结果中的原始文本内容去除，获取问题内容。

第五步：对每个问题内容进行解码，获取问题字符串。

```
def predict_one_sample(tokenizer, model, content, device):
    """
    对单个样本进行预测
    Args:
        tokenizer: 分词器
        model: 模型
```

```
        content: 正文
        device: 设备信息
    Returns:
    """
    # 设置模型生成内容配置信息
    generation_kwargs = {"min_length": 3,
                         "max_new_tokens": 64,
                         "top_p": 0.9,
                         "repetition_penalty": 1.2,
                         "do_sample": True,
                         "num_return_sequences": 4,
                         "pad_token_id": tokenizer.sep_token_id,
                         "eos_token_id": tokenizer.eos_token_id,
                         }
    # 对文本内容进行编码
    content = tokenizer.encode(content, max_length=768-64, return_
        tensors="pt", truncation=True).to(device)
    # 生成结果
    response = model.generate(content, **generation_kwargs)
    # 生成内容去除原始文本内容，获取问题内容
    response = response[:, content.shape[1]:]
    # 对每个问题内容进行解码，获取问题字符串
    query = [tokenizer.decode(r.squeeze()).replace(" ", "").replace("[SEP]",
        "").replace("##", "").replace("[UNK]", "")
             for r in response]
    return query
```

在模型推理时，可以在文件中修改相关配置信息，也可以通过命令行运行predict.py文件时指定相关配置信息。模型推理命令如下，运行后如图9-3所示。

```
python3 predict.py --device 0 --model_path sft_model
```

```
[root@localhost SFT]# python3 predict.py
开始对文本生成问题，输入CTRL + C，则退出
输入的正文为：
```

图9-3 SFT阶段模型推理示意图

对SFT阶段训练好的文档生成问题模型进行推理测试，针对每个文档内容生成两个问题，测试样例如下[⊖]。

样例1：

输入的正文为：大莱龙铁路位于山东省北部环渤海地区，西起位于益羊铁路的潍坊大家洼车站，向东经寿光、寒亭、昌邑、平度、莱州、招远，终到龙口，连接山东半岛羊角沟、潍坊、莱州、龙口四个港口，全长175公里，工程建设概算总投资11.42亿元。铁路西

⊖ 书中样例均为模型生成的结果，内容可能存在错误、不符合事实等问题。

与德大铁路、黄大铁路在大家洼站接轨，东与龙烟铁路相连。

生成的第 1 个问题为：大莱龙铁路位于哪些地方？

生成的第 2 个问题为：为什么该线是由莱芜水泥厂承包？

样例 2：

输入的正文为：椰子猫，又名椰子狸，为主要分布于南亚及东南亚的一种麝猫。椰子猫平均重 3.2 公斤，体长 53 厘米，尾巴长 48 厘米。它们的毛粗糙，一般呈灰色，脚、耳朵及吻都是黑色的。椰子猫是夜间活动及杂食性的。它们的身体上有三间黑色斑纹，面部的斑纹则像浣熊，尾巴没有斑纹。它们在亚洲的生态位与在北美洲的浣熊相近。它们栖息在森林、有树木的公园及花园中。它们的爪锋利，可以用来攀爬。椰子猫尾巴下有嗅腺，形状像睾丸，可以分泌有害的物质。椰子猫分布在印度南部、斯里兰卡、东南亚及中国南部。

生成的第 1 个问题为：椰子猫是什么样的品种？

生成的第 2 个问题为：椰子猫现在在哪些地方生活？

9.3.2 RM 阶段

1. 项目简介

本项目旨在进行 RM 阶段实战，通过训练文档 – 问题匹配模型，更深入地理解 ChatGPT 模型在 RM 阶段的任务流程。代码可在 GitHub 的 RLHFProj/RewardRank 项目中找到。该项目的主要结构如下。

- data：存放数据的文件夹。
  - cmrc_train.json：原始机器阅读理解训练数据。
  - cmrc_dev.json：原始机器阅读理解测试数据。
- rm_model：已训练好的模型路径。
  - config.json。
  - pytorch_model.bin。
  - vocab.txt。
- pretrain_model：模型初始化文件路径。
  - config.json。
  - pytorch_model.bin。
  - vocab.txt。
- data_helper.py：数据预处理文件。
- data_set.py：模型所需数据类文件。
- model.py：模型文件。
- train.py：模型训练文件。
- predict.py：模型推理文件。

本项目将从数据预处理、模型结构、模型训练和模型推理几个部分入手，完成一个基于 GPT-2 的文档问题匹配模型，用于评估生成问题的质量。

2. 数据预处理模块

本项目通过机器阅读理解数据构建文档生成问题数据，再通过规则方法构造出每个数据对应的负样本，并将训练数据重复采样多次以达到训练过程的负样本动态构造，具体流程如下：

第一步：加载模型的词典文件，用于随机词的选取。

第二步：遍历数据集，按照文档和问题构建字典，一个文档内容对应多个问题。

第三步：如果对训练集进行负样本生成，则对训练数据集随机采样两次，实现动态负样本构造。

第四步：对文档和问题构建的字典进行遍历。

第五步：构造正样本数据。

第六步：构造负样本 1 数据，即模型生成的问题。

第七步：构造负样本 2 数据，即在其他文档中随机挑选一个问题。

第八步：构造负样本 3 数据，即文档中随机选取一句话。

第九步：构造负样本 4 数据，即不完整的问题，对问题进行裁剪或增加额外字符。

第十步：构造负样本 5 数据，即空内容，无任何问题。

第十一步：构造负样本 6 数据，即通过字典随机选取字符生成问题。

第十二步：将数据添加到 all_data 中，每个正样本对应 6 个负样本。

第十三步：保存 all_data 数据。

```
def seg_content_to_sentences(content):
    """
    将文本内容进行分句
    Args:
        content: 文本内容

    Returns:

    """
    # 将文本内容按照问号、句号、感叹号进行句子切分
    sentences = re.split(r"([?？。！!-])", content)
    sentences.append("")
    sentences = ["".join(i) for i in zip(sentences[0::2], sentences[1::2])]
    if sentences[-1] == "":
        sentences.pop(-1)
    return sentences


def data_process(path, save_path, vocab_path, model, tokenizer, device):
    """ 数据处理 """
```

```
# 加载词典，用于随机问题构建
vocab_list = []
with open(vocab_path, "r", encoding="utf-8") as fh:
    for i, line in enumerate(fh):
        line = line.strip()
        if "[" in line or "##" in line:
            continue
        vocab_list.append(line)

# 遍历数据集，按照文本和问题构建字典，一个文本内容对应多个问题
content_query_dict = defaultdict(list)
with open(path, "r", encoding="utf-8") as fh:
    data = json.load(fh)
    for sample in data["data"]:
        for paras in sample["paragraphs"]:
            content = paras["context"]
            for qas in paras["qas"]:
                content_query_dict[content].append(
                    {"query": qas["question"], "answer_text":
                        qas["answers"][0]["text"]})

# 如果是训练集，则随机采样两次，实现动态负样本构造
if "train" in save_path:
    copy_number = 2
else:
    copy_number = 1

all_data = []
for _ in range(copy_number):
    # 遍历文本数据
    content_list = list(content_query_dict.keys())
    for i, content in enumerate(content_list):
        for sample in content_query_dict[content]:
            # 构造正样本
            pos_sample = {"prompt": content, "answer": sample["query"]}
            # 构造负样本1——模型生成的问题
            generation_kwargs = {"min_length": -1,
                                 "max_new_tokens": 64,
                                 "top_k": 20,
                                 "top_p": 1.0,
                                 "repetition_penalty": 1.2,
                                 "do_sample": True,
                                 "num_return_sequences": 1,
                                 "pad_token_id": 0,
                                 "eos_token_id": 102,
                                 }
            input_ids = tokenizer.encode(content, max_length=900, return_
                tensors="pt", truncation=True).to(device)
            response = model.generate(input_ids, **generation_kwargs)
            response = response[:, input_ids.shape[1]:]
```

```
                query = [tokenizer.decode(r.squeeze()).replace(" ", "").
                    replace("[SEP]", "").replace("##", "").replace(
                    "[UNK]", "") for r in response][0]
                neg_sample_1 = {"prompt": content, "answer": query}
                # 构造负样本 2——在其他文档中随机挑选一个问题
                temp_content = random.choice(content_list)
                while temp_content == content:
                    temp_content = random.choice(content_list)
                neg_sample_2 = {"prompt": content, "answer": random.
                    choice(content_query_dict[temp_content])["query"]}
                # 构造负样本 3——在文档中随机选取一句话
                neg_sample_3 = {"prompt": content, "answer": random.
                    choice(seg_content_to_sentences(content))}
                # 构造负样本 4——不完整的问题，对问题进行裁剪或增加额外字符
                query_len = len(sample["query"])
                start, end = min(3, int(query_len / 3)), min(3, int(query_len / 3))

                if start == end:
                    answer = sample["query"][:3]
                else:
                    answer = sample["query"][:random.choice(list(range(start,
                        end)))]
                if random.random() < 0.5:
                    answer += "？"
                else:
                    answer += "".join(random.sample(vocab_list, random.
                        choice(range(5, 10))))
                neg_sample_4 = {"prompt": content, "answer": answer}
                # 构造负样本 5——空内容，无任何问题
                neg_sample_5 = {"prompt": content, "answer": ""}
                # 构造负样本 6——通过字典随机选取字符生成问题
                if random.random() < 0.8:
                    answer = "".join(random.sample(vocab_list, random.
                        choice(range(6, 30))))
                else:
                    answer = "".join(random.choice(vocab_list) * random.
                        choice(range(6, 30)))
                neg_sample_6 = {"prompt": content, "answer": answer}
                # 将数据添加到 all_data 中，每个正样本对应 6 个负样本
                all_data.append( [pos_sample, neg_sample_1, neg_sample_2,
                    neg_sample_3, neg_sample_4, neg_sample_5, neg_sample_6])

    random.shuffle(all_data)
    # 将数据进行保存
    fin = open(save_path, "w", encoding="utf-8")
    for sample in all_data:
        fin.write(json.dumps(sample, ensure_ascii=False) + "\n")
    fin.close()
```

设置原始数据路径和保存路径，运行得到最终数据结果，具体代码如下。

```
if __name__ == '__main__':
    os.environ["CUDA_DEVICE_ORDER"] = "PCI_BUS_ID"
    os.environ["CUDA_VISIBLE_DEVICES"] = "0"
    device = torch.device("cuda")
    tokenizer = BertTokenizer.from_pretrained("pretrain_model/")
    tokenizer.eos_token = "[SEP]"
    model = GPT2LMHeadModel.from_pretrained("pretrain_model/")
    model.to(device)
    model.eval()
    # 训练集数据构造
    vocab_path = "pretrain_model/vocab.txt"
    train_path = "data/cmrc_train.json"
    save_train_path = "data/train.json"
    data_process(train_path, save_train_path, vocab_path, model, tokenizer, device)

    # 测试集数据构造
    test_path = "data/cmrc_dev.json"
    save_test_path = "data/test.json"
    data_process(test_path, save_test_path, vocab_path, model, tokenizer,
        device)
```

3. 模型结构模块

奖励模型的结构为GPT-2模型，将文档和问题进行拼接一起送入模型中，预测出文档和问题的匹配概率。奖励模型主要包括初始化函数、前馈函数和预测函数。初始化函数主要通过9.3.1节中训练好的SFT模型对奖励模型进行参数初始化，并增加一个全连接网络用于匹配分数预测；前馈函数主要利用排序算法对输入的正负样本进行损失计算；预测函数主要对输入的文档和问题预测一个匹配概率，取序列中非填充词的最后一个词的概率作为文档和问题的整理匹配概率。奖励模型代码详见model.py文件。

奖励模型中前馈函数的具体步骤如下。

第一步：获取GPT-2模型的输出结果。

第二步：对输出结果进行dropout操作，以防止模型过拟合。

第三步：获取序列中每个词的预测值。

第四步：获取真实批次大小，并对输入和预测值进行维度转换。

第五步：遍历每个批次内容，对于一个批次内的样本进行遍历，需要按照“正样本→负样本1→负样本2→负样本3→负样本4→负样本5→负样本6”顺序预测概率值。

第六步：确定待比较两个样本的差异之处，即生成问题的差异内容。

第七步：获取差异内容的预测值，计算loss，并进行累加。

第八步：计算一个批次内的loss平均值。

```
class RewardModel(GPT2PreTrainedModel):
    """ 奖励模型 """

    def __init__(self, config):
```

```
        """
        初始化函数
        Args:
            config: 配置参数
        """
        super().__init__(config)
        self.transformer = GPT2Model(config)
        self.dropout_fn = torch.nn.Dropout()
        self.value_fn = torch.nn.Linear(config.n_embd, 1, bias=False)

    def forward(self, input_ids, attention_mask):
        """
        前向函数
        Args:
            input_ids: 输入序列在词表中的索引序列, size: [batch_size, sequence_
                length]
            attention_mask: 掩码序列, size: [batch_size, sequence_length], 一般情
                况下, 与 input_ids 相同

        Returns:

        """
        # 获取 GPT-2 模型的输出结果
        transformer_outputs = self.transformer(input_ids, attention_
            mask=attention_mask)
        hidden_states = transformer_outputs[0]
        # 对 hidden_states 进行 dropout
        hidden_states = self.dropout_fn(hidden_states)
        # 获取每个 Token 的预测值
        values = self.value_fn(hidden_states).squeeze(-1)
        # 获取批次个数和数据最大长度
        true_bs, seq_len = input_ids.shape[0], input_ids.shape[1]
        # 获取真实批次, 并对 input_ids、values 进行转换
        bs = int(true_bs / 7)
        values = values.reshape([bs, 7, seq_len])
        input_ids = input_ids.reshape([bs, 7, seq_len])
        loss, add_count = 0.0, 0
        # 遍历每个批次内容
        for ibs in range(bs):
            rank_reward = values[ibs, :, :]
            input_ids_ = input_ids[ibs, :, :]
            # 对于一个批次内的样本进行遍历, 需要预测概率值
            for i in range(len(rank_reward) - 1):
                for j in range(i + 1, len(rank_reward)):
                    # 前一个样本要比后一个样本更好
                    one_rank_reward = rank_reward[i, :]
                    one_input_ids = input_ids_[i, :]
                    two_rank_reward = rank_reward[j, :]
                    two_input_ids = input_ids_[j, :]
                    # 找到两个样本的差异之处, 即生成问题的差异内容
```

```
                check_divergence = (one_input_ids != two_input_ids).
                    nonzero()
                one_inds = (one_input_ids == 0).nonzero()
                one_ind = one_inds[0].item() if len(one_inds) > 0 else
                    seq_len

                if len(check_divergence) == 0:
                    end_ind = two_rank_reward.size(-1)
                    divergence_ind = end_ind - 1
                else:
                    two_inds = (two_input_ids == 0).nonzero()
                    two_ind = two_inds[0].item() if len(two_inds) > 0
                        else seq_len
                    end_ind = max(one_ind, two_ind)
                    divergence_ind = check_divergence[0]
                # 获取差异内容的预测值
                one_truncated_reward = one_rank_reward[divergence_ind:end_ind]

                two_truncated_reward = two_rank_reward[divergence_ind:end_ind]

                # 计算 loss，并进行累计
                loss += -torch.log(torch.sigmoid(one_truncated_reward -
                    two_truncated_reward)).mean()
                add_count += 1
        # 计算一个批次内的 loss 平均值
        loss = loss / add_count
        return loss, add_count

    def predict(self, input_ids, attention_mask, prompt_length):
        """ 对单条样本预测 """
        # 获取 GPT-2 模型输出
        hidden_states = self.transformer(input_ids, attention_mask=attention_
            mask)[0]
        # 对每个 Token 获取对应的值
        values = self.value_fn(hidden_states).squeeze(-1)
        # 获取除提示部分，最后一个非 pad 字符值作为奖励值
        bs, seq_len = input_ids.shape[0], input_ids.shape[1]
        scores = []
        # 遍历 batch 中每个结果
        for i in range(bs):
            input_id = input_ids[i]
            value = values[i]
            # 获取生成答案部分 pad 的全部索引
            idxs = (input_id[prompt_length:] == 0).nonzero()
            # 如果没有 pad，那么奖励的索引 id 为句长 -1，否则为第一个 pad 位置 -1
            idx = idxs[0].item() + prompt_length if len(idxs) > 0 else seq_len
            v = torch.nn.functional.sigmoid(value[idx - 1])
            scores.append(v)
        return torch.stack(scores)
```

4. 模型训练模块

模型训练文件为 train.py，主要包括主函数、模型训练参数设置函数、模型训练函数、模型验证函数等，与 9.3.1 节中的模型训练模块的步骤基本一致。模型训练所需数据类见 data_set.py 文件。在对单条数据进行处理时，会过滤问题较长的数据，并对单条数据中的每个样本进行特征转换，具体代码如下。

```
def convert_feature(self, sample):
    """
    数据处理函数
    Args:
        sample: 一个 list，包含多个样本，1 个正样本和 6 个负样本
    Returns:
    """
    # 判断如果正样本的问题长度大于最大长度，丢弃该条数据
    if len(self.tokenizer.tokenize(sample[0]["answer"])) > self.query_max_
        len:
        return None, None

    input_ids_list, attention_mask_list = [], []

    for ism, s in enumerate(sample):
        # 对文本和问题进行分词，并根据最大长度进行裁剪
        content_tokens = self.tokenizer.tokenize(s["prompt"])
        query_tokens = self.tokenizer.tokenize(s["answer"])
        query_tokens = query_tokens[:self.query_max_len]
        content_max_len = self.max_len - len(query_tokens) - 3
        content_tokens = content_tokens[:content_max_len]
        # 生成模型所需的 input_ids 和 mask
        input_ids = [self.tokenizer.cls_token_id] + self.tokenizer.convert_
            tokens_to_ids(content_tokens) + [self.tokenizer.sep_token_id] + self.
            tokenizer.convert_tokens_to_ids(query_tokens) + [self.tokenizer.
            sep_token_id]
        attention_mask = [1] * len(input_ids)
        # 将每个 input_ids 和 mask 加入 list 中，用于后续模型训练
        input_ids_list.append(input_ids)
        attention_mask_list.append(attention_mask)

    return input_ids_list, attention_mask_list
```

在模型训练时，可以在文件中修改相关配置信息，也可以通过命令行运行 train.py 文件时指定相关配置信息。模型训练命令如下。

```
python3 train.py --device 0 --data_dir "data/" --train_file_path "data/train.
    json" --test_file_path "data/test.json" --pretrained_model_path "pretrain_
    model/" --max_len 768 --query_max_len 64 --train_batch_size 12 --num_train_
    epochs 10 --gradient_accumulation_steps 4
```

运行状态如图 9-4 所示。

```
[root@localhost RewardRank]# python3 train.py --device 0 --data_dir "data/" --train_file_path "data/train.json" --test_file_path "data/te
st.json" --pretrained_model_path "pretrain_model/" --max_len 768 --query_max_len 64 --train_batch_size 12 --num_train_epochs 10 --gradien
t_accumulation_steps 4
Some weights of the model checkpoint at pretrain_model/ were not used when initializing RewardModel: ['lm_head.weight']
- This IS expected if you are initializing RewardModel from the checkpoint of a model trained on another task or with another architectur
e (e.g. initializing a BertForSequenceClassification model from a BertForPreTraining model).
- This IS NOT expected if you are initializing RewardModel from the checkpoint of a model that you expect to be exactly identical (initia
lizing a BertForSequenceClassification model from a BertForSequenceClassification model).
Some weights of RewardModel were not initialized from the model checkpoint at pretrain_model/ and are newly initialized: ['value_fn.weigh
t']
You should probably TRAIN this model on a down-stream task to be able to use it for predictions and inference.
04/16/2023 09:40:38 - INFO - data_set -   已经存在缓存文件data/cached_train_vv_768，直接加载
04/16/2023 09:41:04 - INFO - data_set -   已经存在缓存文件data/cached_test_vv_768，直接加载
04/16/2023 09:41:08 - INFO - __main__ -   总训练步数为:16890
/usr/local/python3/lib/python3.8/site-packages/transformers/optimization.py:306: FutureWarning: This implementation of AdamW is deprecate
d and will be removed in a future version. Use the PyTorch implementation torch.optim.AdamW instead, or set `no_deprecation_warning=True`
 to disable this warning
  warnings.warn(
Epoch:   0%|                                                                                          | 0/10 [00:00<?, ?it/s]
Iter (loss=0.959):   0%|                                                                  | 3/6756 [00:05<2:41:53,  1.44s/it]
```

图 9-4　RM 阶段模型训练示意图

模型训练完成后，可以使用 tensorboard 查看损失下降情况，如图 9-5 所示。

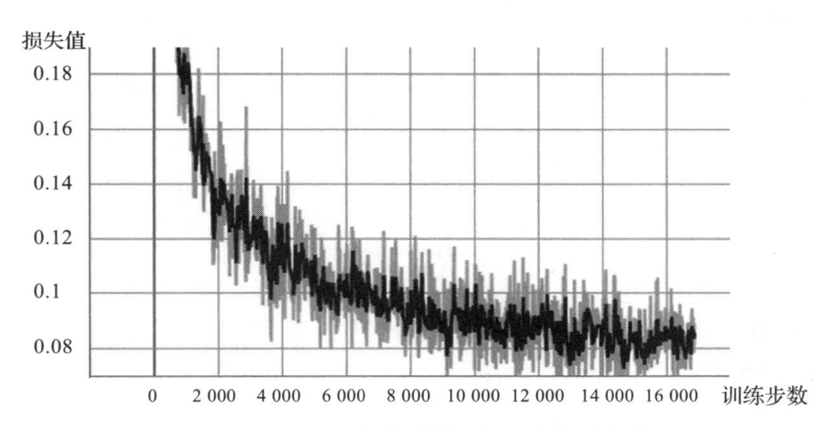

图 9-5　RM 阶段模型训练损失变化示意图

5. 模型推理模块

模型推理文件为 predict.py 文件，主要涉及参数设置函数、单样本预测函数和主入口函数等。单样本预测的具体步骤如下。

第一步：对文档和问题进行分词处理，并按照最大长度进行裁剪。

第二步：将分词结果转换成模型预测所需的索引内容。

第三步：调用模型的 predict 函数对文档和问题进行打分。

```
def predict_one_sample(model, tokenizer, device, args, content, query):
    """
    对单个样本进行预测
    Args:
        model：模型
        tokenizer：分词器
        device：设备信息
        args：配置项信息
```

```
        content: 正文
        query: 问题
    Returns:
    """
    # 对文档和问题进行分词处理，并按照最大长度进行裁剪
    content_tokens = tokenizer.tokenize(content)
    query_tokens = tokenizer.tokenize(query)
    if len(query_tokens) > args.max_query_len:
        query_tokens = query_tokens[:args.max_query_len]
    max_content_len = args.max_len - len(query_tokens) - 3
    if len(content_tokens) > max_content_len:
        content_tokens = max_content_len[:max_content_len]
    # 将分词结果转换成模型预测所需的索引内容
    input_ids = [tokenizer.cls_token_id] + tokenizer.convert_tokens_to_
        ids(content_tokens) + [
        tokenizer.sep_token_id] + tokenizer.convert_tokens_to_ids(query_
            tokens) + [tokenizer.sep_token_id]
    attention_mask = [1] * len(input_ids)
    # 进行结果预测
    value = model.predict(input_ids=torch.tensor([input_ids]).to(device),
                          attention_mask=torch.tensor([attention_mask]).
                              to(device),
                          prompt_length=len(content_tokens) + 2)
    score = float(value[0].cpu().detach().numpy())
    return score
```

在模型推理时，可以在文件中修改相关配置信息，也可以通过命令行运行 predict.py 文件时指定相关配置信息。模型推理命令如下，运行后如图 9-6 所示。

```
python3 predict.py --device 0
```

```
[root@localhost RewardRank]# python3 predict.py --device 1
开始对文本和问题进行打分，输入CTRL + C，则退出
输入的文本为：
```

图 9-6 RM 阶段模型推理示意图

对 RM 阶段训练好的文档—问题匹配模型进行推理测试，针对每个文档内容与指定问题进行匹配度打分，测试样例如下。

样例 1：

输入的文本为：全镇总面积为 72 平方公里，人口数为 1.82 万。罗店镇辖境于 1959 年始设双龙人民公社罗店管理区，1979 年改为罗店人民公社。1983 年撤消人民公社，改设罗店乡。1986 年改设罗店镇。

输入的问题为：全镇总面积多少？

上述文本和问题的匹配度分数为：0.998 656 511 306 762 7

样例 2：

输入的文本为：全镇总面积为 72 平方公里，人口数为 1.82 万。罗店镇辖境于 1959 年始设双龙人民公社罗店管理区，1979 年改为罗店人民公社。1983 年撤消人民公社，改设罗店乡。1986 年改设罗店镇。

输入的问题为：今年 CBA 总冠军是哪个队？

上述文本和问题的匹配度分数为：0.338 253 527 879 714 97

样例 3：

输入的文本为：全镇总面积为 72 平方公里，人口数为 1.82 万。罗店镇辖境于 1959 年始设双龙人民公社罗店管理区，1979 年改为罗店人民公社。1983 年撤消人民公社，改设罗店乡。1986 年改设罗店镇。

输入的问题为：全镇

上述文本和问题的匹配度分数为：0.061 305 247 247 219 086

9.3.3 RL 阶段

1. 项目简介

本项目旨在进行 RL 阶段实战，通过强化学习 PPO 算法对 SFT 模型进行优化，帮助读者深入理解 ChatGPT 模型在 RL 阶段的任务流程。代码见 GitHub 中的 RLHFProj/PPO 项目。项目的主要结构如下。

- data：存放数据的文件夹。
  - ppo_train.json：用于强化学习的文档数据。
- rm_model：RM 阶段训练完成模型的文件路径。
  - config.json。
  - pytorch_model.bin。
  - vocab.txt。
- sft_model：SFT 阶段训练完成模型的文件路径。
  - config.json。
  - pytorch_model.bin。
  - vocab.txt。
- ppo_model：PPO 阶段训练完成模型的文件路径。
  - config.json。
  - pytorch_model.bin。
  - vocab.txt。
- data_set.py：模型所需数据类文件。
- model.py：模型文件。

- train.py：模型训练文件。
- predict.py：模型推理文件。

本项目将从模型结构、模型训练和模型推理几个部分入手，完成一个基于 PPO 强化学习方法的文档生成问题流程，以提高原始模型生成问题的质量。

2. 模型结构模块

在 RL 阶段存在 4 种模型，分别为原始模型、奖励模型、Actor 模型和 Critic 模型。其中，原始模型就是 SFT 阶段模型，奖励模型为 RM 阶段模型，Actor 模型是由 SFT 阶段模型初始化的模型，用于强化学习阶段的策略学习，最终获取一个效果更佳的动作模型，用于最终预测。Critic 模型是由 RM 阶段模型初始化的模型，用于强化学习阶段的价值学习，希望智能体能够通过分析行动的价值函数，找到更好的策略，从而趋利避害。代码详见 model.py 文件。

Actor 模型主要包含以下函数。

- 初始函数，用于加载原始模型参数。
- 模型保存函数。
- 根据文档生成问题函数。
- 前馈函数，用于获取模型输出的逻辑斯蒂概率。

```
class ActorModel(torch.nn.Module):
    """Actor 模型 """

    def __init__(self, model_path):
        """ 初始化模型 """
        super().__init__()
        self.model = GPT2LMHeadModel.from_pretrained(model_path)

    def save_pretrained(self, output_dir):
        """ 模型保存 """
        self.model.save_pretrained(output_dir)

    @torch.no_grad()
    def generate(self, input_ids, **gen_kwargs):
        """
       根据提示内容生成 answer 内容
        Args:
            input_ids:
            **gen_kwargs:

        Returns:

        """
        # 根据提示内容生成结果
        outputs = self.model.generate(input_ids=input_ids, **gen_kwargs)
        # 根据 pad_token 生成 attention_mask，pad 部分为 0，其他部分为 1
```

```
        pad_token_id = gen_kwargs.get('pad_token_id', None)
        attention_mask = outputs.not_equal(pad_token_id).to(dtype=torch.long,
            device=outputs.device)
        return outputs, attention_mask

    def forward(self, input_ids, attention_mask):
        """ 前馈函数 """
        # 通过模型获取 logits 输出结果
        logits = self.model.forward(input_ids, attention_mask=attention_mask)
            ['logits']
        # 根据输入获取 log_probs 概率
        log_probs = log_probs_from_logits(logits[:, :-1, :], input_ids[:, 1:])
        return log_probs
```

Critic 模型与奖励模型一致，获取输入序列中每个词的价值，用于下一步动作的评估，主要包含初始化函数和前馈函数。

```
class RewardModel(GPT2PreTrainedModel):
    """Reward 模型 """

    def __init__(self, config):
        """ 初始化函数 """
        super().__init__(config)
        self.transformer = GPT2Model(config)
        self.value_fn = torch.nn.Linear(config.n_embd, 1, bias=False)

    def forward(self, input_ids, attention_mask, prompt_length):
        """ 前馈网络 """
        # 获取 GPT-2 模型输出
        hidden_states = self.transformer(input_ids, attention_mask=attention_
            mask)[0]
        # 对每个 Token 获取对应的值
        values = self.value_fn(hidden_states).squeeze(-1)
        # 获取除提示部分，最后一个非 pad 字符值作为奖励值
        bs, seq_len = input_ids.shape[0], input_ids.shape[1]
        scores = []
        # 遍历 batch 中每个结果
        for i in range(bs):
            input_id = input_ids[i]
            value = values[i]
            # 获取生成答案部分 pad 的全部索引
            idxs = (input_id[prompt_length:] == 0).nonzero()
            # 如果没有 pad，那么奖励的索引 id 为句长 -1，否则为第一个 pad 位置 -1
            idx = idxs[0].item() + prompt_length if len(idxs) > 0 else seq_
                len
            v = torch.nn.functional.sigmoid(value[idx - 1]) * 3
            scores.append(v)
        scores = torch.stack(scores)
        return values, scores
```

```
# Critic 模型由 Reward 模型初始化，因此模型结构一致
CriticModel = RewardModel
```

3. 模型训练模块

强化学习在训练时的流程如图 9-7 所示，具体步骤如下。

第一步：不断对训练数据集进行数据采样，将数据经过原始模型和奖励模型后，获取经验值（防止后面 PPO 训练时，训练后的模型与原始模型偏差过大），并构建经验池。

第二步：当达到模型更新步数时，利用经验池的数据进行 PPO 强化学习训练。

第三步：从经验池中进行数据遍历，更新 Actor 模型和 Critic 模型参数。在模型训练过程中，利用 KL 散度来控制 Actor 模型和 Critic 模型更新程度，使更新后对与未更新时的模型偏差不要过大。

第四步：重复上述第一步至第三步，使得最终平均奖励值不断提高，以达到优化原始模型的目的。

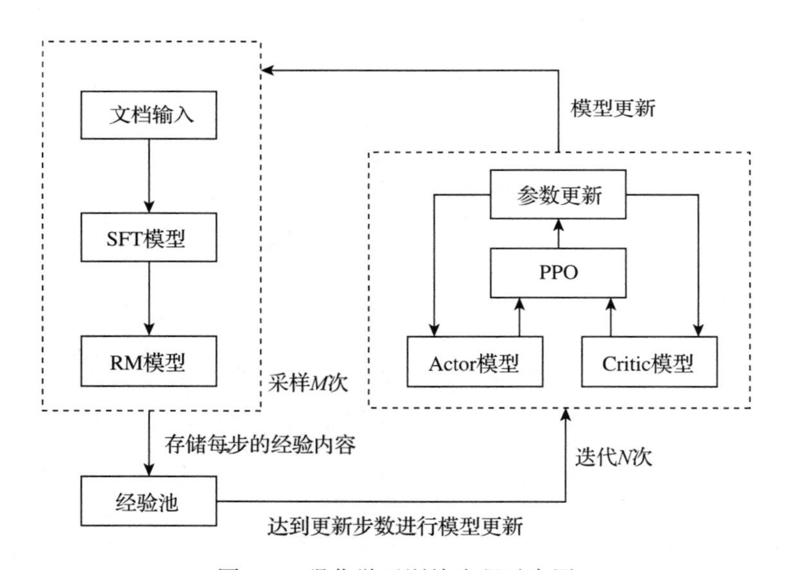

图 9-7　强化学习训练流程示意图

模型训练文件为 train.py，包括主函数、模型训练参数设置函数、模型训练函数、获取经验数据函数、模型参数更新函数等。具体步骤及代码实现如下。

第一步：设置模型训练参数和训练设备信息。

第二步：实例化原始模型、Actor 模型、奖励模型和 Critic 模型，并实例化 tokenizer。

第三步：加载训练数据。

第四步：开始训练，根据 Actor 模型和 Critic 模型构建 Actor 优化器和 Critic 优化器。

第五步：从数据集中随机抽取批次大小的数据，生成模型所需的 input_ids。

第六步：生成经验数据，并添加到经验池中，同时记录数据中的奖励值。

第七步：当到达更新步数，进行模型更新，打印并记录平均奖励值。

第八步：模型更新后，清空经验池。

第九步：一轮训练完成后，保存 Actor 模型以供后续模型推理。

```
def train(args, ori_model, actor_model, reward_model, critic_model, tokenizer,
     dataset, device, tb_write):
    """ 模型训练 """
    # 根据 Actor 模型和 Critic 模型构建 Actor 优化器和 Critic 优化器
    actor_optimizer = Adam(actor_model.parameters(), lr=args.learning_rate,
        eps=args.adam_epsilon)
    critic_optimizer = Adam(critic_model.parameters(), lr=args.learning_rate,
        eps=args.adam_epsilon)

    cnt_timesteps = 0
    ppo_step = 0
    experience_list = []
    mean_reward = []
    # 训练
    for i in range(args.num_episodes):
        for timestep in range(args.max_timesteps):
            cnt_timesteps += 1
            # 从数据集中随机抽取 batch_size 大小数据
            prompt_list = dataset.sample(args.batch_size)
            # 生成模型所需的 input_ids
            input_ids = tokenizer.batch_encode_plus(prompt_list, return_
                tensors="pt", max_length=args.max_len - args.query_len - 3,
                truncation=True, padding=True)["input_ids"]
            input_ids = input_ids.to(device)
            generate_kwargs = {
                "min_length": -1,
                "max_length": input_ids.shape[1] + args.query_len,
                "top_p": args.top_p,
                "repetition_penalty": args.repetition_penalty,
                "do_sample": args.do_sample,
                "pad_token_id": tokenizer.pad_token_id,
                "eos_token_id": tokenizer.eos_token_id,
                "num_return_sequences": args.num_return_sequences}
            # 生成经验数据，并添加到经验池中
            experience = make_experience(args, actor_model, critic_model,
                ori_model, reward_model, input_ids, generate_kwargs)
            experience_list.append(experience)
            # 记录数据中的奖励值
            mean_reward.extend(experience["reward_score"].detach().cpu().
                numpy().tolist())

            # 当到达更新步数时，进行模型更新
            if (cnt_timesteps % args.update_timesteps == 0) and (cnt_
                 timesteps != 0):
```

```
                # 打印并记录平均奖励值
                mr = np.mean(np.array(mean_reward))
                tb_write.add_scalar("mean_reward", mr, cnt_timesteps)
                print("mean_reward", mr)
                actor_model.train()
                critic_model.train()
                # 模型更新
                ppo_step = update_model(args, experience_list, actor_model,
                    actor_optimizer, critic_model, critic_optimizer, tb_
                    write, ppo_step)
                # 模型更新后，将经验池清空
                experience_list = []
                mean_reward = []
        # 模型保存
        print("save model")

def main():
    # 设置模型训练参数
    args = set_args()
    # 设置显卡信息
    os.environ["CUDA_DEVICE_ORDER"] = "PCI_BUS_ID"
    os.environ["CUDA_VISIBLE_DEVICES"] = args.device
    # 获取 device 信息，用于模型训练
    device = torch.device("cuda" if torch.cuda.is_available() and int(args.
        device) >= 0 else "cpu")
    # 设置随机种子，以便模型复现
    if args.seed:
        torch.manual_seed(args.seed)
        random.seed(args.seed)
        np.random.seed(args.seed)

    tb_write = SummaryWriter()
    # 实例化原始模型、Actor 模型、奖励模型和 Critic 模型
    ori_model = ActorModel(args.ori_model_path)
    ori_model.to(device)
    actor_model = ActorModel(args.ori_model_path)
    actor_model.to(device)

    reward_model = RewardModel.from_pretrained(args.reward_model_path)
    reward_model.to(device)

    critic_model = CriticModel.from_pretrained(args.reward_model_path)
    critic_model.to(device)

    # 实例化 tokenizer
    tokenizer = BertTokenizer.from_pretrained(args.ori_model_path, padding_
        side='left')
    tokenizer.eos_token_id = tokenizer.sep_token_id
    # 加载训练数据
    dataset = ExamplesSampler(args.train_file_path)
```

```
    print(" 数据量: {}".format(dataset.__len__()))
    # 开始训练
    train(args, ori_model, actor_model, reward_model, critic_model,
        tokenizer, dataset, device, tb_write)
```

获取经验数据的步骤及代码实现如下。

第一步：获取文档内容的长度。

第二步：使用动作模型通过已有文档生成问题，其中seq_outputs为返回序列，包含文档和生成的问题。

第三步：通过Actor模型和原始模型同时计算生成结果对应的逻辑斯蒂概率。

第四步：通过Critic模型计算生成的问题中每个词对应的分值。

第五步：通过奖励模型计算生成奖励值，并对奖励值进行裁剪。

第六步：对Actor模型和原始模型的逻辑斯蒂概率进行KL散度计算，防止Actor模型偏离原始模型。

第七步：将奖励值加到生成问题的最后一个词的分值上。

第八步：通过奖励值计算优势函数。

第九步：将上述计算得到的结果构建经验数据，后续放入经验池中。

```
def make_experience(args, actor_model, critic_model, ori_model, reward_model,
     input_ids, generate_kwargs):
    """获取经验数据"""
    actor_model.eval()
    critic_model.eval()
    with torch.no_grad():
        # 获取提示内容长度
        prompt_length = input_ids.shape[1]
        # 使用动作模型通过已有提示生成指定内容
        seq_outputs, attention_mask = actor_model.generate(input_ids,
            **generate_kwargs)
        # 通过动作模型和原始模型同时计算生成结果对应的 log_probs
        action_log_probs = actor_model(seq_outputs, attention_mask)
        base_action_log_probs = ori_model(seq_outputs, attention_mask)
        # 通过评判模型计算生成的 answer 的分值
        value, _ = critic_model(seq_outputs, attention_mask, prompt_length)
        value = value[:, :-1]
        # 通过奖励模型计算生成奖励值, 并对奖励值进行裁剪
        _, reward_score = reward_model.forward(seq_outputs, attention_mask,
             prompt_length=prompt_length)
        reward_clip = torch.clamp(reward_score, -args.reward_clip_eps, args.
            reward_clip_eps)
        # reward_clip = reward_score
        # 对动作模型和原始模型的 log_probs 进行 KL 散度计算, 防止动作模型偏离原始模型
        kl_divergence = -args.kl_coef * (action_log_probs - base_action_log_probs)

        rewards = kl_divergence
        start_ids = input_ids.shape[1] - 1
```

```
        action_mask = attention_mask[:, 1:]
        ends_ids = start_ids + action_mask[:, start_ids:].sum(1)
        batch_size = action_log_probs.shape[0]
        # 将奖励值加到生成的 answer 最后一个 token 上
        for j in range(batch_size):
            rewards[j, start_ids:ends_ids[j]][-1] += reward_clip[j]
        # 通过奖励值计算优势函数
        advantages, returns = get_advantages_and_returns(value, rewards,
            start_ids, args.gamma, args.lam)

    experience = {"input_ids": input_ids, "seq_outputs": seq_outputs,
        "attention_mask": attention_mask, "action_log_probs": action_log_
        probs, "value": value, "reward_score": reward_score, "advantages":
        advantages, "returns": returns}
    return experience
```

模型更新的具体步骤及代码实现如下。

第一步：根据强化学习训练轮数，遍历经验池数据。

第二步：随机打乱经验池中的数据，并进行数据遍历。

第三步：获取Actor模型的log_probs，计算Actor模型的损失值，并进行模型梯度回传和更新。

第四步：获取Critic模型的value，计算Critic模型损失值，并进行模型梯度回传和更新。

```
def update_model(args, experience_list, actor_model, actor_optimizer, critic_
     model, critic_optimizer, tb_write,
                 ppo_step):
    """模型更新"""
    # 根据强化学习训练轮数，进行模型更新
    for _ in range(args.ppo_epoch):
        # 随机打乱经验池中的数据，并进行数据遍历
        random.shuffle(experience_list)
        for i_e, experience in enumerate(experience_list):
            ppo_step += 1
            start_ids = experience["input_ids"].size()[-1] - 1

            # 获取 Actor 模型的 log_probs
            action_log_probs = actor_model(experience["seq_outputs"],
                experience["attention_mask"])
            action_mask = experience["attention_mask"][:, 1:]
            # 计算 Actor 模型损失值
            actor_loss = actor_loss_function(action_log_probs[:, start_ids:],
                                             experience["action_log_probs"][:, start_
                                                 ids:], experience["advantages"],
                                             action_mask[:, start_ids:], args.
                                                 policy_clip_eps)
            # Actor 模型梯度回传，梯度更新
            actor_loss.backward()
```

```
            tb_write.add_scalar("actor_loss", actor_loss.item(), ppo_step)
            torch.nn.utils.clip_grad_norm_(actor_model.parameters(), args.
                max_grad_norm)
            actor_optimizer.step()
            actor_optimizer.zero_grad()

            # 计算 Critic 模型的 value
            value, _ = critic_model(experience["seq_outputs"],
                experience["attention_mask"],
                                    experience["input_ids"].size()[-1])
            value = value[:, :-1]
            # 计算 Critic 模型损失值
            critic_loss = critic_loss_function(value[:, start_ids:],
                experience["value"][:, start_ids:],
                                           experience["returns"], action_
                                               mask[:, start_ids:], args.
                                               value_clip_eps)
            # Critic 模型梯度回传，梯度更新
            critic_loss.backward()
            tb_write.add_scalar("critic_loss", critic_loss.item(), ppo_step)
            torch.nn.utils.clip_grad_norm_(critic_model.parameters(), args.
                max_grad_norm)
            critic_optimizer.step()
            critic_optimizer.zero_grad()
    return ppo_step
```

在模型训练时，可以在文件中修改相关配置信息，也可以通过命令行运行 train.py 文件时指定相关配置信息。配置信息如表 9-2 所示。

表 9-2 RL 阶段模型训练参数配置信息

配置项名称	含义	默认值
device	设备信息	0
train_file_path	文档生成问题的训练数据	data/ppo_train.json
ori_model_path	SFT 模型路径	sft_model/
reward_model_path	RM 模型路径	rm_model/
output_dir	模型输出路径	output_dir
max_len	输入模型的最大长度	768
query_len	生成问题的最大长度	64
batch_size	训练批次大小	16
learning_rate	学习率	1×10^{-5}
num_episodes	循环次数	3
max_timesteps	单次循环最大步数	80
update_timesteps	模型更新步数	20

（续）

配置项名称	含义	默认值
ppo_epoch	强化学习训练轮数	2
seed	随机种子	2 048
kl_coef	KL 散度概率	0.02
policy_clip_eps	策略裁剪	0.2
value_clip_eps	值裁剪	0.2
reward_clip_eps	奖励值裁剪	3

模型训练命令如下。

```
python3 train.py --device 0 --train_file_path "data/ppo_train.json" --max_len
    768 --query_len 64 --batch_size 16
```

运行状态如图 9-8 所示。

```
[root@localhost PPO]# python3 train.py --device 2 --train_file_path "data/ppo_train.json" --max_len 768 --query_len 64 --ba
tch_size 16
数据量：1202
mean_reward 1.0196701531473082
mean_reward 1.1690700343635398
mean_reward 1.0447717436763924
mean_reward 1.2769626581692137
save model
```

图 9-8　RL 阶段模型训练示意图

模型训练完成后，可以使用 tensorboard 查看平均奖励值上升情况，如图 9-9 所示。

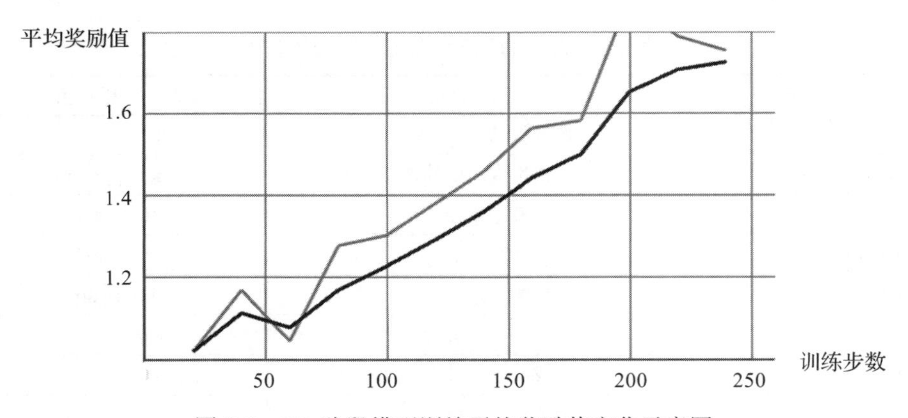

图 9-9　RL 阶段模型训练平均奖励值变化示意图

4. 模型推理模块

模型推理文件为 predict.py 文件，主要涉及参数设置函数、单样本预测函数和主入口函数等，与 9.3.1 节中模型推理模块基本一致。单样本预测函数如下。

```
def predict_one_sample(tokenizer, model, content, device):
    """ 对单个样本进行预测 """
    # 设置模型生成内容配置信息
    generation_kwargs = {"min_length": 3,
                         "max_new_tokens": 64,
                         "top_p": 0.9,
                         "repetition_penalty": 1.2,
                         "do_sample": True,
                         "num_return_sequences": 2,
                         "pad_token_id": tokenizer.sep_token_id,
                         "eos_token_id": tokenizer.eos_token_id,
                         }
    # 对文本内容进行编码
    content = tokenizer.encode(content, max_length=768 - 64, return_
        tensors="pt", truncation=True).to(device)
    # 生成结果
    response = model.generate(content, **generation_kwargs)
    # 生成内容去除原始文本内容，获取问题内容
    response = response[:, content.shape[1]:]
    # 对每个问题内容进行解码，获取问题字符串
    query = [tokenizer.decode(r.squeeze()).replace(" ", "").replace("[SEP]",
        "").replace("##", "").replace("[UNK]", "")
             for r in response]
    return query
```

在模型推理时，可以在文件中修改相关配置信息，也可以通过命令行运行 predict.py 文件时指定相关配置信息。模型推理命令如下，运行后如图 9-10 所示。

```
python3 predict.py --device 0
```

```
[root@localhost SFT]# python3 predict.py
开始对文本生成问题，输入CTRL + C，则退出
输入的正文为：
```

图 9-10　RL 阶段模型推理示意图

对 RL 阶段优化过的文档生成问题模型进行推理测试，针对每个文档内容生成两个问题，测试样例如下。

样例 1：

输入的正文为：大莱龙铁路位于山东省北部环渤海地区，西起位于益羊铁路的潍坊大家洼车站，向东经海化、寿光、寒亭、昌邑、平度、莱州、招远，终到龙口，连接山东半岛羊角沟、潍坊、莱州、龙口四个港口，全长 175 公里，工程建设概算总投资 11.42 亿元。铁路西与德大铁路、黄大铁路在大家洼站接轨，东与龙烟铁路相连。

生成的第 1 个问题为：该项目建成后对于做什么？

生成的第 2 个问题为：该铁路线建成后会带动什么方面？

样例 2：

输入的正文为：椰子猫，又名椰子狸，为分布于南亚及东南亚的一种麝猫。椰子猫平均重 3.2 公斤，体长 53 厘米，尾巴长 48 厘米。它们的毛粗糙，一般呈灰色，脚、耳朵及吻都是黑色的。它们的身体上有三间黑色斑纹，面部的斑纹则像浣熊，尾巴没有斑纹。椰子猫是夜间活动及杂食性的。它们在亚洲的生态位与在北美洲的浣熊相近。牠们栖息在森林、有树木的公园及花园之内。它们的爪锋利，可以用来攀爬。椰子猫分布在印度南部、斯里兰卡、东南亚及中国南部。

生成的第 1 个问题为：椰子猫是什么族群？

生成的第 2 个问题为：椰子猫到底是什么？

9.4 本章小结

本章主要通过文档生成问题任务进行类 ChatGPT 实战。首先对文档生成问题任务进行拆解，设计了一个三阶段模型，以提高文档生成问题任务效果，然后介绍如何构建文档生成问题任务所需数据集，并通过规则的方法针对一个正样本，生成 6 种类型负样本，构建奖励模型训练数据。最后针对文档生成问题任务进行实战操作，从 SFT 阶段到 RM 阶段再到 RL 阶段，手把手带领读者学习类 ChatGPT 的实现过程。

CHAPTER 10

第 10 章

ChatGPT 发展趋势

君子生非异也，善假于物也。

——荀子《劝学篇》

ChatGPT 的火爆超出了许多人的想象，新的 AIGC 产品层出不穷，这不免让很多人惶恐，并由此产生焦虑，包括客服、文案编辑、营销策划在内的不少岗位员工都产生了危机感。许多程序员发现 ChatGPT 写出来的代码经常优于自己编写的。然而，另一种不好的情绪也会随之产生，那就是主观否定，即过分强调人的不可替代性，弱化甚至否定 ChatGPT 所产生的价值。

这两种情绪是我们看待 ChatGPT 的极端情绪表达。我们应该收起情绪，客观理性地看待 ChatGPT，尤其是思考后续发展趋势，并从中深度研究对自身工作生活带来的影响。也许 ChatGPT 就是我们这个时代的电灯与飞机，在惊叹它们诞生的同时，更应该思考它们的到来会如何改变我们。毕竟，工具本身的目的是提高效率，而我们更应该关注如何充分运用好工具。

本章将进一步开展针对 ChatGPT 发展趋势的分析。首先从 AIGC 未来发展方向入手，探索云边协同、工具应用、可控生成、辅助决策四个方面的内容，然后分别从 C 端场景与 B 端场景中选取 4 类场景，探索 ChatGPT 与实际应用场景的结合点，最后给出从事 AIGC 行业的参考建议。

10.1　AIGC 的发展趋势

ChatGPT 属于 AIGC 范畴，是利用人工智能生成交互式内容的一种创新型技术。探讨 AIGC 的未来发展趋势是为了读者能站在更高的视角看整体态势发展。如今，生成式人工智能方向已取代元宇宙成为最受关注的领域，紧接着会有一大批企业与人才投身到AIGC板块的建设中。本节通过对AI云边协同、AI工具应用、AI可控生成、AI辅助决策的介绍，帮助读者了解AIGC的发展趋势。

10.1.1 AI云边协同

ChatGPT改变了许多企业对业务上云的看法。这是某互联网头部企业AI产品负责人提出的观点。在ChatGPT诞生前，数据上云、云边协同、云上一体等概念早已全面普及，但在中国收效甚微。主要原因是中国企业很难快速看到业务上云带来的优势，同时又担心因数据上云带来的安全隐患及核心价值曝光。

然而，ChatGPT的到来明显不同。首先从客观现实情况来看，若企业想将自身业务与类ChatGPT模型紧密结合产生共创价值，势必需要将自身业务数据与类ChatGPT模型相对接。之所以这里提及的是类ChatGPT模型，是因为考虑到数据敏感问题，仍有企业会对ChatGPT模型报以观望的态度，并将目光投射在中国自主研发的类ChatGPT模型上。

绝大多数企业很难凭借自身能力实现类ChatGPT模型的构建，这里涉及算力资源、算法/架构工程师、数据标注团队等一系列问题。尤其是训练资源GPU显卡规模的要求，这使得企业不得不考虑将部分业务上云，借助云计算的资源优势实现业务快速拥抱AI前沿技术的目标，这也是我们对企业业务上云的相关洞察。本节强调云边协同是考虑当下大多数企业的现状，核心数据短期上云困难，将部分业务上云来提升整体效能，实现云边协同，更符合实际情况。

以企业研究报告生成场景为例，在云端通过多次提问与类ChatGPT模型交互触发，逐步细化研究报告各组成部分。由于目前无法获取真实数据，可以要求ChatGPT以占位符的方式预留相关内容，再将报告整体框架内容放入边端设备中，然后通过连接相关主数据补全报告全部内容。通过云边协同，可以在不泄露主数据的情况下完成企业研究报告的编写。

从云端看，如何接触大型语言模型将复杂的编写任务逐级拆解，需要经过大量的设计，这也是与云端大型语言模型多次交互的意义所在。每次交互提问的出发点不一样，且希望处理的任务颗粒度不一样。此外，在脱敏情况下需要让大型语言模型知道要找什么数据，并预留对应的占位符，给后续边端计算提供支撑也成为实现难点。在大型语言模型效果基本可用时，我们更需要关注如何设计问题以便获取我们想要的答案。

从边端看，要确保云端生成的基础算子可以执行，否则就会出现大型语言模型给出一系列深刻的洞察分析方向，但因底层算子不支持而无法得出真实数据。我们可以思考自身拥有的算子，并通过提示等一系列方法启发模型，也可以依托于大型语言模型给出的计算方式开发对应的算子来满足需求。

在解决算子问题之后，我们需要更加关注原子算子背后的数据可靠性和完整性，为什么笔者优先关注算子而非数据呢？这与许多数据中台的建设思路是一致的，即业务驱动，把精力集中在高价值、频繁使用的数据治理上，往往会获得更好的回报。

上述内容并非停留在构想层面，Meta 已经发表了一篇论文介绍 Toolformer 大型语言模型。Toolformer 并没有直接回答全部内容，而是结合问答算子、数值计算算子、翻译算子及维基搜索算子进一步计算得到答案。参考这个思路，企业可以设计自己的算子，完成同大型语言模型的深度融合，既避免了将数据泄露给大型语言模型，又通过算子设计对生成结果实现进一步可控，避免完全依赖大型语言模型。相信 AI 云边协同会变得更加广泛，发挥云边各自优势，共同推动整体效果的进一步提升。

10.1.2 AI 工具应用

有学者认为，机器学习的本质是拟合一个函数。如果是人脸识别，输入是一张人脸的照片，输出是对应的人名；如果是语音识别，输入是一段语音，输出是对应的文字。机器学习就是在尝试寻找一个函数，可以让输入内容通过该函数尽可能生成与真实结果一致的输出。因为人机交互效果不尽如人意，所以与之相关的一系列应用仍停留在构想阶段。ChatGPT 的诞生打破了这一束缚，面向交互领域的 AI 工具级应用将会迎来爆发。本节主要讨论 3 种不同应用场景下的 AI 工具。

直接交互级 AI 工具以搜索引擎为典型代表。与传统搜索引擎不同的是，直接交互级 AI 工具会生成一段聚合了相关网页的正文内容，从而提高用户信息检索效率。此外，该工具也能够生成创意类、建议类、复杂问题求解类等内容，而这些内容是传统搜索引擎无法提供的。因此，直接交互级 AI 工具的出现将改变搜索引擎的整体形态，但传统搜索引擎并不会消失，而成为任务的两种解题思路。

任务指令级 AI 工具以办公操作软件为典型代表。用户可通过语音或人机交互调度直接操作 Word、Excel、PPT 等软件。例如，用户可以通过 ChatGPT+Office 组合完成对文档中特定内容的编辑，而 ChatGPT 则将任务描述文本转换成可执行的 API 函数。相对于传统 AIGC 产品，任务指令级 AI 工具更多地将 ChatGPT 当作中控大脑，用户不需要感知 ChatGPT 生成的结果，而是享受到因其强大理解能力带来的全新内容生成。任务指令级 AI 工具不仅会改变办公软件的应用方式，还会带来信息收集、设计、知识管理类软件的应用变革。

复杂场景的 AI 工具以招聘专员进行简历筛选为典型代表。ChatGPT 可以直接理解用户语义输入，自动化完成机器人流程自动化相关配置，并将简历直接丢给 ChatGPT 判断是否合适。复杂场景的 AI 工具比前两类工具更精细复杂，对涉及场景提供针对性方法，也因此在效率提升上会更加显著。

需要说明的是，由于 ChatGPT 目前基本依靠模型生成答案，因此与真实结果可能存在误差。此外，AI 工具的生成内容尤其是生成知识不可控，需要引起重视。

10.1.3 AI 可控生成

首先和读者分享笔者在测试 ChatGPT 时的发现：我问它芝加哥到东京有多远，它的回答是 6 271 英里。我去谷歌搜索了一下，谷歌的答案是 6 313 英里。于是我问 ChatGPT："你确定吗？谷歌告诉我是 6 313 英里。"它回答："对不起，我第一次答案给错了，应该是 6 306 英里。"我又问它："你确定吗？为什么现在有 3 个值？"它回答说："确定，之所以有 3 个值，是因为计算方式有所不同，真实距离和两点间直线距离可能存在些许误差。"

由于 ChatGPT 目前依靠模型生成答案，因此与真实结果可能存在误差。而且当笔者挑战它的权威时，它立马就改口提出了一个新的数值，并加以解释。这其实会让我更加迷茫，本来想获取的答案并没有得到答复，还增加了信息熵值。出现这个问题的主要原因是生成内容尤其是生成知识的不可控。

其实，这种不可控未必是坏事。对于头脑风暴、创意构思等任务来说，不可控的生成会带来意外惊喜。但对于严谨的知识问答，这种不可控就会带来许多麻烦。当我们在做知识查询时，不能肯定查询结果的准确性，我们就很难广泛使用这个工具。为什么传统搜索不存在这个问题？这恰恰是搜索引擎的立根之本——网页权重算法设计的核心。用户搜索结果的排序很大程度受该网页本身权重的影响，而大部分情况下权重高的网页，结果可行度极高。因此，如果 AIGC 产业要想蓬勃发展，就一定要解决可控生成这一问题。下面介绍 3 种可控生成的方法供读者参考。

1）提供生成来源。可以参考必应团队在将 ChatGPT 结合到自身搜索中所采取的策略，即在生成结果时，在相关内容处给出参考引用来源。值得关注的是，这种来源未必是基于网页生成内容后的引用，也可以通过与相关来源进行相关性计算得到关联。目前，针对最终结果先生成再检索还是先检索再生成仍存在争议，唯一达成的共识就是给出引用来源后，会增加生成结果的可信度。

2）基于知识生成。可以参考 DeepMind 团队的 Sparrow 产品所采取的方法，即通过搜索查找相关知识，基于这些知识加工生成文本内容。这从一定程度上降低了对于模型的要求，后续通过更加严格的提示指令以保证准确性和可控性。基于知识的生成，不仅可以通过网页结果，还可以基于知识图谱、结构化数据库等内容。

3）答案格式约束。交互系统经常会遇到恶意攻击行为，答案格式约束就是一种有效的手段。例如我们想基于 AIGC 做一款辅助编程软件，当用户输入一些与编程无关的问题，由于我们一开始将答案格式约束成生成编程代码，上述问题将使得模型无法生成代码，并且返回结果为空。上述方案利用对答案格式的约束，实现了对于生成结果的约束。

AI 可控生成可以看作 AIGC 产业发展衍生出来的问题。随着行业的蓬勃发展，越来越多专业人士将投身机器内容高质量生成研究。相信在生成内容评测、大型语言模型白盒测试、多模型攻防对抗等方向都会有所建树。作为 AIGC 应用开发人员，需要时刻掌握最新的风险预警与防范方案。未来，可控生成将会成为模型安全性中重要的环节，需引起高度的重视。

10.1.4 AI 辅助决策

决策分析能力一直被视为高级智能的重要表征。早在 20 世纪 70 年代，计算机就利用规则引擎实现了相当复杂的决策处理功能，并广泛应用于军工、航空航天等领域。然而，规则引擎限制了决策分析的能力：一方面，逐渐累积的规则会相互冲突，导致规则复杂度指数级加剧；另一方面，现实世界中层出不穷的黑天鹅事件让机器难以做出决策。随着机器学习的出现，决策树、支持向量机甚至深度神经网络等技术有效缓解了这一问题，但仍存在决策能力低下、鲁棒性不强等问题。ChatGPT 强大的交互能力让所有人看到了希望，重新点燃了用 AI 进行决策分析的能力。

这里强调辅助决策这一概念，表明目前 AI 更应该将重点放在辅助决策而不是决策本身。这两者的区别可以类比为参谋和统帅，统帅希望参谋能够收集更多信息，并提出有建设性的建议，即使参谋提出错误的建议也没关系，因为统帅会综合自己的经验进行判断并最终做出决策。如果缺少参谋的建议，统帅可能由于信息不完备、思路不广泛而难以提供最优的决策。因此，统帅和参谋都是不可或缺的。

在当前阶段，AI 尚不能直接参与复杂问题的决策，但它可以作为一个合格的参谋，利用强大的记忆和计算能力，并结合自身的生成能力带来灵感，为我们提供许多令人惊喜的建议。如何将当前的 AI 模型培养成优秀的电子参谋和助手，是各行各业需要重点关注的问题。

决策类型可以从多个维度进行分类。下面介绍 3 种决策，并探讨 AIGC 如何有针对性地进行辅助分析。

1）预置类决策。这种决策的特点是具有大量的历史数据和业务规则，不需要依赖于决策者的自我思考。典型案例是设备维护的辅助分析，由于维护设备相对固定，涉及的知识范围相对有限，历史工单比规范标准更符合实际业务场景，因此可以基于工单有效地进行辅助分析。机器可以在理解用户当前情境的基础上，结合多个类似工单的处理意见，给出有参考意义的决策建议。

2）预案类决策。这种决策的特点是历史数据全面但缺乏结构，场景更加多变，需要决策者具备一定的推理分析能力。典型案例是应急预案的辅助生成。历史上出现的应急预案具有可循的依据，但每次给出的预案方案都会因环境、人力、资源等因素的不同而产生变化。这时倘若照本宣科容易出现教条主义，例如灭火通常都用水枪，但如果是在电厂附近，则更应该考虑使用干粉灭火器。如何综合运用案例、知识、环境等信息给出决策，对模型提出了挑战。现有的大型语言模型都可以通过编程、法律、金融等职业高水平资格认证，相信假以时日，可以设计出具有建设性的预案内容。

3）预判类决策。这种决策的特点是相似的过往数据有限且需要对未来事态的发展进行预判。对决策者分析能力与及时性要求极高，典型案例是信号告警预判生成。严重的信号告警通常很少发生，但每次发生带来的影响都是巨大的。如何更早发出预警，从而防范于未然，是我们重点关注的内容。以前使用时序分析模型可以有效分析历史数据以便在告警发生之前发现端倪，但因为样本量过小导致执行效果不佳。目前ChatGPT在小样本甚至零样本的情况下表现突出，让大家相信其在预判任务下会有出彩的表现。对于如何提供更多的数据支撑和如何有效交互还需要进一步思考。

AI决策不可能一步到位，未来更多的辅助决策可能从另一个层面带来一定程度上的决策干扰。如何选择合适的场景、时机加以机器辅助决策分析成为关键。相信通过不同场景下的辅助决策，将有助于我们看清决策本身，将决策依赖的相关数据、条件提供给机器，并结合强化学习思路，在决策中优化，逐步提升决策分析中机器所参与的程度。

10.2　ChatGPT 2C应用场景

ChatGPT未来将面向C端的众多应用场景整体升级，其强大的信息加工、推理分析、头脑风暴能力使得许多应用产品都面临重大的挑战。此时，我们不应该将ChatGPT看成简单的智能人机交互系统，而是新时代的底层智能分析引擎，基于它可以实现不同场景下原来无法响应的需求。

本节将介绍个人助手、知识导师、创意集市、情感伴侣4类场景，深入探讨对应场景的具象内容、意义价值、实现路径以及风险问题，希望对相关场景感兴趣的读者有所启发。

10.2.1　个人助手

1. 具象内容

ChatGPT可以帮助个人完成如翻译、查询天气、数学计算等日常任务。以数学计算为例，我们可以用自然语言的方式快速描述需求，让ChatGPT完成相关计算。在这个过程中，我们不需要告诉它基础公式，也不需要告诉它转换方式（如单位换算、汇率换算），就可以得到想要的结果。

2. 意义价值

有人或许会认为，目前通过搜索引擎和手机上的一些应用软件，也可以完成个人助手的功能。但当我们将相关内容在ChatGPT上进行交互时，会发现其精度与效率都远高于原有的产品。回想很多任务（例如物流尺寸与价格换算、专业性较强的文章翻译）在原先应用处理后换来的挫败感，ChatGPT确实提高了这部分的效果。此外，ChatGPT强大的输出能力也节约了不少因内容整理所花费的时间。图10-1为用ChatGPT查询天气并按照表格呈现的效果，可以看到，它汇总表格的能力相当优异。

我们应该重新审视ChatGPT，认真分析它对于我们的工作是否可以进一步提效。需要说明的是，目前已经有许多人尝试将ChatGPT与工作和生活相结合，并且取得了不错的效果。

J3 帮我查下最近一周南京和北京的天气，包含温度和湿度两个维度，以表格呈现

好的，以下是最近一周（2023年3月6日至3月12日）南京和北京的天气情况，包括平均温度和平均湿度：

地点	日期	平均温度（摄氏度）	平均湿度（%）
南京	3/6	12	70
南京	3/7	13	64
南京	3/8	14	62
南京	3/9	13	71
南京	3/10	10	85
南京	3/11	9	77
南京	3/12	11	74
北京	3/6	5	56
北京	3/7	4	46
北京	3/8	6	48
北京	3/9	6	52
北京	3/10	6	48
北京	3/11	3	48
北京	3/12	2	41

图 10-1 ChatGPT 查询天气并输出表格

3. 实现路径

首先，定义好任务类型。以“帮我做一个翻译 / 计算 / 查询”为开头，让 ChatGPT 明确要完成的任务，其间可以不断搜集 ChatGPT 可以完成的任务，从而了解 ChatGPT 作为个人助理的能力边界。

其次，明确任务边界。以翻译类任务为例，需要明确告知 ChatGPT 翻译的注意事项，例如翻译尽量言简意赅，或满足“信达雅”的要求。

最后，在交互中反复迭代。智能人机交互系统不同于搜索引擎和传统移动应用，它可以基于反馈进一步优化。

4. 风险问题

对于非常严谨的任务，现阶段还不能太依赖 ChatGPT 生成的结果。例如数值计算问题，目前 ChatGPT 还无法处理“鸡兔同笼”这类数学问题。因此，确保可以验证模型结果是使用模型生成结果的首要问题。此外，并非所有场景都需要全面采用 ChatGPT。例如，

对于天气查询，如果我们仅需要查询今天的天气，完全可以使用搜索引擎。

10.2.2　知识导师

1. 具象内容

ChatGPT 可以作为个人的知识导师，回答个人的查询问题，帮助其了解世界。它也可以帮助个人学习，提供知识查询、在线课程等功能。以知识查询为例，图 10-2 展示了通过使用 ChatGPT 获得与 AIGC 相关的视频网站与图书推荐。

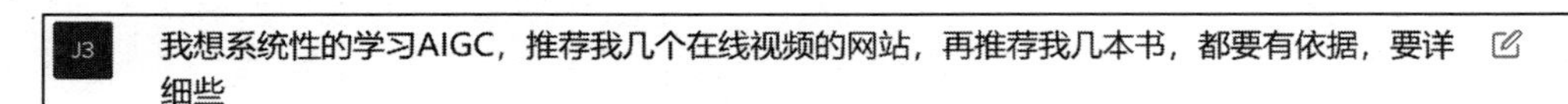
J3
我想系统性的学习AIGC，推荐我几个在线视频的网站，再推荐我几本书，都要有依据，要详细些

当涉及AIGC（人工智能，机器学习，数据科学和大数据处理）时，有很多在线视频网站和书籍可以帮助你系统性地学习。以下是我为你推荐的一些在线视频网站和书籍：

在线视频网站推荐

1. Coursera: Coursera是一个在线教育平台，提供了很多由世界一流大学和机构开设的课程，其中包括了很多关于AIGC的课程。推荐你可以尝试去学习Andrew Ng的《机器学习》课程，这是一个非常好的开始。
2. Udemy: Udemy是一个在线教育平台，提供了许多各种主题的课程，包括了很多关于AIGC的课程。推荐你可以尝试去学习Jose Portilla的《Python for Data Science and Machine Learning Bootcamp》课程，这是一个非常好的开始。
3. edX: edX是一个非营利性在线教育平台，由哈佛大学和麻省理工学院等顶尖学府共同创办。平台上有很多关于AIGC的课程，其中包括了很多高质量的课程。

书籍推荐

1. 《机器学习》（周志华）：这是一本非常全面的机器学习教科书，适合入门和进阶学习。书中详细介绍了机器学习的基本原理和算法，并提供了大量的实例和练习题。
2. 《Python数据科学手册》（Jake VanderPlas）：这本书介绍了如何使用Python进行数据处理、数据分析和数据可视化。书中详细介绍了Python中常用的数据处理库（如NumPy、Pandas、Matplotlib等），并提供了大量实例和练习题。
3. 《深度学习》（Ian Goodfellow、Yoshua Bengio、Aaron Courville）：这是一本介绍深度学习的经典书籍，内容涵盖了深度学习的基本原理、算法和应用。这本书是深度学习领域的必读经典之作，推荐给有一定机器学习基础的读者。

图 10-2　ChatGPT 给出的 AIGC 学习建议

许多复杂的常识类问题都可以通过 ChatGPT 找到相关答案。因为生成的不可控性，所以不是所有答案都能得到保障。著名数学家陶哲轩惊喜地发现，ChatGPT 在知识领域的使用窍门，即并不寄希望利用它找到正确解，而是找到近似解，再不断探究逼近正确解的方法。

2. 意义价值

ChatGPT 最大的优势在于减少信息噪声的问题。试想图 10-2 的例子，如果通过信息检索的方式完成知识搜集，因为有 SEO 优化与广告推荐的存在，我们将花费大量时间甄别信息并排除相关信息噪声。而 ChatGPT 的内容相对客观，具有一定程度的借鉴意义。因此我们也多了一个除了内容网站（如 B 站、知乎）和检索引擎（如谷歌、百度）以外的系统，用以辅助我们开展知识查询。此外，由于 ChatGPT 内容具有一定的原创性，也将我们从原先的信息茧房（信息获取和思想交流受自身因素影响导致固化）中带出来，看到不一样的观点与见解。

3. 实现路径

陶哲轩在发现 ChatGPT 无法准确完成知识查询的同时，发现其给出的答案同真理已经非常接近，因此他将其定义为近似解。这种通过近似解不断启发用户逼近真理的路径是他所认为的 ChatGPT 知识查询最佳实践路径。这种查询方式不同于传统搜索的信息查询，更像是一种启发式查询，生成了半成品的材料。恰恰是这种启发式查询，能给用户不少惊喜，缩短了知识查询的路径，也因此陶哲轩建议，想用 ChatGPT 辅助自己做研究的数学研究者务必要习惯这种差异。

4. 风险问题

ChatGPT 最大的问题就是“一本正经地胡说八道”，尤其在知识查询领域。笔者也有切实的体验，在想要找一个古文加以佐证时，运用 ChatGPT 确实找到了我想要的用例并标明其来源于《左传》，然而通过搜索引擎二次校验时，我才发现，ChatGPT 找到的古文并不存在于《左传》，而是其仿照《左传》杜撰的。因此，在使用 ChatGPT 对知识进行近似求解时，务必要反复核实知识的可靠性。

10.2.3 创意集市

1. 具象内容

ChatGPT 可以帮助个人寻找灵感、提供创意。以营销创意为例，图 10-3 是使用 ChatGPT 生成的新能源车营销软文，基于给出的关键词，ChatGPT 可以有指向性地输出相关内容，而且可以根据结果再进一步提出反馈（如“生成内容更俏皮些，让人感觉青春气息”），通过几轮交互可逐步实现创意的发散与结果的收敛。

除了营销创意，如项目建设创新点、行业洞察分析、公司团建活动安排等都可以通过 ChatGPT 完成。可以看出，各行业从业者在自身业务需要头脑风暴灵感涌现时，就可以尝试使用 ChatGPT，它会带来许多意料之外的答案。因此，各行业从业者也应该思考从创新构思层面如何与 AIGC 相结合。

帮我去想5条新能源车的微博营销软文，主打性价比高、省油，适合中产阶级

好的，为您提供五篇关于新能源车的微博营销软文，主打性价比高、省油，适合中产阶级的特点：

1. “开新能源车，追求不只是环保，更是实惠！跟着我们走，为您带来的不只是省油，更是一种生活方式。”这篇营销软文可通过对新能源车的优点进行简单的介绍，强调新能源车的实惠和实用性。
2. “想象一下，用同样的钱，你能开得更久的车，不仅省油，更不会对环境造成负担！新能源车，就是你最好的选择。”这篇营销软文主打省油的优势，突出了新能源车的经济性和环保性。
3. “新能源车，不只是科技的展示，更是品味的象征！只需一次的投资，终身享受省油、环保、舒适、时尚的出行体验！”这篇营销软文主打新能源车的时尚和品质，强调只需一次投资即可享受终身的出行体验。
4. “新能源车，让你告别传统油车的贵油时代！一次充电，可跑上百公里，不但省钱，更省心！”这篇营销软文主打新能源车的节能优势，让中产阶级感受到新能源车的经济性和实用性。
5. “新能源车，不止省油！高科技的驾驶体验、时尚的外观设计，更符合中产阶级的品味和需求！驾驭新能源车，享受高品质出行！”这篇营销软文突出了新能源车的高科技和时尚设计，强调新能源车不仅省油，更符合中产阶级的品味和需求。

图 10-3　ChatGPT 生成营销文案

2. 意义价值

在创意集市这一场景中，最大的意义并非提升效率，而是灵感涌现。当然，使用 ChatGPT 打开脑洞，确实缩短了原先苦思冥想创新内容所耗费的时间。我们必须更加重视 ChatGPT 生成的结果，在经历如此海量数据的训练建模后，模型生成的结果总会带给我们一些惊喜。而这些惊喜，恰恰就是领域创新最希望看到的。

在推荐系统这个研究方向上，一直有哈利波特法则，即给所有人推荐《哈利波特》这本书效果都不会差（即大众喜欢热门书，容易忽略个体的差异化）。但是，真正好的推荐系统不应该只推荐大众热门、相对安全的内容，而是需要具有创新性，这恰恰是 ChatGPT 所具备的。因此，当我们在审视 ChatGPT 生成的结果时，一方面要明确我们是否将问题描述准确，另一方面也应从其生成结果的角度去思考，看看会不会推导出不一样的结论。

3. 实现路径

创意集市的实现路径相对比较简单，就是将需要构思的任务足够清晰地描述给模型，再基于模型生成的创意结果，反复与模型交互，让其逐渐理解我们的需求，并基于此生成我们想要的答案。这里的核心就是问出合适的问题，这也是提示的核心所在。

图 10-3 所示的生成营销文案其实提问还不够准确，但如果将问题变成“生成一个汽车营销软文”，效果可能更差。核心差异在于将需求中的题材类型（微博）、关键词（性价比高等）、数量（5 条）等相关内容细化，让模型更好地基于需求生成。

关于如何编写好的提示，已经有许多专业的内容讲解了。有趣的是，这个问题也可以咨询 ChatGPT，它也会给出非常具有建设性的建议，如图 10-4 所示。

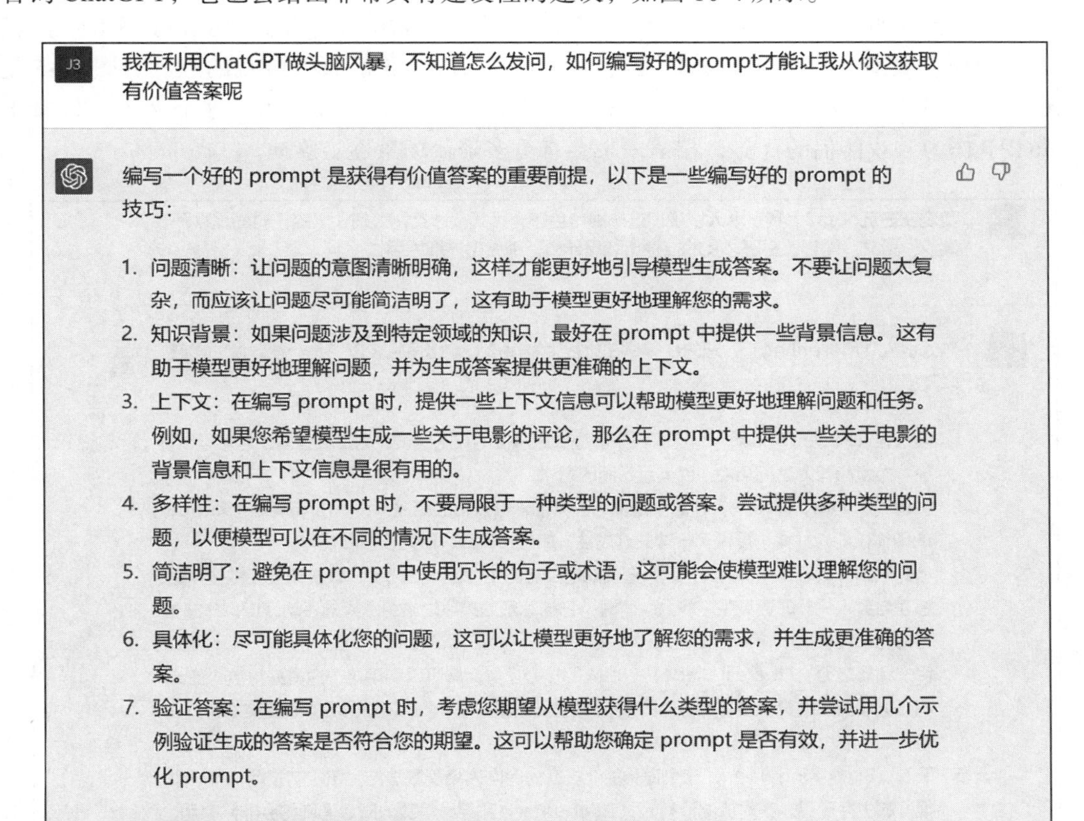

图 10-4 ChatGPT 建议的提示编写技巧

4. 风险问题

ChatGPT 在创意集市相关场景下关于生成安全性的隐患会小很多，主要原因是人们对于创意类生成的容忍度很高，希望结果更加多样性，我们对创意本身的辨识能力也相对较高，因此不用太过担心生成有害的创意。最大的风险来自沟通成本，即用简短的话概括需求，获取对我们有价值的创意。并非所有场景都适合使用 ChatGPT 做头脑风暴，特别是涉及未来不确定性的决策规划问题。这种沟通成本不仅 ChatGPT 会产生，当遇到灵感枯竭时，我们常说找个跨专业的人聊聊，也许就会有新的思路，但往往带来更加低效的结果。

10.2.4　情感伴侣

1. 具象内容

ChatGPT 可以作为个人的娱乐伴侣，实现互动聊天、玩游戏等功能。以游戏伴侣为例，在游戏中，NPC（Non-Player Character，非玩家角色）是基于有限空间的剧本设定开展的，绝大多数的对话、表情、行为都可以被预判。而采用 ChatGPT 打造的全新 NPC，其行为与动作会具有一定的思考分析能力，甚至可以协助我们获得游戏的胜利。图 10-5 是让 ChatGPT 扮演游戏助手，帮助分析场上局势和出装的最优解。通过这个例子可以看出 ChatGPT 作为游戏伴侣的优势，相信未来会有更多陪伴场景逐步落地。

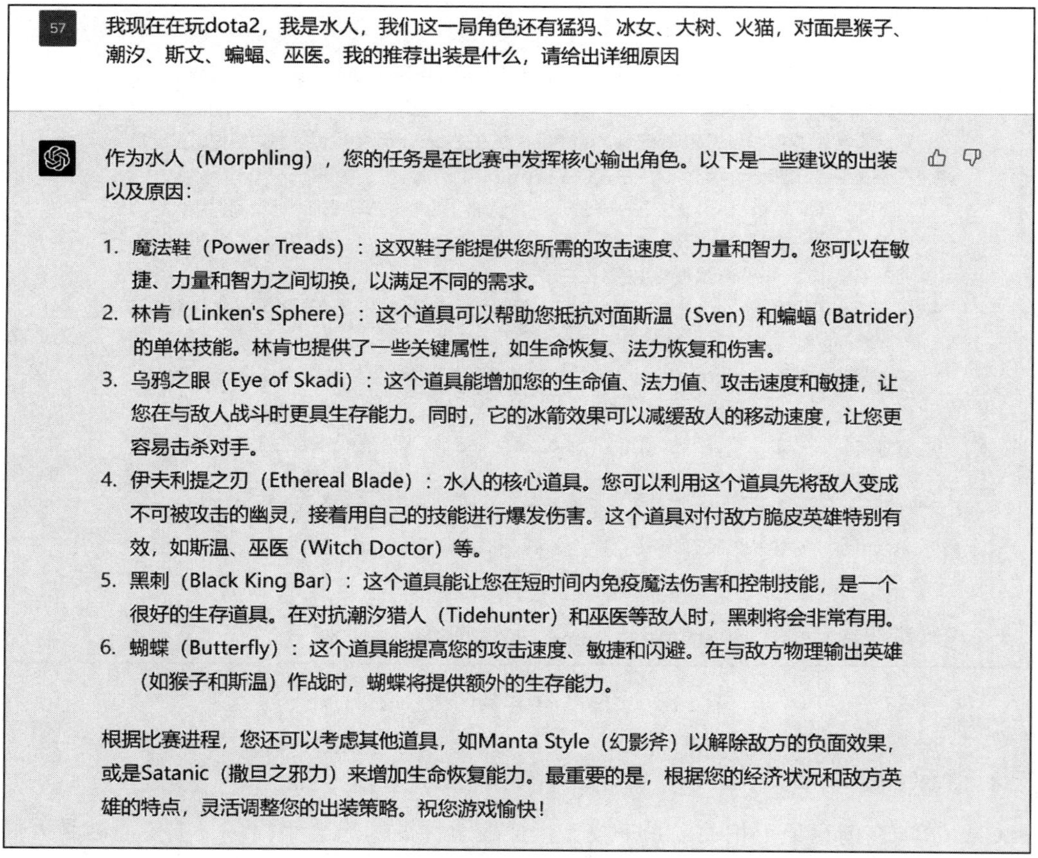

我现在在玩dota2，我是水人，我们这一局角色还有猛犸、冰女、大树、火猫，对面是猴子、潮汐、斯文、蝙蝠、巫医。我的推荐出装是什么，请给出详细原因

作为水人（Morphling），您的任务是在比赛中发挥核心输出角色。以下是一些建议的出装以及原因：

1. 魔法鞋（Power Treads）：这双鞋子能提供您所需的攻击速度、力量和智力。您可以在敏捷、力量和智力之间切换，以满足不同的需求。
2. 林肯（Linken's Sphere）：这个道具可以帮助您抵抗对面斯温（Sven）和蝙蝠（Batrider）的单体技能。林肯也提供了一些关键属性，如生命恢复、法力恢复和伤害。
3. 乌鸦之眼（Eye of Skadi）：这个道具能增加您的生命值、法力值、攻击速度和敏捷，让您在与敌人战斗时更具生存能力。同时，它的冰箭效果可以减缓敌人的移动速度，让您更容易击杀对手。
4. 伊夫利提之刃（Ethereal Blade）：水人的核心道具。您可以利用这个道具先将敌人变成不可被攻击的幽灵，接着用自己的技能进行爆发伤害。这个道具对付敌方脆皮英雄特别有效，如斯温、巫医（Witch Doctor）等。
5. 黑刺（Black King Bar）：这个道具能让您在短时间内免疫魔法伤害和控制技能，是一个很好的生存道具。在对抗潮汐猎人（Tidehunter）和巫医等敌人时，黑刺将会非常有用。
6. 蝴蝶（Butterfly）：这个道具能提高您的攻击速度、敏捷和闪避。在与敌方物理输出英雄（如猴子和斯温）作战时，蝴蝶将提供额外的生存能力。

根据比赛进程，您还可以考虑其他道具，如Manta Style（幻影斧）以解除敌方的负面效果，或是Satanic（撒旦之邪力）来增加生命恢复能力。最重要的是，根据您的经济状况和敌方英雄的特点，灵活调整您的出装策略。祝您游戏愉快！

图 10-5　ChatGPT 作为游戏助手给出的建议

2. 意义价值

有 ChatGPT 游戏助手的加持，可以让玩家拥有沉浸式体验，更加调动玩家的兴趣，增强用户的真实感。ChatGPT 在娱乐伴侣场景的成功，使得 AIGC 在陪伴领域大放异彩。从经济效益来看，大部分电子娱乐产品因此增加用户黏性，实现自身收入的飞速提升。从社会发展来看，未来伴随着人口老龄化的加速，针对孤身老人的虚拟陪伴将改善对应问题的严重程度。

3. 实现路径

为实现情感伴侣这一场景，除了设计好合适的提示话术以外，如何将情景与用户画像特征相融合成为关键。如果电子伴侣并不了解它对话对象的兴趣偏好，不知道当前所处的环境信息，很难与用户达成精神上的共鸣。

许多时候，交互的目的并非寻求真理，而是一种情感寄托。因此，相较于得到冰冷的真理，用户更希望电子伴侣能理解自己、认同自己、赞赏自己。这对于电子伴侣来说，掌握用户的兴趣偏好至关重要。

我们一方面可以基于用户固有的标签画像内容，对用户从不同维度加以刻画，另一方面可以借鉴推荐系统的思路，将用户进行向量化，用协同过滤的方式找到他所在群体的共性特征加以刻画。在完成画像、情景的收集后，如何基于人的反馈进一步优化电子伴侣的行为也十分关键。根据环境、行为和反馈，相信许多人都会自然地想到使用强化学习进行进一步的优化。相较于前 3 个场景，情感伴侣场景更加可能通过强化学习的方式实现效果的稳步提升。

4. 风险问题

情感伴侣的风险包括伦理层面，如果未来真的出现电影《她》(Her) 中人与电脑恋爱的情况，会引发对于现有社会道德体系的重大挑战。同时，如何在迎合用户的同时保持情感层面的积极向上，对产品和技术也提出了极高的要求。如果用户执意希望伴侣与其一起犯错，产品能否坚守原则，针对用户开展情感引导，是我们需要仔细考虑的问题。

10.3 ChatGPT 2B 应用场景

与 C 端场景一样，ChatGPT 将很快改变许多面向企业的应用形态。它的出现将打破原先企业软件中的交互模式，实现效率与质量的全面提升。本节将深入探讨 4 类场景，包括智能客服、办公助手、软件研发、决策辅助。出于安全稳定角度的考量，B 端应用不会像 C 端应用那样快速迭代。但由于其巨大的商业价值，B 端应用将引起大多数企业与相关从业人员的广泛重视与深度思考。

10.3.1 智能客服

1. 具象内容

由于 ChatGPT 的人机交互形态，我们很容易将其与当前客服场景中的问答机器人产品联系起来。相较于传统的检索式问答机器人，ChatGPT 拥有优秀的语言表达能力、丰富的上下文理解能力和强大的逻辑分析能力。

除了问答机器人场景，ChatGPT 还可以在智能客服领域的许多细分方向中进一步应用。例如，ChatGPT 可以自动从文档中抽取知识，并组装成 FAQ（Frequently Asked Questions，常见问题）以降低知识加工的运营成本。在质检场景中，ChatGPT 可以更加精准地识别客服问题话术。在坐席辅助场景中，当用户提问后，ChatGPT 通过模型自主生成多个答案，客服可以选择合适答案加以润色。在交互会话总结分析场景中，当用户与人工或机器人完成整个会话后，交由 ChatGPT 完成整体会话的分析，抽取关键字段信息，并生成相关会话摘要结果，从而实现会话内容的自动化提取。

2. 意义价值

在上述场景中，我们可以发现许多 ChatGPT 在智能客服中应用的方向。可以说，模型对于现存行业领域的变革将会是巨大的。目前所诟病的知识运营烦琐、交互不智能等问题都能得到一定程度的解决。

除了显著提高效能和质量，ChatGPT 还可以将传统问题解决型客服转变为主动营销型客服。通过不断的结果反馈，模型将生成更加能吸引用户下单的话术。如果能将成本部门转变为营收部门，这对企业客服部门的岗位价值提升带来了巨大的帮助。

3. 实现路径

ChatGPT 与智能客服场景的落地需要完成大量工程任务。首先是知识库的建设。不同于 C 端开放域问答，客服场景是一个相对封闭、答案相对标准的应用场景。在这个场景中，不需要也不希望模型生成与业务无关的问题。因此，如何构建一个可靠的知识库并让模型严格基于该知识库实现可控问答是首要问题。图 10-6 给出了如何利用知识库给出提示样例，实现可控问答。

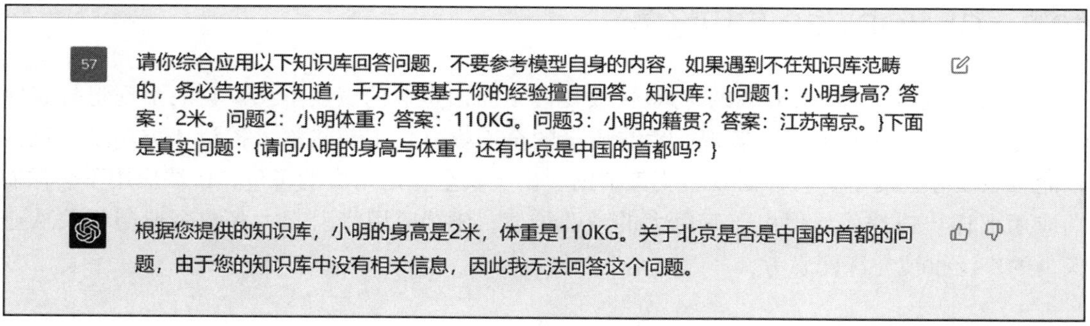

57　请你综合应用以下知识库回答问题，不要参考模型自身的内容，如果遇到不在知识库范畴的，务必告知我不知道，千万不要基于你的经验擅自回答。知识库：{问题1：小明身高？答案：2米。问题2：小明体重？答案：110KG。问题3：小明的籍贯？答案：江苏南京。}下面是真实问题：{请问小明的身高与体重，还有北京是中国的首都吗？}

根据您提供的知识库，小明的身高是2米，体重是110KG。关于北京是否是中国的首都的问题，由于您的知识库中没有相关信息，因此我无法回答这个问题。

图 10-6　ChatGPT 解决封闭域问答提示

然后是解决知识的记忆问题。仔细研究图 10-6 的问题发现，我们希望 AIGC 模型基于我们自身的知识而非依赖模型参数进行问答。我们很难直接将所有问题全部丢给模型，因此使用原有的基于检索的问答系统相辅助可能会改善这种局面。这里采用的技术架构与检索中粗排加精排结合的方式类似。

最后，多源异构知识融合的问题也需要引起重视。如何将图谱、数据库、文档、流程、脑图以及 FAQ 知识点的内容综合运用回答用户问题，这是关键所在。对此，利用不同引擎的结果多源涌现并综合生成答案需要一系列的测试与优化，但整体方案可以基于此进一步开展。

4. 风险问题

在客服场景下，由于系统直接面向客户，需要注意答复内容，以避免影响品牌形象。基于这方面的考虑，原有的客服机器人技术方案中删除了生成式机器人的全部内容。目前，由于 ChatGPT 表现出色，大家重新审视了生成式机器人这一方案，然而，与之而来的安全隐患务必要引起设计人员的重视。

除此之外，如何提高模型生成的整体性能，保障服务的高可靠使用，进而满足用户的大面积并发使用，也将是此场景应用落地过程中的核心待解决问题。

10.3.2　办公助手

1. 具象内容

在办公场景中，ChatGPT 可以进一步胜任助手这一环节。相较于 C 端的个人助手，B 端场景中的任务更加明确聚焦。以会议通知编写场景为例，图 10-7 为使用 ChatGPT 编写会议通知。

57
帮我写个会议通知，邀请算法部门，数据部门，研发部门，产品部门参加，重点讨论一季度的KPI如何拆分，会议通知字数200字左右。

尊敬的算法部门、数据部门、研发部门和产品部门同事：

大家好！

本公司将于近期举行一次重要会议，重点讨论一季度的KPI拆分问题。我们邀请各部门派出代表参加此次会议，共同探讨如何提高公司业绩。

会议将帮助我们深入了解公司各部门的情况，推动团队协作和沟通，为公司的未来发展铺平道路。

请各部门尽快确定参会人数和对应岗位，并在会议前与我联系，以便我们能够安排会议细节。

期待您的参与！

此致

敬礼！

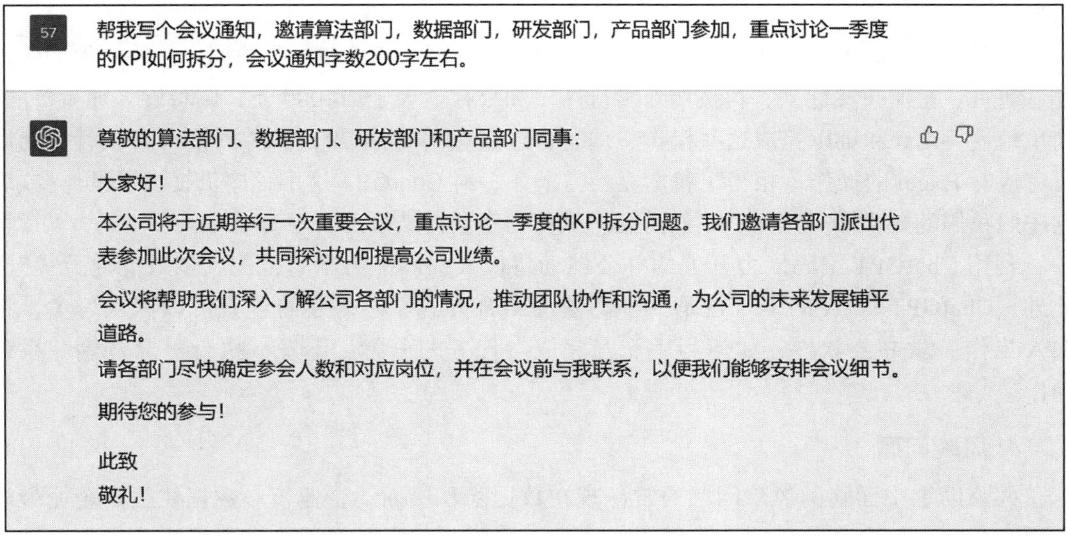

图 10-7　ChatGPT 编写会议通知

ChatGPT 对于通知编写场景的行文相对符合要求，仅需要简单修改润色即可。原先需要花费 1 小时编写的材料，如今借助 ChatGPT 通过数分钟便可以完成，这极大地提高了办公效率。

除了通知编写场景，案例、研报、工单、会议纪要等一系列办公文案编写场景都是 ChatGPT 很好的结合点。ChatGPT 很快将与办公软件相结合，实现软件应用的全面升级。例如，微软在 Word、Excel、PowerPoint、Outlook 等工具中推出了全新的 AI 服务产品 Copilot，可以实现自动生成内容，提高办公效率。Copilot 的功能不仅是将 ChatGPT 嵌入到 Microsoft 365 中，其背后还有复杂的处理和编排引擎，支持来自于 Microsoft Graph、GPT-4 等模型的应用。

2. 意义价值

在办公场景下使用 ChatGPT 将带来生产力的大幅提升。许多人在工作中已经离不开 ChatGPT 了，它所带来的效率提升不亚于搜索引擎。

此外，我们还应重视更多的 AIGC 技术，利用这些技术协同办公会给大家带来全新的用户体验。希望还没有重视 ChatGPT 的读者重新审视这一产品，正如在绝大多数办公场景下已经离不开 Word、PPT 等一系列办公软件一样，同时加入搜索引擎与 AIGC 相关引擎一定会成为未来办公场景的常态化体现。

3. 实现路径

ChatGPT 实现办公助手的方式可能会比我们原先预期的要更加复杂一些。除了可以直接执行文本生成任务以外，还可以通过其强大的编程能力，做一些原有办公软件很难做到的事情。

以处理 Excel 为例，如果需要筛选数据中存款金额大于 8 000 元的用户，并将他们的地址、籍贯、星座拼接起来，再按照年龄排序。如果存款大于 20 000 元，则将姓名加星备注。简单地使用 Excel 难以完成这些操作，但是，通过调用 ChatGPT 生成 Python 可执行代码即可完成对 Excel 的操作。相当于我们充当需求方，给 ChatGPT 这个程序员提出了具体要求，它按照我们的要求编写程序，我们再利用执行程序获得结果。

利用 ChatGPT 编码能力开展的办公辅助将极大提高能力辐射范围，使效能充分提升。此外，ChatGPT+RPA 的结合也是一种高效的结合方式。感兴趣的读者可以深入思考，将 RPA 当作一款办公软件，如何利用交互完成对任务的分解、下发、执行、聚合等一系列操作。

4. 风险问题

办公助手中面临的风险问题通常体现在数据隐私层面。企业核心数据往往是企业最核心的资产，如何安全使用这一数据，在享受便捷服务的同时保护自身数据隐私成为关键所在。以 Excel 操作为例，仅提供 Excel 表头信息，ChatGPT 可以在不透露任何真实数据的情况下完成代码编写。让其在私有环境下生成代码，就实现了数据不出内网。对于执行任务所带来的不确定性风险，例如代码编写不当导致对原始数据的删除、篡改等问题，需要加以重视。相信随着 ChatGPT 在办公领域的蓬勃发展，如何进行数字加密、隐私计算与 AIGC 的结合将会成为重点讨论的话题。

10.3.3 软件研发

1. 具象内容

据有关报道，Google 曾策划一项有趣的实验，安排了一个 ChatGPT 面试，结果发现其编程能力已经和 Google 的三级工程师实力相当。内部文件透露，即便三级工程师被认为是 Google 工程团队的入门级职务，也不是一项简单的工作，ChatGPT 可以胜任平均年薪 18.3 万美元的职位。这项实验表明，ChatGPT 已经成为一位出色的程序员，在软件研发领域还有很多可以进一步开展的内容，例如：设计软件开发工具插件，实现基于任务、注释、函数名的代码补全；设计代码审查软件，分析已有代码漏洞，提出性能优化意见；设计自动化测试软件，基于现有代码编写对应的测试用例，提高流程自动化水平。

2. 意义价值

由于 ChatGPT 自身具备强大的编程能力，它可以在软件研发领域大幅提升生产效率。许多基础代码不再需要人工反复编写，开发者只需要提供明确的任务，基于生成结果反复测试即可。这将极大降低软件应用开发者的门槛，未来将会有更多人投身于应用开发中。原本的软件开发人员也可以利用 ChatGPT 来开展代码检查，在缩短研发周期的同时，大幅提升现有代码质量，促进开发人员不断探索前沿设计理念与优秀编程规范。

3. 实现路径

下面以代码补全为例，介绍如何使用 ChatGPT 完成软件研发。

第一步：明确任务类型，包括编程语言、函数名称、入参要求、出参要求等。目前阶段，ChatGPT 对主流编程语言都予以支持，考虑到训练数据的分布情况，若用户对编程语言没有特定要求，ChatGPT 通常会默认生成 Python 代码。

第二步：开发人员借助专业经验分析其合理性。若自身编程水平不够，可以借助相关 IDE 进行辅助，以避免出现严重错误异常。若结果存在问题，则可以反馈给 ChatGPT，让其优化代码以满足需求。

第三步：执行生成的代码，验证其是否满足预期。面向目标结果的编程通常效率较高，但需要反复验证，以确保程序的鲁棒性。

图 10-8 为利用 ChatGPT 编写朴素贝叶斯文本分类算法的用例。

4. 风险问题

在软件研发场景下使用 ChatGPT 的主要风险是生成代码的隐患，即非专业人士直接基于 ChatGPT 开发应用，当遇到临界值及异常情况时，程序将引发告警甚至中断等问题。例如在图 10-8 的程序中，未对入参的 text 与 label 字段进行校验，若输入内容不符合预期，程序将直接中断。这个风险将导致开发者花费大量时间验证程序的鲁棒性，并不断与 ChatGPT 交互才能得到更好的代码片段。这个过程有时会比开发者独立开发还要耗时，因此，在选择使用 AIGC 模型辅助软件研发时，需要找准平衡，以确保效率与质量的双向提升。

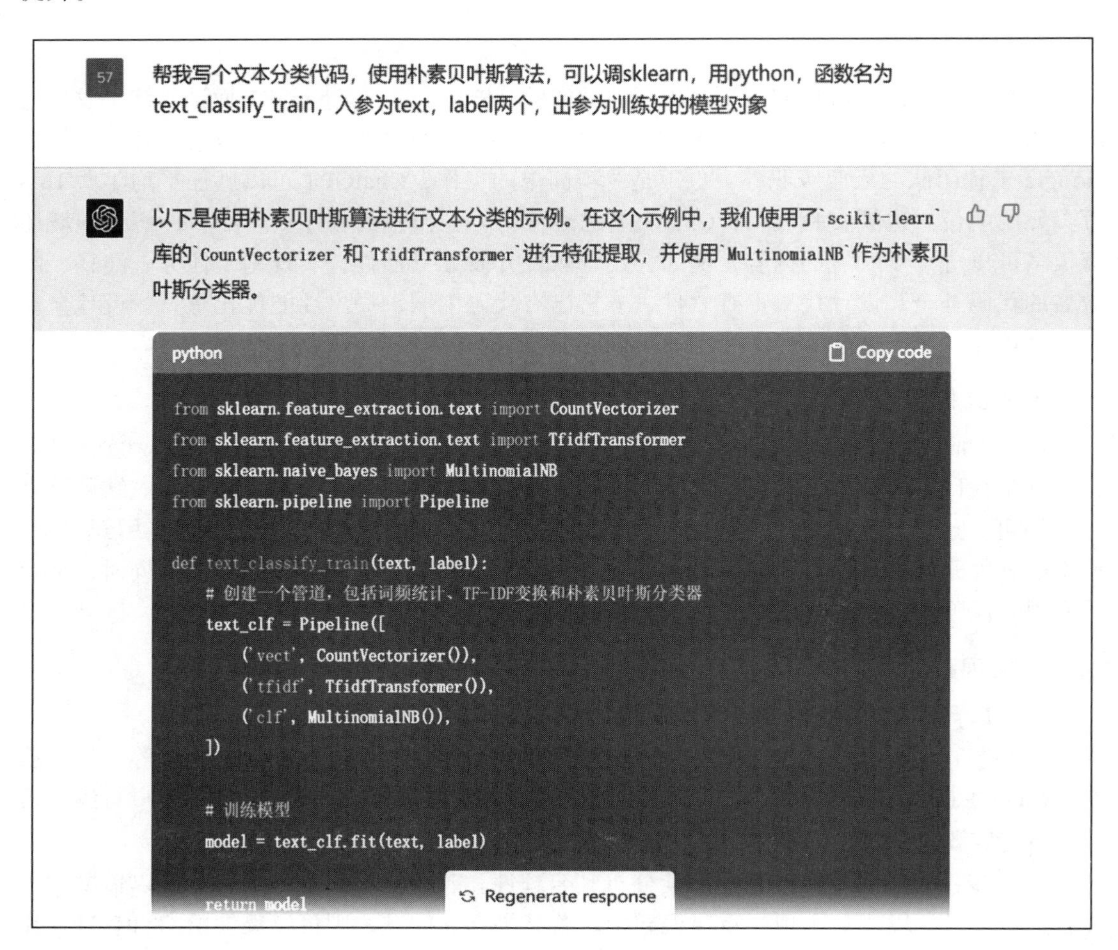

图 10-8　ChatGPT 编写文本分类算法

10.3.4　决策辅助

1. 具象内容

基于 ChatGPT 强大的逻辑分析能力，我们可以开展相关决策辅助分析场景。不同于 2C

场景的知识导师，决策辅助场景希望 ChatGPT 基于我们提供的数据和任务，提供辅助决策建议。图 10-9 是 ChatGPT 针对收入下滑给出的分析意见，ChatGPT 综合分析了季节、市场、汇率等维度的情况，以辅助用户从多个角度进行分析并给出综合决策。

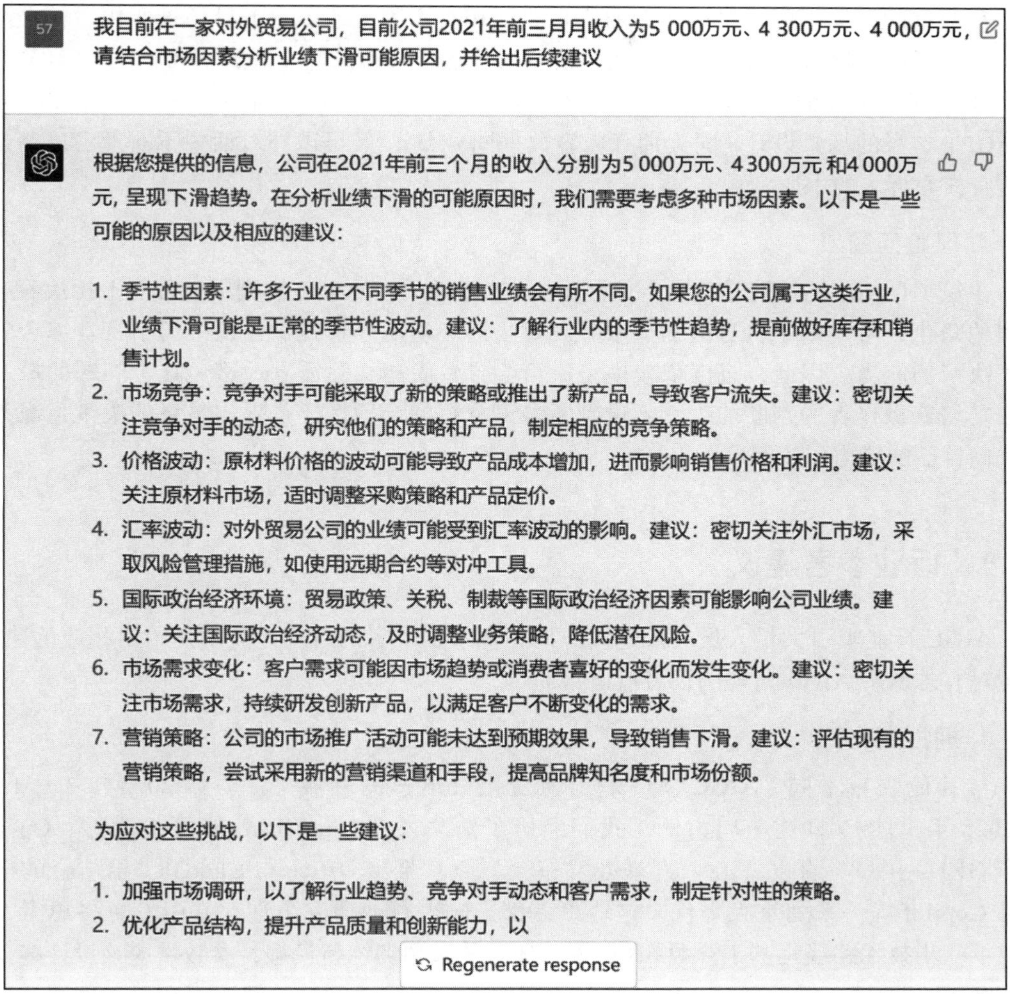

我目前在一家对外贸易公司，目前公司2021年前三月月收入为5 000万元、4 300万元、4 000万元，请结合市场因素分析业绩下滑可能原因，并给出后续建议

根据您提供的信息，公司在2021年前三个月的收入分别为5 000万元、4 300万元 和4 000万元，呈现下滑趋势。在分析业绩下滑的可能原因时，我们需要考虑多种市场因素。以下是一些可能的原因以及相应的建议：

1. 季节性因素：许多行业在不同季节的销售业绩会有所不同。如果您的公司属于这类行业，业绩下滑可能是正常的季节性波动。建议：了解行业内的季节性趋势，提前做好库存和销售计划。
2. 市场竞争：竞争对手可能采取了新的策略或推出了新产品，导致客户流失。建议：密切关注竞争对手的动态，研究他们的策略和产品，制定相应的竞争策略。
3. 价格波动：原材料价格的波动可能导致产品成本增加，进而影响销售价格和利润。建议：关注原材料市场，适时调整采购策略和产品定价。
4. 汇率波动：对外贸易公司的业绩可能受到汇率波动的影响。建议：密切关注外汇市场，采取风险管理措施，如使用远期合约等对冲工具。
5. 国际政治经济环境：贸易政策、关税、制裁等国际政治经济因素可能影响公司业绩。建议：关注国际政治经济动态，及时调整业务策略，降低潜在风险。
6. 市场需求变化：客户需求可能因市场趋势或消费者喜好的变化而发生变化。建议：密切关注市场需求，持续研发创新产品，以满足客户不断变化的需求。
7. 营销策略：公司的市场推广活动可能未达到预期效果，导致销售下滑。建议：评估现有的营销策略，尝试采用新的营销渠道和手段，提高品牌知名度和市场份额。

为应对这些挑战，以下是一些建议：

1. 加强市场调研，以了解行业趋势、竞争对手动态和客户需求，制定针对性的策略。
2. 优化产品结构，提升产品质量和创新能力，以

Regenerate response

图 10-9 ChatGPT 编写数据分析示意图

2. 意义价值

古人云："兼听则明，偏听则暗。"通过收集不同角色、不同维度、不同立场的观点，我们可以更好地了解事态全貌，从而在做决策分析时，能够提供更加合理的方案内容。

ChatGPT 本身在自我训练的过程中已经掌握了绝大多数知识，并且针对法律、经济、科技等专业领域进行大范围的提示性学习。因此，它在任务理解能力、数据洞察能力和态

势感知能力方面都表现出色。我们应该放下偏见，拥抱技术，让这个模型成为决策辅助的帮手，帮助用户做出更加合适的决策。

3. 实现路径

与原来的情境不同，决策辅助的实现路径相对不固定，因为本身场景变化性较大。因此，我们可以通过对话的方式不断完成信息的传达与疑虑的输出。我们可以把 ChatGPT 当作行业顾问，将我们的诉求递进式抛出，通过其回答深化我们自身的思考。这样既满足 ChatGPT 本身的场景设计（同其训练内容数据同分布），又可以在对话中不断理清思路，明白自身核心诉求的本质。

4. 风险问题

决策辅助面临的风险是角色定位混淆。在当前阶段，AIGC 模型很大程度上扮演着电子参谋的角色，可以基于自身的知识水平和对当前环境的分析提供建议，但不具备综合分析提供决策的能力。因此，过度依赖模型决策会导致脱离实际需求。避免这个问题的最主要方法是培养操作者的判断能力，无论判断参谋分析的合理性还是提出最终的决策，都考验着我们自己的能力。

10.4　行业参考建议

AIGC 行业吸引大量人员关注这一方向，本节从笔者的自身经验出发给出相应的建议，希望对有志从事 AIGC 行业的读者有所帮助。

1. 拥抱变化

与其他领域不同，AIGC 领域是当前变化最迅速的领域之一。以 2023 年 3 月 13 日至 2023 年 3 月 19 日这一周为例，我们经历了清华发布 ChatGLM 6B 开源模型、OpenAI 发布 GPT-4 接口、百度文心一言举办发布会、微软推出 Office 与 ChatGPT 相结合的全新产品 Copilot 等一系列重大事件。这些事件都影响着行业研究方向，并引发更多思考，例如，下一步技术路线是基于开源 6B 模型，还是从头预训练新模型，参数量应该设计多少？Copilot 已经做好，办公插件 AIGC 的应用开发者如何应对？这些问题都需要正面回答。即便如此，笔者仍建议从业者拥抱变化，快速调整策略，借助前沿资源，以加速实现自身任务。

2. 定位清晰

我们一定要明确自身细分赛道的目标，例如是做应用层还是底座优化层，是做 C 端市场还是 B 端市场，是做行业垂类应用还是通用工具软件。千万不要好高骛远，把握住机遇，精准定位。定位清晰并不是指不撞南墙不回，而是明白自己的目标及意义。

3. 合规可控

AIGC 最大的问题在于输出的不可控性，如果无法解决这个问题，它的发展将面临很大的瓶颈，无法在 B 端和 C 端市场广泛使用。在产品设计过程中，需要关注如何融合规则引擎、强化奖惩机制以及适当的人工介入。从业者应重点关注 AIGC 生成内容所涉及的版权、道德和法律风险。

4. 经验沉淀

经验沉淀是为了建立自身的壁垒。不要将所有的希望寄托在单个模型上。例如，我们曾经将产品设计成纯文本格式，以便与 ChatGPT 无缝结合，但最新的 GPT-4 已经支持多模态输入。我们不应气馁，而要快速拥抱变化，并利用之前积累的经验（数据维度、提示维度、交互设计维度）快速完成产品升级，以更好地应对全新的场景和交互形态。

以上建议仅供从业者参考。虽然在 AIGC 的浪潮下存在不少泡沫，但只要我们怀揣着拥抱变化的决心，始终认真面对周围的风险危机，不断在实战中锻炼自己的能力，相信终有一天会到达我们心中所向往的目的地。

10.5 本章小结

本章主要介绍了 ChatGPT 的发展趋势。从 AIGC 行业角度出发，深度剖析了 ChatGPT 在 C 端和 B 端的应用场景，并给出针对未来从事 AIGC 行业的相关建议。